普通高等教育"十一五"国家级规划教材配套教材

大学基础化学习题解析

（生物医学类）

杨晓达　主编

内容简介

本书是普通高等教育"十一五"国家级规划教材《大学基础化学(生物医学类)》的学习指导书。出于在努力帮助同学完成具体课程学习的同时,不妨碍同学实现大学学习方式从知识传授教育到交流更新教育的转型,原书作者编写了本书,包括下列内容:① 章节教学基本要求,② 章节教学要点解析,③ 思考题选解和④ 章节自测及参考答案。此外,还介绍了一些掌握知识原理的技巧。对于教师的教学安排和教学方法,我们也提出了一些参考意见。

编者希望本学习指导书能够帮助同学更轻松地通过课程考试,同时提醒同学:化学的学习不是仅仅为了取得一门课程的学分,而是要认真学好一门基础课,为后续的学习和工作作好必需的知识储备。

图书在版编目(CIP)数据

大学基础化学(生物医学类)习题解析/杨晓达主编.—北京:北京大学出版社,2010.8
ISBN 978-7-301-17673-3

Ⅰ.大… Ⅱ.杨… Ⅲ.化学-高等学校-解题 Ⅳ.O6-44

中国版本图书馆 CIP 数据核字(2010)第 161161 号

书　　　名:	大学基础化学(生物医学类)习题解析
著作责任者:	杨晓达　主编
责 任 编 辑:	郑月娥
封 面 设 计:	张　虹
标 准 书 号:	ISBN 978-7-301-17673-3/O·0823
出 版 发 行:	北京大学出版社
地　　　址:	北京市海淀区成府路 205 号　100871
网　　　址:	http://www.pup.cn　电子信箱:zye@pup.pku.edu.cn
电　　　话:	邮购部 62752015　市场营销中心 62750672　编辑部 62752038　出版部 62754962
印 刷 者:	三河市北燕印装有限公司
经 销 者:	新华书店
	787 毫米×1092 毫米　16 开本　11 印张　280 千字
	2010 年 8 月第 1 版　2017 年 9 月第 2 次印刷
定　　　价:	24.00 元

未经许可,不得以任何方式复制或抄袭本书之部分或全部内容。
版权所有,侵权必究
举报电话:(010)62752024　电子信箱:fd@pup.pku.edu.cn

序　言

  为《大学基础化学(生物医学类)》编写学习指导书,在某种意义上在难度上比编写教科书本身更大。学习指导书对于帮助同学课程学习,特别是复习考试的作用是不言而喻的。在编者上大学期间也曾经希望找到每一本教材的指导书,但我们有一个忧虑是如何使学习指导书在帮助同学完成具体课程学习时,也能够不妨碍同学成功实现大学学习方式的转型。

  诚如大家所知,"基础化学"一般是同学从中学学习转入到大学学习的第一课,也是实现学生学习方式从知识传授教育到交流更新教育转型的重要一课。尤其是对长期在应试教育下成长起来的中国高中学生来说,"基础化学"课程的成败是至关重要的。知识传授型教育的一个特色是任何问题都有标准答案,而学习指导书往往提供了课本习题的标准答案。而在交流和更新式教育中,问题往往没有标准答案,人们总是被激励去寻找一切可能的答案,从而人们才得实现不断的创新、发展,并在此过程中学习到"宽容"及其对创新的意义。

  所以学习了许多教学指导书之后,我们编写了这本习题解析。本书由教研室老师集体创作：第1章和第2章由杨晓达、夏青执笔；第3章和第8章由黄健执笔；第4章和第7章由张悦执笔；第5章和第10章由尹富玲执笔；第6章和第9章由刘会雪执笔；全书由杨晓达、刘会雪统稿和审订。此外,北京大学基础医学院2009级的李楠、腾博川、王超、信斯明、何欢、李雨书、刘博雅同学参与了全书的审订工作,并从学生的角度提出了宝贵的修改意见。对于本书有着贡献和帮助的所有老师和同学,这里一并表示感谢。

  我们真诚地希望本书对"大学基础化学(生物医学类)"课程的教学和学习有所帮助,也有利于同学今后的大学学习。由于我们能力有限,书中不免存在一些错误和遗漏,欢迎各位老师和读者批评指正。

编　者

2010年1月

目 录

第1章 绪论 ··· (1)
　1.1 基本要求及要点和难点解析 ··· (1)
　1.2 思考题选解 ··· (6)

第2章 原子结构 ··· (8)
　2.1 基本要求 ··· (8)
　2.2 要点和难点解析 ··· (9)
　2.3 思考题选解 ·· (14)
　章节自测 ··· (17)
　自测题答案 ··· (19)

第3章 分子结构和分子间作用力 ·· (20)
　3.1 基本要求 ·· (20)
　3.2 要点和难点解析 ·· (23)
　3.3 思考题选解 ·· (28)
　章节自测 ··· (34)
　自测题答案 ··· (35)

第4章 化学方法简介 ·· (37)
　4.1 基本要求 ·· (37)
　4.2 要点和难点解析 ·· (39)
　4.3 思考题选解 ·· (41)
　章节自测 ··· (43)
　自测题答案 ··· (44)

第5章 化学反应原理 ·· (45)
　5.1 基本要求 ·· (45)
　5.2 要点和难点解析 ·· (53)
　5.3 思考题选解 ·· (61)
　章节自测 ··· (75)
　自测题答案 ··· (79)

第6章 溶液化学 ·· (81)
　6.1 基本要求 ·· (81)

6.2　要点和难点解析 …………………………………………………………………… (84)
　　6.3　思考题选解 ……………………………………………………………………… (89)
　　章节自测 …………………………………………………………………………………… (92)
　　自测题答案 ………………………………………………………………………………… (95)

第 7 章　酸碱反应——质子转移的反应 …………………………………………………… (97)
　　7.1　基本要求 ………………………………………………………………………… (97)
　　7.2　要点和难点解析 …………………………………………………………………… (99)
　　7.3　思考题选解 ……………………………………………………………………… (103)
　　章节自测 ………………………………………………………………………………… (108)
　　自测题答案 ……………………………………………………………………………… (110)

第 8 章　沉淀反应 …………………………………………………………………………… (112)
　　8.1　基本要求 ………………………………………………………………………… (112)
　　8.2　要点和难点解析 …………………………………………………………………… (113)
　　8.3　思考题选解 ……………………………………………………………………… (115)
　　章节自测 ………………………………………………………………………………… (119)
　　自测题答案 ……………………………………………………………………………… (122)

第 9 章　氧化还原反应 ……………………………………………………………………… (123)
　　9.1　基本要求 ………………………………………………………………………… (123)
　　9.2　要点和难点解析 …………………………………………………………………… (126)
　　9.3　思考题选解 ……………………………………………………………………… (131)
　　章节自测 ………………………………………………………………………………… (138)
　　自测题答案 ……………………………………………………………………………… (142)

第 10 章　配位化合物 ……………………………………………………………………… (143)
　　10.1　基本要求 ………………………………………………………………………… (143)
　　10.2　要点和难点解析 ………………………………………………………………… (148)
　　10.3　思考题选解 ……………………………………………………………………… (155)
　　章节自测 ………………………………………………………………………………… (167)
　　自测题答案 ……………………………………………………………………………… (169)

元素周期表 …………………………………………………………………………………… (170)

第 1 章

绪 论

虽然多数的教材都有"绪论"这一章节,但实际上大多数的教学出于各种原因(如学时限制等等),都跳过了绪论这一章。其实这并不利于教学。因为在多数医学类院校中,"基础化学"是学生从中学学习转入到大学学习的第一课,也是实现学生学习方式转型的重要一课。尤其是对我国长期在应试教育下成长起来的高中学生来说,从"基础化学"课程成功实现学习方式的转型对于未来大学课程的学习至关重要。

常言道:工欲善其事,必先利其器。一项良好的热身运动对运动员提高成绩以及避免运动伤害是非常有益的。因此,建议无论是老师还是学生,至少拿出 1 个学时的时间,认真学习一下"绪论"的内容。

在"绪论"一章中,我们希望师生了解下列基本要求,从而从思想上为大学化学的学习作好准备。

1.1 基本要求及要点和难点解析

1. 致同学

(1) 大学化学主要学习什么

与本学习指导书对应的《大学基础化学》教材[①]内容丰富,由浅入深,大体包含了 3 个层次:① 未来深入学习大学其他课程需要的基本化学知识;② 在基本内容之上一些促进同学科学思维能力发展的基本化学哲学思想和常用化学方法;③ 为有兴趣的同学深入了解化学学科内涵和化学科学研究准备的内容。并不是所有内容都需要同学完全掌握,课堂要求必须掌握的仅是基本化学知识内容,但鼓励同学尽可能多地了解其他内容,乃至教材以外的相关内容。

"绪论"的基本要求是希望同学们清楚地知道,在大学化学的学习中应当学习哪些东西。

(2) 如何使用《大学基础化学》教材和本学习指导书

教材是教师教学和同学自学的主要参考书。我们强调教材是一本教学参考书,并非说教材不是学习的主体书籍,而是说教材本身只是一块敲门砖,是学习过程的一部分。通过教材,同学们可以了解到本学科的基础知识和深入学习的方法,而更多的是同学自己的领会、课后的练习、教材之外知识的扩展和联想,以及今后在其他学科的学习中对所学相关内容的运用。

[①] 本书中所特指的"教材"均为《大学基础化学(生物医学类)》(杨晓达主编,北京大学出版社 2008 年出版)。

在"绪论"中，我们介绍了教材的内容、选择内容的原因和学习的思路。由于我们的教材重在化学思想的讲解和如何将化学原理、方法应用到生命科学的学习和研究之中，因此教材在第一阶段，主要讲解化学的基本原理和基本方法，包括：
- 物质结构原理（第2章和第3章）；
- 化学反应原理（第5章），包括如何判定一个反应能否自发进行——化学热力学原理，如何控制一个自发反应进行的速度——化学动力学原理；
- 化学反应的环境因素——溶液的性质（第6章）；
- 化学反应的观察方法和实验规范（第4章）。

在了解了基本原理和方法后，在第二阶段应会运用上述原理来分析4种基本化学反应过程——酸碱反应、沉淀反应、电子转移反应和配合物形成反应。每一种反应都进行了下列问题的讨论：
- 参加该反应的物质都发生了哪些分子结构及分子性质的变化？
- 驱动该反应进行的热力学因素有哪些？
- 影响该反应速率的动力学因素有哪些？
- 该反应在生命过程中的意义是什么？典型的应用有哪些？

笔者希望同学们能够带着上述问题进行阅读。

本学习指导书则是帮助同学们掌握每一章的基本点，介绍一些掌握知识原理的技巧。从某种意义上，是应试的指导书。在本学习指导书中，将包括下列内容：
- 各章教学基本要求；
- 各章教学要点解析；
- 思考题选解；
- 章节自测题及参考答案。

因此，我们希望本学习指导书能够帮助同学们更轻松地通过课程考试。同时提醒同学们，化学的学习不是仅仅为了取得一门课程的学分，而是要认真学好一门基础课，为后续的学习和工作作好必需的学科知识储备。

(3) 医学类学生为什么需要学习化学

由于分子生物学是当代生物医学的基础，有很多人，包括一些医学专家，都认为生物医学类学生可以绕过基础化学的学习而直接学习生物化学和分子生物学就行了。如果仅仅以成为一名照本宣科的职业医生为目的，也许可以不学习基础化学原理。然而，医学是一门交叉学科，要想在一个交叉学科中成为游刃有余、不断创新的人，必须扎实掌握这一交叉学科所立足的各个基础学科的知识和原理。如同达·芬奇学习画蛋，只有在掌握了基本线条、形状和光影处理的方法之后，任何复杂的绘画创作才不是难题。

唐太宗有句名言：以铜为镜，可以正衣冠；以史为镜，可以知兴替；以人为镜，可以明得失。在教材"绪论"的1.1节，我们简介了生物医学的历史，从中可以清楚地看到：化学作为中心基础之一，在每一次医学重大进步中都发挥了关键性的作用；化学作为中心学科之一，是生物医学和药学不可或缺的基础之一，甚至非常关键。历史上许多著名的医生和生理学者，如帕拉塞萨斯、拉瓦锡等，原是化学家出身。所以，化学基础之于医学生来说，不是一种知识拓展的外在要求（external demand），而是一种内在需要（intrinsic need）。

(4) 学习"化学科学"而非"化学课程"的方法

从上述学习化学的原因可以知道，基础化学不仅仅是作为一门知识课程来学习，而是通过课程学习掌握化学科学的精髓——基础原理和思想方法。所以在教材"绪论"1.3节中，我们

说明了如何从科学学科的角度来完整掌握化学,即掌握"象"、"理"、"数"这3个方面:
- "象":一个化学反应由哪些物质参与进行?这些物质进行化学反应后转化成什么物质?这些物质的物理性质都如何?在化学反应过程中都伴随了什么样的物质状态或能量(如光、电、热等)的变化?这些物质、物质状态和能量变化中哪些是我们期待利用的性质?等等。
- "理":一个化学反应的反应物和生成物的分子结构是怎样的?这些结构如何产生这些分子的性质?这个化学反应为什么可以释放(或者吸收)某种形式的能量?这个反应为什么只能在特定的条件下发生?减慢(或者加速)乃至阻止(或者诱发)这个反应的途径是什么?等等。
- "数":定量掌握一个化学反应及其机制,能够通过计算预测这个反应能够进行的程度、速率、能量变化和新产物分子的物理特征等。这才是达到真正完全了解了该反应,从而能够按照自己的意愿来控制这个反应的发生和进行。

2. 致教师

(1) 如何让医学类学生爱上"基础化学"

首先,让同学喜欢你!事实上,很多课程受到学生欢迎是因为学生喜欢这门课程的老师。这并非要求教师要事事去迎合学生,以讨得学生的欢心;其实,学生从根本上是瞧不起那些善于奉承和逢迎的教师的。大一学生大多数刚行过成人礼,这是一个"恰同学少年,风华正茂;书生意气,挥斥方遒"的年龄。充分尊重同学的独立人格,与同学成为好朋友,帮助同学成长,这是赢得学生喜欢的根本方法。

其次,教学中一定要变死的化学知识为活的生活经验,让同学体验到基础化学原理和方法与医学实践的亲近关系。"同样的感受给了我们同样的渴望,同样的欢乐给了我们同一首歌。"感觉到化学是非常重要的,学以致用,尤其是在日常生活中使用,会使同学的兴趣倍增。例如在学习胶体和蛋白质溶液时,可以让同学们用蛋清制作蛋糕上的"奶油",让同学们知道此"奶油(cream)"不是彼"奶油(butter)",而是一种蛋白质气凝胶。也许有人会说这是特例,许多化学原理是枯燥的。这一点不假,但是只要教师们认真动一动脑筋,即便如"化学热力学"这样的枯燥理论也可以是有意思的。例如,计算机的使用理论上可以减少纸张的消耗,但实际上,在计算机普及的美国,纸张消耗从1980年的440万吨增加到1998年的730万吨,这一现象正是熵增加原理所控制的[①]。教学的好坏其实源于教师对理论的掌握深度和实践应用,因此从事教学的老师也一定要寻找机会开展科学研究,这对教学有着极大的帮助。

再次,要根据学生的基础和水平安排教学要求和难度。学生的能力和基础千差万别,教师不要希望所有的同学都成为爱因斯坦。因此,即使使用同一本教材,教学层次也可以是不同的,以免伤害学生的学习兴趣。笔者认为,即使是同一个班的教学,也建议教师准备下列4种不同要求的教学方案:

- 底线要求(60~70分):掌握今后学习必备的化学知识,了解基本的化学原理。
- 平均要求(70~85分):在底线要求之上,掌握基本的化学方法和主要化学原理的定量数学运算。
- 高水平要求(85分以上):在平均要求之上,掌握教材涉及的所有化学原理和方法,并

---

① Jack Hokikina 著(王芷译),《无序的科学》(湖南科学技术出版社,2007年出版),第十章"以热力学眼光看世界"。

能够应用于生物医学中一些实际问题的解决。
- 超水平要求：学生中总有一些特别优秀的。教师要鼓励他们在学习中将化学原理和思想融入医学学习和研究。例如思考以下问题：生物功能如何从生物分子的结构解释？生物结构的稳定性原因是什么？是热力学平衡态还是动力学稳态？如何通过动力学控制（如用药物抑制或激活生物酶/受体的活性）调节生物功能？等等。

（2）关于学时安排的建议

北京大学每学期安排的教学时间为15周，"基础化学"教学为60学时。这里列出我们的教学计划供老师参考安排教学：

章	名称	学时	课时/内容分配	关键内容
1	绪论	1	1	● 基础化学的意义和学习方法
2	原子结构	6	1/量子力学基本知识	● 微观世界的不连续性和测不准原理 ● 原子的微观粒子组成和定态模型
			2/氢原子的电子结构	● 原子轨道的物理意义 ● 主要原子轨道的(确定)能级和(不确定)形状 ● 原子轨道的表述方法和量子数
			1/多电子原子的电子结构	● 前四周期原子轨道的能级图 ● 原子电子结构的书写
			2/元素周期律和重要元素性质	● 元素周期表上表达的元素信息 ● 元素的电子结构、元素的性质、电负性和同位素
3	分子结构和分子间作用力	7	1/化学键和分子形成	● 化学键的类型和对应物质的形态 ● 路易斯价键理论复习
			1/共价键性质和分子的几何形状预测	● 键长、键角和分子形状 ● 键能和分子稳定性 ● 键极性和分子电极性 ● VSEPR理论预测分子形状
			2/共价键的本质和杂化轨道理论类型	● 共价键形成原理——共用电子对 ● 共价键形成的结构化学要素——单电子和原子轨道组合原则 ● 杂化轨道的类型和对应的分子构型
			1/简单分子轨道解释分子的性质	● 分子轨道形成原则 ● 重要双原子分子的分子轨道能级 ● 解释活性氧分子的性质 ● 解释简单分子的光、电、磁等性质
			1/分子间引力和斥力的产生	● 分子斥力的原因 ● 分子间引力的原因和种类 ● 氢键
			1/分子间作用力解释分子聚集和物理性质	● 氢键和分子间引力对物质物理状态的影响 ● 水分子间的作用力分析 ● 蛋白质分子间作用和聚集 ● 超分子——细胞膜——的形成

续表

章	名　称	学　时	课时/内容分配	关　键　内　容
4	化学方法简介	4	2/化学实验和实验结果的表述	● 化学分析的分类 ● 实验的精密度和准确度 ● 有效数字及其运算
			2/生物和化学实验的安全操作规范和实验室安全常见化学方法	● GLP 的意义 ● 实验室安全各种方法的应用范围和技术要点
5	化学反应原理	12	2/热力学基本概念	● 系统、环境、功和热 ● 过程的可逆性 ● 焓和熵
			1/熵增加原理和 ΔG	● 熵增加原理 ● ΔG 和过程的自发方向
			2/化学反应的热力学参数计算	● 热力学标准状态 ● 标准热力学函数表 ● 应用热力学函数表和其他方法计算标准和非标准状态下的 $\Delta H, \Delta S, \Delta G$
			3/ΔG 判断化学平衡	● ΔG 和反应方向 ● $\Delta G^\ominus$ 化学平衡常数 $K^\ominus$ ● 应用 $K^\ominus$ 计算化学平衡
			2/质量作用定律和化学反应的数学模型	● 平均速率、瞬时速率和初速率 ● 速率方程和反应级数 ● 一级反应的动力学方程 ● 准一级反应的实现条件
			2/决定反应速率的因素	● 反应机制 ● 动力学稳态的意义 ● 过渡态理论和活化能 ● 阿氏公式计算活化能 ● 催化剂的作用原理

(下半学期)

章	名　称	学　时	课时/内容分配	关　键　内　容
6	溶液化学	8	3/稀溶液的依数性	● 分散系和溶液的分类 ● 溶液浓度和溶质颗粒浓度的区分 ● 稀溶液的依数性计算
			2/电解质溶液的性质	● 离子强度、离子活度、离子淌度 ● 电解质溶液的依数性计算
			3/胶体溶液	● 胶体的性质 ● 胶体的结构——无机溶胶颗粒 ● 表面自由能和表面活性剂 ● 溶胶的稳定性 ● 高分子溶液和凝胶

续表

章	名称	学时	课时/内容分配	关键内容
7	酸碱反应	6	3/结构、热力学和动力学：质子酸碱理论、水溶液中的质子传递反应及平衡	● 质子酸碱理论 ● 水溶液中质子传递的过程 ● 弱酸、碱水溶液的pH计算
			2/缓冲溶液	● 缓冲溶液的组成、pH计算 ● 缓冲溶液的参数 ● 如何选择和配制缓冲溶液
			1/酸碱滴定	● 指示剂、滴定曲线介绍 ● 如何通过滴定曲线选择指示剂和确定滴定条件 ● 酸碱滴定应用
8	沉淀反应	4	2/热力学：溶度积和沉淀平衡	● 溶度积规则及其应用 ● 沉淀的形成的溶解度等计算
			2/结构和动力学：沉淀形成机制	● 沉淀的类型 ● 沉淀的形成过程及决定因素
9	氧化还原反应	6	1/结构：电子转移的过程及描述	● 氧还反应、氧化数、氧还半反应、原电池、电极
			4/电池反应的热力学和动力学	● 电极电势 ● 能斯特方程及应用——重点 ● 浓差电势和膜电势 ● 超电势
			1/离子选择电极	● 离子选择电极和电化学分析法 ● pH电极的原理
10	配位化合物	6	3/配合物结构及性质	● 配合物组成和命名 ● 分子构型的解释——价键理论 ● 物理性质的解释——晶体场理论
			2/配合物的热力学和动力学	● 配位平衡与其他平衡的相互作用 ● 金属缓冲溶液 ● 螯合效应 ● 配合物反应的动力学机制介绍
			1/显色反应和光度分析	● 金属离子的显色反应 ● 比尔定律和分光光度分析

1.2 思考题选解

1-1 在医学发展中，化学向医学研究提供了哪些思想和原理？

解答：化学提供了最基本的两个思想基础：① 任何生理活动都有其分子作用的基础，即任何生理功能（正常或疾病状态）都对应一定的分子结构或化学反应过程；或者说，我们可以基于对于生物分子的结构和生命过程中化学反应的机制，来解释某一个生理或病理现象。例如一个非常经典的案例——镰刀形红细胞贫血症，其原因是病人血红蛋白β链上第6位的氨基酸发生突变，由谷氨酸变为缬氨酸（详情见生物化学书籍）。因此，人们也就能通过分子干预（药物）来治疗疾病。② 同化学实验一样，对生命体系的规律可以通过实验研究来进行探索和了解。
1-2 在医学发展中,化学向医学研究提供了哪些方法和手段?

解答:① 化学检验方法,例如细菌染色法、血液化学检验等等;② 化学治疗方法,例如各种化学药物、化学消毒剂等等。

1-4 大学化学学习的方式是什么?

解答:发现和利用"学习资源",从而主动获取新知识,实现不断的自我更新和能力提高;交流和自我更新是大学化学,也是其他学科学习的方式。

1-5 大学化学学习可利用的资源有哪些?

解答:首先是教师,其次是大学的学术氛围和学术环境,例如图书馆、实验室、学术报告会、讲座、同学/朋友等等,再次是因特网。在离开学校学习后,因特网、地方图书馆、书店和朋友将是最主要的资源。

1-6 试列表总结一下基础化学的基本内容。

解答:基础化学的基本内容包括以下三方面。

(1) 基本化学原理:

① 物质结构和功能原理:原子结构和基本性质;原子通过化学键形成分子;分子通过分子间作用力形成分子复合物、超分子体系;分子、分子复合物和超分子形成细胞。

② 化学反应的原理:化学热力学及化学平衡计算;化学动力学和反应速率的控制。

③ 溶液和界面化学原理:稀溶液和电解质溶液的通性;胶体和凝胶。

(2) 基本化学方法:化学物质的定量和溶液配制;容量分析和仪器分析;GLP 和化学/生物安全。

(3) 基本化学反应知识:酸碱反应、氧化还原反应、沉淀反应、金属配位反应。

第 2 章 原子结构

2.1 基本要求

学习原子结构的目的是，理解为什么本来电中性的原子之间可以借静电引力而在特定的方向上相互吸引而形成化学键。量子力学揭示的原子核外电子结构很好地说明了：为什么原子可以得、失一定数目的电子？为什么两个原子可以共享一对或多对电子？为什么电子不是均匀分布于原子核外，而是会在特定的方向上出现的概率比较大？等等。这些为原子如何形成分子、离子以及各种化合物确立基础。

在本章学习中的基本要求包括：

1. 理解现代原子结构模型

原子由带正电荷的原子核以及核外带负电荷的电子组成。原子的质量集中在原子核上；原子核由若干带一个正电荷的质子和不带电荷的中子组成，质子和中子的质量基本相等。电子带一个负电荷，其质量相对于原子核可以忽略。

电子是一种费米子，只有两个自旋状态，分别用自旋量子数 $+\frac{1}{2}$ 和 $-\frac{1}{2}$ 表示。电子的状态受泡利不相容原理约束，即在一个相同空间（如一个原子轨道）中，只能存在两个自旋相反的电子。

原子核外的电子处于一种"静止"的运动状态，称为"定态"。核外电子可有不同的能量，但这些能量是不连续分布的——电子处于一些分立的能级中。由于原子的大小处于微小的量子空间，受到测不准原理的限制，因此核外电子没有确定的位置或运动轨迹，只有一个电子运动的分布空间。

电子在核外的运动状态需要用波函数来描述，但仍然沿用"原子轨道"的经典物理学概念来表示每一个电子在核外的能量和位置。

2. 原子轨道具有确定的能级和特定的形状

一个原子轨道是核外电子的波函数的一个解，代表一个具有确定能级的电子在核外的分布空间。电子在核外空间的分布不是均匀的，即原子轨道具有特定的形状。原子轨道的形状可用"电子云"进行图示表示。

3. 原子轨道的书写表述和量子数

原子轨道用其波函数的解 $\psi(n,l,m)$ 来表示，每一个 $\psi(n,l,m)$ 对应一个 $E(n)$。

一个原子轨道由3个量子数 n,l,m 来限定，轨道量子数的要点总结在教材表2-2中。其中，n 和 l 决定原子轨道的能量和形状，而 m 只决定原子轨道的走向。

原子轨道可简化表示，直接写出能级、形状和轨道取向的符号标明，如 $2p_x$，$2p_z$，$3d_{xy}$ 等；更常常省略轨道取向，写成如 1s，2p，3d 等。

4. (元素周期表前四周期)一些原子的电子结构

原子的电子结构特别是外层电子结构决定了原子的化学性质。要求在记忆原子轨道能级排列的基础上，根据泡利不相容原理、能量最低原理和洪特规则写出一些重要原子的电子结构。一般，大学化学均要求掌握元素周期表前四周期原子和部分重要重金属原子如铅、金、银、汞、镉等的电子结构。

5. 原子的基本性质参数和原子化学性质的关系

原子的基本参数包括：原子序数(即核电荷数)和有效核电荷数、原子半径、原子量①、第一电离能和电子亲和能。

元素的电负性是综合考虑电离能和电子亲和能、反映原子核吸引成键电子相对能力的一个标度，也是最重要的一个元素参数。在化学反应和组成分子时，原子电负性大者吸引成键电子的能力强，反之就弱。金属元素的电负性小于2，而非金属的电负性则大于2。

当一个电负性大的原子和电负性小的原子发生化学反应时，如果电负性接近，在反应时倾向于形成共价键；如果电负性差别较大，电负性大的一方获得电子成为阴离子，电负性小的一方失去电子成为阳离子，之间形成离子键；电负性小的金属元素之间反应时，一般形成金属键。

具有相同原子序数而原子量不同的原子互称为同位素，同位素间在化学反应速率、核自旋性质以及放射性上存在差别。

6. 熟悉元素周期表

元素周期表包含了每一种元素的下列性质：原子序数，元素符号，元素名称，价层电子组态以及精确的平均原子量，一些表也列出了元素同位素的原子量。原子电子结构和基本性质的周期性变化规律隐含于元素周期表之中。通过元素在周期表中的位置可以将此元素的性质与其他元素进行比较。

2.2 要点和难点解析

1. 什么是电子的波函数

不管是否真正理解了量子力学的意义，我们只需要知道在原子大小的微观世界中，电子同时具有粒子性和波动性。因此，描述核外电子运动状态的数学方程是波函数的形式。

波函数描述了电子在核外运动时能量和位置的可能取值。因此，波函数有很多解。每一个解表示一种电子可能具有的能量值 $E(n)$，这一能量是分立的确定值，由主量子数 $n=1,2$，$3,\cdots,n$ 来限定。根据量子力学的测不准原理，与 $E(n)$ 相对应的电子位置不能同时被确定。

---

① 原子量、分子量的标准名称为相对原子质量、相对分子质量。为简便和沿用惯例，本书仍使用"原子量"、"分子量"表示。

因此，此时描述电子位置的方程是一个波动函数 $\psi(n,l,m)$。

(1) $\psi(n,l,m)$ 的物理意义是：

- 每一个 $\psi(n,l,m)$ 描述核外电子的一个空间位置，代表一个原子轨道。但是，由于 $\psi(n,l,m)$ 是一个波动方程，电子的空间位置不是具体的一个点或一条线（如行星的运动轨道）或一个平面，而是一个三维的分布。
- $|\psi(n,l,m)|^2$ 代表该原子轨道上的电子在核外空间某区域出现的概率密度，俗称"电子云"。将概率密度乘以空间区域的尺度（$|\psi_{nlm}(x)|^2 dx$）代表电子在空间范围 dx 内出现的概率。

(2) $\psi(n,l,m)$ 具有叠加性。同一原子中不同的原子轨道可以组合，形成杂化原子轨道；不同原子中的原子轨道也可以组合，形成的杂化轨道称为分子轨道。杂化轨道和分子轨道将在下一章中详解。

【例题 2-1】 根据教材表 2-1，(1) 计算氢原子 $\psi(3,2,-2)$ 轨道的能量值；(2) $\psi(2,1,0)$ 轨道在哪个角度方向上电子云密度最大，哪个方向上电子云密度最小？

解答：(1) $\psi(3,2,-2)$ 轨道的主量子数是 3，因此其轨道能量为

$$E(3) = -13.595 \text{ eV}/n^2 = -13.595 \text{ eV}/3^2 = -1.5106 \text{ eV}$$

(2) $\psi(2,1,0)$ 轨道的简写为 $2p_z$，其波函数方程为

$$\frac{1}{4\sqrt{2\pi}}\left(\frac{1}{a_0}\right)^{\frac{3}{2}} \frac{r}{a_0} e^{-r/2a_0} \cos\theta$$

$\psi^2(2,1,0)$ 是轨道的概率密度函数，其中与角度方向有关的是 $\cos^2\theta$。

当 $\theta = 0°$ 或 $180°$ 时，$\cos\theta = 1$ 或 -1，$\cos^2\theta = 1$，即 $2p_z$ 轨道在沿 z 坐标轴方向的电子云密度最大；当 $\theta = 90°$ 时，$\cos\theta = \cos^2\theta = 0$，即 $2p_z$ 轨道在沿 xy 坐标轴平面上的电子云密度为零，xy 坐标轴平面是 $2p_z$ 轨道的节面。

2. 泡利不相容原理

应从以下 3 个方面来理解泡利不相容原理：

(1) 泡利不相容原理说明的是电子作为一种基本粒子所具有的一个基本性质。电子无论是在核外的原子轨道上运行，还是单独成为一个自由电子存在，都遵循这一原理。也就是说，处于同一空间分布的电子数目最多为两个，并且这两个电子一定是自旋方向相反。

(2) 由于每一原子轨道都是电子的一个独立分布空间，因此电子进入一个原子轨道时，只能有两种情况：① 轨道中有一个电子，其自旋方向可以是 $+\frac{1}{2}$ 或 $-\frac{1}{2}$；② 轨道中有两个自旋方向相反的电子。这是多电子原子电子填充原子轨道的 3 个基本原则之一。

(3) 泡利不相容原理不仅适用于原子轨道，而且对于原子轨道依据波函数叠加原理组合形成的杂化轨道和分子轨道也是适用的。由于分子轨道为形成分子的原子所共享，所以两个原子间可以通过共享一对电子形成一个共价键，一个共价键中只能包含一对自旋方向相反的电子。

【例题 2-2】 请判断具有下列量子数的电子对，哪些可以同时存在：(1) $(2,1,0,+\frac{1}{2})$ 和 $(2,1,1,+\frac{1}{2})$；(2) $(2,0,0,+\frac{1}{2})$ 和 $(2,0,0,+\frac{1}{2})$；(3) $(3,1,0,+\frac{1}{2})$ 和 $(3,1,0,-\frac{1}{2})$；(4) 原子 A $(1,0,0,+\frac{1}{2})$ 和原子 B $(1,0,0,+\frac{1}{2})$。

解答：(1) $(2,1,0,+\frac{1}{2})$ 和 $(2,1,1,+\frac{1}{2})$ 是不同原子轨道上的两个自旋相同的电

子,所以可以同时存在;

(2) $(2,0,0,+½)$ 和 $(2,0,0,+½)$ 是同一原子轨道上的两个自旋相同的电子,所以不可以同时存在;

(3) $(3,1,0,+½)$ 和 $(3,1,0,-½)$ 是同一原子轨道上的两个自旋相反的电子,所以可以同时存在;

(4) 原子 A$(1,0,0,+½)$ 和原子 B$(1,0,0,+½)$,虽然两个电子的量子数相同,都处于 1s 轨道,但由于分属不同的两个原子,所以可以同时存在。

3. 原子轨道的图形表示方法

原子轨道最主要的图形表示方法是"电子云",其物理意义是原子轨道波函数的平方 $|\psi(n,l,m)|^2$,代表在该原子轨道的电子在核外空间区域出现的概率密度。也就是说,"电子云"显示了原子轨道的空间形状。

在观察原子轨道的空间形状时,通常只需要了解电子云在空间各角度方向的分布状况,也就是忽略电子与原子核间的距离问题,只绘制电子云角度分布图。

在掌握原子轨道形状后,当我们需要考虑两个原子之间通过轨道叠加组合形成共价键时,还需要了解原子轨道上电子驻波的"波峰"与"波谷"的位置方向。"波峰"与"波谷"通常用"+"、"−"符号标示。

重要原子轨道的大致空间形状和波函数符号为:
- s 轨道:对称的球形,各方向上的波函数符号相同;
- p 轨道:哑铃形,两波瓣的波函数符号相反;
- d 轨道:3d 轨道为二维花瓣形,波瓣间隔表现"+"、"−"(不要求掌握)。

当观察电子距离原子核的平均距离时,我们需要绘制原子轨道波函数的径向分布图。与电子云不同的是,径向分布图所展示的是电子在距离原子核 r 的厚度为 dr 的球壳中的出现概率,而不是在 r 距离上的概率密度。

原子轨道径向分布的特点是:沿着径向有 $n-l$ 个极值峰,最大概率峰距离核最远。

【例题 2-3】 请说明 1s 和 $2p_z$ 轨道的对称性。

解答:1s 轨道为球形,各处波函数符号相同,因此 1s 轨道是对称性极高的中心对称的。$2p_z$ 轨道是哑铃形,其轨道沿着 z 轴伸展,xy 平面是 $2p_z$ 轨道的节面,两波瓣在节面两侧的波函数符号相反,因此知 $2p_z$ 轨道是以 z 轴对称,而对 xy 平面是反对称的。

4. 如何表述原子中一个电子的状态

量子世界中的任何粒子都可用一组量子数来表述其存在状态。对于原子中的一个电子来说,首先需要说明其处于哪一个原子轨道,这需要用 3 个量子数 n,l,m 表述;其次,要说明电子的自旋状态,这需要一个量子数 s 来表述,因此,表述原子中一个电子的状态需要 4 个量子数,其各自表述的意义是:
- 主量子数 n:表述原子轨道的能级,即该电子的能量状态。
- 角量子数 l:表述原子轨道的基本形状,即该电子的空间分布情况。
- 磁量子数 m:表述原子轨道的空间伸展方向。说明在观察者的坐标系上,该电子的空间分布所处的相对位置。
- 自旋量子数 s:说明电子的自旋状态,表明该电子与其他电子相互作用的关系。

需要特别注意的是,n,l,m,s 的取值有一定的限制,分别为:

- 主量子数 n：取值为正整数 $1,2,3,\cdots$；
- 角量子数 l：取值为从 0 到 $n-1$ 的整数 $0,1,2,\cdots,(n-1)$；
- 磁量子数 m：取值为从 $-l$ 到 $+l$ 的整数 $-l,\cdots,-1,0,1,\cdots,+l$；
- 自旋量子数 s：只能取值 $+½$ 或 $-½$。

【例题 2-4】 判断下列几组量子数是否正确，正确的请说明该电子的存在状态：
$(2,1,0,+½)$，$(1,0,0,-½)$，$(3,0,0,+1)$，$(2,2,1,+½)$，$(3,0,-1,+½)$，$(3,2,0,-½)$。

解答：$(2,1,0,+½)$：为 $2p_z$ 轨道上的一个电子；
$(1,0,0,-½)$：为 $1s$ 轨道上的一个电子；
$(3,0,0,+1)$：自旋量子数不能为 $+1$；
$(2,2,1,+½)$：主量子数为 2，因此角量子数不能取大于 1 的值；
$(3,0,-1,+½)$：角量子数为 0，因此磁量子数不能取 -1；
$(3,2,0,-½)$：为 $3d_{z^2}$ 轨道上的一个电子。

5. 多电子原子的原子轨道能级及其电子结构表述

多电子原子的原子轨道由于电子间的屏蔽效应和原子轨道的钻穿效应，因此能级不是简单地按主量子数排列，而是从第三层开始出现能级交错。因此，多电子原子的原子轨道能级排列次序需要记忆，本课程要求为

$$1s<2s<2p<3s<3p<4s<3d<4p$$

多电子原子的电子结构（或称电子组态）的表示方法有两种基本方式：

(1) 方框图示：步骤是首先按电子层和电子亚层的顺序写出原子轨道，如

$_9$F 1s ☐ 2s ☐ 2p ☐☐☐ 3s ☐ 3p ☐☐☐ 3d ☐☐☐☐☐ 4s ☐ 4p ☐☐☐

然后，将电子按照能量最低原理和泡利不相容原理将电子进行排列，如

$_9$F 1s ↑↓ 2s ↑↓ 2p ↑↓↑↓↑ 3s ☐ 3p ☐☐☐ 3d ☐☐☐☐☐ 4s ☐ 4p ☐☐☐

省去空的轨道，即

$_9$F 1s ↑↓ 2s ↑↓ 2p ↑↓↑↓↑

当出现能量简并的轨道时，应用洪特规则将电子尽可能以自旋相同的方式，分别占据不同轨道，如

$_7$N 1s ↑↓ 2s ↑↓ 2p ↑↑↑

$_{25}$Mn 1s ↑↓ 2s ↑↓ 2p ↑↓↑↓↑↓ 3s ↑↓ 3p ↑↓↑↓↑↓ 3d ↑↑↑↑↑ 4s ↑↓

(2) 简化书写方式：不区分简并的电子亚层的轨道，将电子数以右上角标记的形式书写，如

$_{25}$Mn：$1s^2 2s^2 2p^6 3s^2 3p^6 3d^5 4s^2$ 或 $[Ar]3d^5 4s^2$

在教材第 25 页有较详细的说明，这里不再赘述。需要特别说明的是，有两种元素 Cr 和 Cu，它们的电子组态较特殊，需要 3d 轨道分别是半充满或全充满状态，而 4s 轨道上只有一个电子，即

$$Cr: 1s^2 2s^2 2p^6 3s^2 3p^6 3d^5 4s^1 \quad 或 \quad [Ar] 3d^5 4s^1$$
$$Cu: 1s^2 2s^2 2p^6 3s^2 3p^6 3d^{10} 4s^1 \quad 或 \quad [Ar] 3d^{10} 4s^1$$

【例题 2-5】 某原子有四层电子,能级最高的原子轨道上只有一个电子。请写出其电子组态。

解答:四层电子表明其最大主量子数为 4,因此能量最高的是 3d 原子轨道,因此原子的电子组态为 $1s^2 2s^2 2p^6 3s^2 3p^6 3d^1 4s^2$,此元素为 21 号元素钪 Sc。

6. 同位素的性质

同位素是具有相同核电荷但原子量不同的原子。这些原子的质量不同的原因是原子核中的中子数不同。同位素的丰度(abundance)是指自然界中该质量同位素的百分含量。

中子数不同造成了同位素在两个性质上的差异:① 元素的放射性差异;② 原子核自旋性质的差别。而原子质量的不同造成了原子在化学反应速度上不同,较重的同位素形成的化学键其断裂速度要比较轻同位素形成的化学键明显慢,形成"同位素效应"。

至少需要了解氢元素有 3 种同位素:

(1) 氕或氢(hydrogen,^1H 或 H):H 的丰度为 99.985%。氢原子核只有一个质子,没有中子。H 没有放射性。但 H 核的自旋量子数为 ½,由于 H 核的丰度和在生物体中含量都很高,因此 H 核可以被核磁共振仪检测,而且灵敏度较高。当代核磁共振医学成像技术所检测的就是 H 核。

(2) 氘或重氢(deuterium,^2H 或 D):丰度较小(0.015%),没有放射性,不能被核磁共振仪检测。所以在用核磁共振分析有机化合物的结构时,通常用重水 D_2O 或氘代氯仿 $CDCl_3$ 作为溶剂。

(3) 氚或超重氢(tritium,^3H 或 T):丰度极少(10^{-15}%),实际应用的是人造元素。氚能被核磁共振仪检测,但没有分析价值。氚的重要性质是具有放射性,可以通过衰变释放 β 射线。β 射线是一种高速移动的电子流,很容易被液体闪烁计数器(scintillation counter)等仪器测量到,但不会穿透人体。氚是生物医学研究中常用的同位素标记。

【例题 2-6】 请分析氚的生物毒性。

解答:首先,氚和氘一样,原子量较大,参与化学反应时速率远远慢于氕。因此,氚取代体内的氢后,将导致许多酶的活性大大降低,不利于生命过程的进行;其次,氚具有放射性,大量进入体内后,会造成生物分子的放射性损伤,导致基因突变和癌症等疾病。

7. 元素周期表的结构和使用方法

在许多教科书和学习指导书中,都教给大家一些元素周期表的规律、特点和记忆技巧等。我们给大家的唯一技巧是:熟能生巧。当大家熟练掌握了元素电子组态及其书写后,多从氢到氪,将这 36 种元素的电子结构按周期表的形式多练习几遍,一切问题就都解决了。

【例题 2-7】 请写出 27 号元素的名称和周期表中的位置。

解答:原子序数为 27 号的元素,其电子组态为 $1s^2 2s^2 2p^6 3s^2 3p^6 3d^7 4s^2$。可见,此元素位于第四周期,有 d 电子而 4s 电子充满,因此在 d 区(而不是 ds 区),因外层电子数 7+2 = 9,所以在 ⅧB 族。此元素为过渡金属元素钴 Co。

2.3 思考题选解

2-1 白内障形成的结构化学原因是什么?

解答:晶状体蛋白由于年龄增长,积累了氧化损伤等原因,导致晶状体蛋白变性和沉淀,从而使晶状体不再透明,使眼睛失明,这就是白内障的结构化学原因。白内障患者可以通过摘除不透明的晶状体以及植入人工晶状体而恢复视力。

2-2 你对分子结构变化和病理机制之间的关系有何理解?

解答:任何病理现象都必然对应某一个生命分子结构的变异或损伤。

2-5 什么是原子轨道,它是否具有确定的运动轨迹?

解答:原子轨道是具有确定能量的核外电子所处的可能空间位置,它由波函数 ψ 来描述。核外电子不具备确定的运动轨迹。

2-6 量子力学中描述一个原子轨道需要用哪几个量子数,描述原子中一个电子的运动状态需要用哪几个量子数?这些量子数的物理意义是什么?它们的取值范围有什么要求?

解答:一个原子轨道需要 3 个量子数描述:主量子数 n,角量子数 l 和磁量子数 m。一个电子则需要 4 个量子数描述,3 个原子轨道量子数 (n, l, m) 和 1 个自旋量子数 s。

主量子数 n 表述电子距离原子核的平均距离和轨道能量。n 的取值为正整数 $1, 2, 3, \cdots$。n 值越大,表示核外电子距离原子核越远,轨道的能级越高。

角量子数 l 表述原子轨道在空间不同角度的分布,即原子轨道的大致形状和能量亚层。$l = 1, 2, 3, \cdots, (n-1)$。$l$ 值越大,原子轨道的形状越复杂;n 值相同的原子轨道,l 值越大,则轨道能量越高。

磁量子数 m 表述特定形状的原子轨道在空间可能的伸展方向。$m = -l, \cdots, 0, \cdots, l$。$m$ 值大小和能量无关,$m = 0$ 的原子轨道是沿着坐标系的 z 轴方向伸展。

自旋量子数 s 表述电子自身的自旋性质。s 取值只能是 $+\frac{1}{2}$ 或 $-\frac{1}{2}$。s 值大小也和能量无关,如果同一原子轨道中有两个电子,则它们的 s 取值一定不同,分别是 $+\frac{1}{2}$ 和 $-\frac{1}{2}$。

2-7 根据教材表 2-1 中的公式,计算氢原子原子轨道的能级并作图。其能级分布的特点是什么?将 1 mol H 原子电子从 1s 基态激发到 2p 轨道,需要吸收多少能量?

解答:作图如下

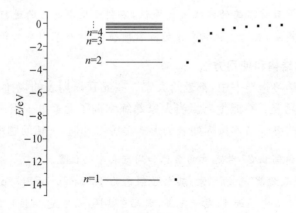

可见,主量子数 n 值越大,能量越高,能级的间隙越小。

1s 电子的能量是 -13.595 eV,2p 电子的能量是 -3.3988 eV,所以单个 H 原子电子从 1s 能级激发到 2p 能级吸收的能量为

$$\Delta E = (-3.3988) - (-13.595) = 10.196 (\text{eV})①$$

1 mol H 原子电子吸收的能量则为

$$\Delta E = 6.02213 \times 10^{23} \times 10.196 \times 1.602177 \times 10^{-22} = 983.78 (\text{kJ/mol})$$

这个能量相当于将一个 N_2 的叁键解离而形成 2 个 N 原子需要的能量。

2-11 原子轨道有几种图示方式？各代表什么物理意义？波函数、"原子轨道"、概率密度和电子云等概念有何联系和区别？

解答：原子轨道主要有：① 径向分布图，表示在距离原子核为 r 的单位厚度球形薄壳内电子出现的概率；② 波函数角度分布图，表示原子轨道波函数的角度函数部分 $Y(\theta,\varphi)$ 的数值变化，其符号"+"表示波函数的波峰部分，"−"表示波函数的波谷部分；③ 电子云角度分布图，是 $Y^2(\theta,\varphi)$ 的数值变化，大体上反映了原子轨道的空间形状。

每一个电子存在的状态都对应一个波函数，原子轨道是对应于某个特定电子能量的波函数（或称波函数的一个解）。电子云是原子轨道波函数概率密度的图示。

2-12 分别画出径向分布图、轨道波函数角度分布图和轨道电子云的角度分布图，说明 3s,3p,3d 原子轨道的空间分布特点。

解答：3s 原子轨道成球形分布，只有一个符号，在径向上具有 3 个极值峰，最大极值峰距核最远；3p 轨道呈哑铃形状，$3p_x,3p_y,3p_z$ 分别沿 3 个坐标轴分布，在径向上具有 2 个极值峰，最大极值峰距核最远；$3d_{z^2}$ 轨道呈中间有环的沙漏形状，其他 4 个轨道呈四瓣的花瓣形状，$3d_{z^2}$ 轨道沿 z 轴分布，$3d_{x^2-y^2}$ 沿 xy 轴分布，其他 $3d_{xy},3d_{xz},3d_{yz}$ 三个轨道则分布在坐标轴所夹的平面内。

2-13 多电子原子轨道的能级顺序为什么发生能级交错现象？如何用屏蔽效应或钻穿效应来解释？

解答：多电子原子的核外电子除了受到原子核的吸引力外，其他核外电子也与该电子发生静电作用，这些作用主要包括：① 屏蔽效应：电子云完全位于某电子内侧的内层电子将抵消原子核对该电子的一部分吸引力；② 钻穿效应：处于某电子外侧的外层电子，由于其电子云也会在该电子的内侧出现，也将屏蔽一部分原子核引力。这样，具有同一主量子数 n 的电子也会因电子云的形状（角量子数 l）等因素不同而能量各异，在不同主量子数的轨道之间形成能级交错现象。

2-14 H 原子的 1s 轨道和 Li 原子的 1s 轨道相比，其能量相等否？为什么？

解答：不一样，Li 原子核有两个正电荷，有效核电荷数高，对核外电子的引力较 H 原子强，因此其 1s 轨道能量较 H 原子的低。

2-15 写出下列原子基态时的电子组态：C,N,O,Cl,P,S,Na,K,Zn,Fe。

解答：C：$1s^2 2s^2 2p^2$；N：$1s^2 2s^2 2p^3$；O：$1s^2 2s^2 2p^4$；Cl：$[Ne]3s^2 3p^5$；P：$[Ne]3s^2 3p^3$；S：$[Ne]3s^2 3p^4$；Na：$[Ne]3s^1$；K：$[Ar]4s^1$；Zn：$[Ar]3d^{10}4s^2$；Fe：$[Ar]3d^6 4s^2$

2-16 写出下列离子基态时的电子组态：Mg^{2+}，Cr^{3+}，Mn^{7+}，Co^{3+}，Ni^{2+}，Cu^{2+}，Cu^+，Ca^{2+}，F^-，H^-。

---

① 请务必注意计算题中的单位换算问题。各章"思考题选解"一节中的计算题为简化，未详细列出单位换算过程，具体请参见例题所示。

解答：Mg^{2+}：$1s^22s^22p^6$；Cr^{3+}：$[Ar]3d^3$；Mn^{7+}：$[Ne]3s^23p^6$；Co^{3+}：$[Ar]3d^6$；Ni^{2+}：$[Ar]3d^8$；Cu^{2+}：$[Ar]3d^9$；Cu^+：$[Ar]3d^{10}$；Ca^{2+}：$[Ne]3s^23p^6$；F^-：$1s^22s^22p^6$；H^-：$1s^2$。

2-17 周期表中的区是如何划分的？各区元素原子的电子构型有什么特征？

解答：根据元素价电子组态的特征，将元素周期表划分成 s, p, d, ds 和 f 共 5 个区域。各区元素电子组态的特征分别为：$s(ns^{1\sim2})$，$p(ns^2np^{1\sim6})$，$d[(n-1)d^{1\sim8}ns^{1\sim2}]$，$ds[(n-1)d^{10}ns^{1\sim2}]$ 和 $f[(n-2)f^{0\sim14}(n-1)d^{0\sim1}ns^2]$。

2-18 元素周期表中原子的性质有哪些变化规律？

解答：有效核电荷数：同一周期元素随原子序数增加而增加；

原子半径：同一主族元素随电子层数增加而增加，同一周期元素随原子序数增加而减小；

第一电离能：同一主族元素随电子层数增加而减小，同一周期元素随原子序数增加而增加；

电子亲和能：大趋势是从左至右增加；

电负性：同一主族元素随电子层数增加而减小，同一周期主族元素随原子序数增加而增大。

2-19 电负性反映了原子的什么性质？它如何影响元素的物理和化学性质？

解答：电负性反映了原子核吸引成键电子的能力。电负性越大的元素，得电子能力越强，非金属性越强；反之，电负性越小的元素，失电子能力越强，金属性越强。

2-21 给出下列元素原子的电子组态：(1)第四周期的ⅡB族元素；(2)第三周期的稀有气体元素；(3)原子序数为 28 的元素；(4)4p 轨道半充满的主族元素。

解答：(1)Zn：$[Ar]3d^{10}4s^2$；(2)Ar：$1s^22s^22p^63s^23p^6$；(3)Ni：$[Ar]3d^84s^2$；(4)As：$[Ar]3d^{10}4s^24p^3$。

2-22 按所示格式填充下表：

原子序数	元素符号	电子排布式	价层电子组态	周期	族
17					
	Mg				
		$1s^22s^22p^2$			
			$5s^25p^5$		
				4	ⅥA
	Fe^{3+}				

解答：

原子序数	元素符号	电子排布式	价层电子组态	周期	族
17	Cl	$1s^22s^22p^63s^23p^5$ 或 $[Ne]3s^23p^5$	$3s^23p^5$	3	ⅦA
12	Mg	$1s^22s^22p^63s^2$	$3s^2$	3	ⅡA
6	C	$1s^22s^22p^2$	$2s^22p^2$	2	ⅣA
53	I	$1s^22s^22p^63s^23p^63d^{10}4s^24p^64d^{10}5s^25p^5$ 或 $[Kr]4d^{10}5s^25p^5$	$5s^25p^5$	5	ⅦA
34	Se	$1s^22s^22p^63s^23p^63d^{10}4s^24p^4$ 或 $[Ar]3d^{10}4s^24p^4$	$4s^24p^4$	4	ⅥA
26	Fe^{3+}	$1s^22s^22p^63s^23p^63d^5$ 或 $[Ar]3d^5$	$3d^5$	4	ⅧB

第 2 章 原子结构

2-23 什么是元素的同位素？同位素间有哪些物理或化学性质的差别？

解答：同位素是具有相同核电荷的原子，其原子核的质子数相同但中子数不同，因此元素的质量有差别。因此，同一元素的同位素间在化学反应速度、原子核自旋性质、元素的放射性上存在差异。

2-24 什么是同位素效应？相同条件下，下列哪个反应的速率更大？

(1) $C_2H_5OH \longrightarrow C_2H_4 + H_2O$；

(2) $C_2D_5OD \longrightarrow C_2D_4 + D_2O$。

解答：同位素效应是指在化学反应中，质量较大的同位素形成的化学键较质量小的同位素形成的化学键断裂的速度较慢。C_2D_5OD 中 D 是 C_2H_5OH 中 H 的质量的两倍，因此其反应速度较 C_2H_5OH 慢。

2-25 组成生命分子的元素有哪些？可以分成哪些"原子积木"类型？

解答：组成生命分子的元素主要包括：C,H,O,N,S,P,Si 和微量元素。可以形成一个键(—H)、两个键(—O—,—S—)、三个键(N,P)和四个键(C,Si)四种主要原子积木。

2-26 什么是磷酸酯键？在组成生命分子中有什么特点？

解答：磷酸酯键是磷酸基和羟基脱水缩合形成的一种化学键，具有高能性、动态性和亲水性的特点。

2-27 细胞内和细胞外主要的电解质离子是什么？这些离子有什么特点？

解答：细胞内：K^+,Cl^-,Mg^{2+}；细胞外：Na^+,Cl^-,Ca^{2+}。Na^+,K^+,Cl^- 的电荷少，离子流动能力强，不影响溶液的酸碱度，因此主要维持细胞的渗透压和细胞膜的电极性；Mg^{2+} 离子电荷密度大，具有强的催化磷酸酯键水解的能力；Ca^{2+} 离子电荷较多，离子半径大，电荷密度小，不具备强催化力而容易和生物分子形成配位键，是细胞的"第二信使"。

2-28 人体最主要的三种微量元素是什么？分别组成哪些生物分子？

解答：Fe：血红蛋白、氧化酶、电子运载蛋白；Cu：血蓝蛋白、SOD、氧化酶、电子运载蛋白；Zn：SOD、锌指蛋白、碳酸酐酶、各种蛋白酶。

2-29 哪些元素的化合物是环境污染的主要分子？

解答：Pd,Cd,Hg,As。

章节自测

一、填空题

1. 写出下列元素或离子的电子组态：

Cu：_____； Fe^{3+}：_____；

F^-：_____； Al^{3+}：_____；

Zn^{2+}：_____。

2. $_{20}$Ca 原子的 E_{4s} _____（填 ">"、"=" 或 "<"）E_{3d}，其能级交错的原因可以用 _____ 和 _____ 解释。

3. 原子序数为 24 的某元素的核外电子排布式为 _____，该元素属于第 _____ 周期，_____ 族，位于周期表中 _____ 区。

4. 原子轨道填充电子的三条原则分别是 _____，_____，_____。

5. 3p 能级：$n =$ _____，$l =$ _____，有 _____ 个简并轨道。

6. 电负性是指某元素的一个原子吸引 _____ 的相对能力，电负性最大的元素是 _____。

7. 在氢的同位素中，_____ 具有放射性。

二、选择题

1. 描写基态 Ca(Z = 20) 原子最外层一个电子运动状态的量子数是（　）
   A. 4,1,0,1/2　　B. 4,1,1,1/2　　C. 4,1,−1,1/2　　D. 4,0,0,1/2

2. 某元素基态原子的最外层电子的主量子数为 3 时，则该原子（　）
   A. 仅有 s 电子
   B. 仅有 s,p 电子
   C. 有 s,p 电子，可能有 d 电子
   D. 有 s,p,d 电子

3. 在多电子原子中，各电子具有下列量子数，其中能量最高的电子是（　）
   A. 2,1,−1,1/2　　B. 2,0,0,−1/2　　C. 3,1,1,−1/2　　D. 3,2,−1,1/2

4. 某元素基态原子的最外层电子组态为 $ns^x np^{x+1}$，由此可知该原子中未成对电子数是（　）
   A. 0　　B. 1　　C. 2　　D. 3

5. 对于 4 个量子数，下列叙述中正确的是（　）
   A. 磁量子数 $m = 0$ 的轨道上的电子的运动轨迹是圆形的
   B. 角量子数 l 可以取从 0 到 n 的正整数
   C. 决定多电子原子中电子的能量的是主量子数
   D. 自旋量子数 s 与原子轨道无关

6. 下列各组量子数中，合理的一组是（　）
   A. $n = 2, l = 1, m = 0$
   B. $n = 2, l = 0, m = \pm 1$
   C. $n = 3, l = 3, m = -1$
   D. $n = 2, l = 3, m = \pm 2$

7. 氢原子的原子轨道能量取决于量子数（　）
   A. n　　B. n 和 l　　C. l　　D. m

8. 下列叙述中，正确的是（　）
   A. 在一个多电子原子中，可以有两个运动状态完全相同的电子
   B. 在一个多电子原子中，不可能有两个能量相同的电子
   C. 在一个多电子原子中，M 层上的电子能量肯定比 L 层上的电子能量高
   D. 某一多电子原子的 3p 亚层上仅有两个电子，它们必然自旋相反

9. 电解含有重水的水时，先分解的是（　）
   A. 重水
   B. 氘水
   C. 重水和氘水分解速率一样
   D. 谁先分解是随机的

10. 某元素的原子序数小于 36，当该元素原子失去一个电子时，其角量子数等于 2 的轨道内电子数为全充满，则该元素为（　）
    A. Cu　　B. K　　C. Br　　D. Cr

三、判断题

1. 2p能级上的3个原子轨道的形状和伸展方向完全相同,所以称为简并轨道。(　　)
2. 2p轨道为哑铃形,在轨道的伸展方向上有一个对称轴。(　　)
3. 电子从氢原子的3s迁移到3d轨道需要吸收能量。(　　)
4. 价电子层是指原子的主量子数最大的外层电子。(　　)
5. 决定氢原子轨道能量大小的量子数包括 n 与 l。(　　)

四、问答题

体内含量最多的3种微量元素是什么?在生物体内的作用分别是什么?

* *

自测题答案

一、填空题

1. Cu:$1s^22s^22p^63s^23p^63d^{10}4s^1$ 或 $[Ar]3d^{10}4s^1$； Fe^{3+}:$1s^22s^22p^63s^23p^63d^5$ 或 $[Ar]3d^5$
   F^-:$1s^22s^22p^6$； Al^{3+}:$1s^22s^22p^6$； Zn^{2+}:$1s^22s^22p^63s^23p^63d^{10}$ 或 $[Ar]3d^{10}$
2. <,屏蔽效应,钻穿效应
3. Cr:$1s^22s^22p^63s^23p^63d^54s^1$ 或 $[Ar]3d^54s^1$,四,ⅥB,d
4. 泡利不相容原理,能量最低原理,洪特规则
5. 3,1,3
6. 成键电子,F
7. 氘

二、选择题

1. D 2. B 3. D 4. D 5. D 6. A 7. A 8. C 9. B 10. A

三、判断题

1. × 2. √ 3. × 4. × 5. ×

四、问答题

解答:生物体内含量最多的微量元素是Fe,Cu,Zn,它们都是第四周期的过渡金属元素。

Fe原子的电子组态是$[Ar]3d^64s^2$。作为金属元素,Fe倾向于失去外层的电子,形成Fe^{2+}和Fe^{3+},其主要生物作用包括:① 在蜜蜂等生物体内,形成磁性氧化铁的纳米颗粒,是生物的磁感应器官;② 结合和运载O_2;③ 组成含铁的各种氧化酶;④ 组成含铁的电子运载蛋白。

Cu原子的电子组态是$[Ar]3d^{10}4s^1$。在体内的存在形式是失去2个电子后形成的Cu^{2+}。在生物体内,Cu具有和Fe类似的作用,在体内的Fe移动中也发挥了关键的作用,但最重要的是形成体内的抗氧化酶——超氧化物歧化酶SOD。

Zn原子的电子组态是$[Ar]3d^{10}4s^2$。Zn很容易失去其4s电子形成+2价的Zn^{2+}。在生物体内,Zn^{2+}的主要作用包括两个方面:① 形成"锌指"结构,稳定蛋白质分子的动态结构;② 发挥酸碱催化的功能,是碳酸酐酶、羧肽酶、胶原酶和血管紧张素肽转换酶等酶分子的活性中心。

第 3 章
分子结构和分子间作用力

3.1 基本要求

正如所有建筑都是由基本建筑块(砖瓦或现代预制板块)和黏结剂(石灰或水泥)构建,所有生物结构都有原子/化学键以及分子/分子间作用力构成。理解和掌握原子、分子如何构建生物结构的关键因素有两个:

- 基本建筑块的性质。在第 2 章,我们学习了构成分子的原子的结构性质,我们只需掌握大约 40 种左右元素的原子结构就足够了。在未来的有机化学和生物化学中,同学们将会学习到构成生物体的建筑块——各种有机分子的结构,例如基本氨基酸有 20 种,核酸基本碱基有 5 种,基本的核糖有 2 种,细胞膜磷脂的基本醇类有 5 种,等等,其数量和结构的复杂性将远远多于我们学习过的原子。但原子是构成所有分子的基本建筑块。
- 如何将这些建筑块黏结在一起。将原子黏结在一起依靠的是原子间形成各种化学键;而将分子黏结在一起,依靠的则是各种分子间作用力。

这些是本章学习的内容。

本章学习内容的基本要求是:

1. 路易斯价键理论和路易斯结构式

路易斯(Lewis)价键理论是高中课程的内容,但是路易斯价键是最简单实用的方法。并且,路易斯结构式是书写分子结构的最常用方式。对此内容的复习和在量子力学价键理论的基础上重新掌握是本课程的重要内容。

2. 化学键的类型、力学本质、基本性质和由该化学键形成的物质种类和形态

基本内容总结在表 3-1 中,应当理解并掌握共价键和离子键,金属键则不要求。

其中,共价键的本质及其性质是重点。键能的大小决定了分子的稳定性,键能越大分子越稳定。而键能的大小与键的多重性以及键长有关。一般,键长越短,键能越大;键的多重数目越多,键能越大,键长越短。

共价键分子的几何形状取决于键长和键角。分子动态受到键多重性的限制:单键可以自由旋转,而双键和叁键都将原子位置固定。分子的极性则取决于键极性和分子的几何形状。

表 3-1　化学键基本性质总结表

化学键类型	共价键	离子键	金属键
本质	成键的原子核对共享电子对的静电引力；成键原子间可共享 1～3 对电子	形成晶体的正、负离子间的静电引力	金属离子和离域电子"海洋"间的静电引力
键参数	键能 键长、键角、键极性 键的多重性（单键、双键、叁键）	晶格能 正、负离子电荷和半径 离子堆积方式和晶胞参数	原子化热 晶胞参数
形成分子形态	气、液和固态分子，包括： ① 无机和有机小分子 ② 有机高分子和生物大分子 ③ （无机大分子）原子晶体	固体：离子晶体或玻璃体	固体：金属晶体
特点	具有饱和性和方向性	① 不具有饱和性和方向性 ② 熔融状态导电 ③ 解离形成电解质溶液	① 不具有饱和性和方向性 ② 金属光泽和延展性 ③ 良导体

3. 共价键分子几何形状的理论预测

分子的整体几何形状取决于连接原子的共价键键长以及分子中结构中心原子的键角。分子中，每一个与两个以上原子结合的原子都是一个结构中心，一个分子可以有一个或多个结构中心原子，简称中心原子。

理论上，键角取决于中心原子的成键原子轨道之间的夹角。但是，我们可以依据中心原子的路易斯结构式以及价层电子对互斥理论（VSEPR）来预测键角，进而预测只有一个中心原子的 AB_n 型等简单分子的几何形状。对于多结构中心的分子形状预测则比较复杂，因为需要考虑结构中心之间的分子间引力等因素，对此本课程不作要求。

4. 共价键的本质

共价键的本质是原子间的静电引力。这种静电引力的来源是两个原子的带正电的原子核同时吸引位于两核之间的带负电的共用电子对。

共价键形成的过程就是两原子形成共用电子对的过程。根据量子力学的原理，原子间用于形成共价键的两个原子轨道发生组合重叠，形成一个成键分子轨道和一个反键分子轨道。成键轨道的电子云集中于两个原子核之间，因而能量较低；反键轨道的电子云处于原子核两侧，因而能量较高。原子双方各提供一个电子，自旋配对，填充于成键轨道，形成成键的共用电子对（此为正常共价键）；或者，由一方原子提供一对共享电子（此为配位共价键）。

因此，形成共价键时，原子轨道组合必须服从下列三原则，即分子轨道形成三原则：

（1）对称性匹配：成键的原子轨道沿着相同的对称轴（x 轴）或对称面进行组合重叠。由成键方式的对称性不同，可以将共价键分成两种类型：

- "头碰头"的 σ 键：有 $\sigma_{s\text{-}s}$（2 个 s 轨道重叠）、$\sigma_{s\text{-}p}$（1 个 s 轨道和 1 个 p 轨道沿对称轴重叠）和 $\sigma_{p\text{-}p}$（2 个 p 轨道沿对称轴重叠）3 种；
- "肩并肩"的 π 键：通常有 $\pi_{z\text{-}z}$（2 个 p_z 轨道沿对称面重叠）和 $\pi_{y\text{-}y}$（2 个 p_y 轨道沿对称面重叠）2 种。

多重共价键由1个σ键和1~2个π键构成:
- 单键:1个σ键;
- 双键:1个σ键+1个π键;
- 叁键:1个σ键+2个π键。

(2) 能量近似:决定了形成共价键的是能量近似的原子最外层的价层电子。

(3) 轨道最大重叠:轨道方向决定了共价键的方向性,轨道夹角决定了共价键的键角。

5. 杂化轨道理论解释分子几何形状的产生

虽然价层电子对互斥理论可以成功地预测中心原子的键角,但是并没有说明该键角形成的本质原因。杂化轨道理论认为,根据轨道波函数的叠加原理,原子可以事先进行不同原子轨道的组合,形成杂化轨道。杂化轨道在成键方向的电子云更为浓密,这样形成的共价键更为稳定;而根据杂化方式的不同,形成了具有不同夹角的杂化轨道,包括:

- sp 杂化轨道:夹角 180°,直线形;
- sp^2 杂化轨道:夹角 120°,正三角形;
- sp^3 杂化轨道:夹角 109°28′,正四面体形;
- $(n-1)d^a sp^b$ 和 $sp^b d$ 杂化轨道:在第 10 章"配位化合物"中学习。

当杂化轨道中每个轨道填充的电子数目相同时,此类杂化轨道为等性杂化轨道;当杂化轨道中电子数目不同时,会形成不等性杂化。在不等性杂化轨道中,那些填充了成对电子的轨道,在未来化学反应时形成分子的孤对电子,并不形成共价键;这些孤对电子轨道因含有较多的 s 轨道成分而电子云体积较大一些,排斥力较强,导致成键的杂化轨道的夹角比相同的等性杂化轨道夹角要小一些。

6. 用分子轨道理论解释简单分子的物理化学性质

分子轨道理论认为,在形成分子时所有电子都有贡献。两个原子的所有含电子原子轨道都按照对称性匹配、能量近似和轨道最大重叠的三原则进行组合,形成一个整体的分子轨道。电子属于整个分子,在分子轨道中依然按照泡利不相容原理、能量最低原理和洪特规则的三原则进行填充。

书写分子轨道时,像书写原子的电子组态一样,按能级顺序依次写出填充了电子的分子轨道,并在括号外用上标注明这个轨道上的电子。分子轨道的写法是:① 注明分子轨道的成键类型(σ 或 π);② 用 * 标示出反键轨道;③ 由量子数相同的原子轨道组合形成的分子轨道,用下标注明原始原子轨道的类型;④ 对于电子全充满层,可用该电子层的符号简化书写。例如:

$$N_2[(\sigma_{1s})^2(\sigma_{1s}^*)^2(\sigma_{2s})^2(\sigma_{2s}^*)^2(\pi_{2p_y})^2(\pi_{2p_z})^2(\sigma_{2p_x})^2]$$

或

$$N_2[KK(\sigma_{2s})^2(\sigma_{2s}^*)^2(\pi_{2p_y})^2(\pi_{2p_z})^2(\sigma_{2p_x})^2]$$

在分子轨道理论中,用键级来描述键的强度:

键级 =(成键轨道上的电子数 -反键轨道上的电子数)/2

键级越高,键能越大。键级可以是整数或分数,很好地解释了如 H_2^+,N_2^+,O_2^+ 等一些分子离子的稳定性问题。

在原子中,实际决定原子化学反应能力和主要物理性质的是最外层的价电子以及邻近的空轨道。同样,决定分子化学反应能力和主要物理性质的是最高能量电子占据的分子轨道

(HOMO)和最低能量空分子轨道(LUMO)。分析分子的 HOMO 和 LUMO 情形,足以解释这一分子主要的物理化学性质,如光、电、磁性和化学反应能力等。

需要掌握简单双原子分子或离子(H_2,H_2^+,N_2,N_2^+,O_2,O_2^+,O_2^-,F_2,NO 等)的分子轨道能级分布和电子排布情况,并根据这些分子的电子结构解释该分子的一些简单物理化学性质。

7. 分子间引力和斥力的产生

分子间斥力起因于泡利不相容原理。当分子相互接近,导致原子的闭壳层的电子云发生相互重叠。按照泡利不相容原理,发生重叠的两个电子对的波函数一定是相互抵消的。于是,在这两个非常靠近的原子的原子核间电子云密度减小,因此发生静电排斥作用。

分子间引力的种类和特性见表 3-2,其中需要重点掌握的是范德华力和氢键。

表 3-2 分子间引力的种类和特性

种 类		本 质	特 点	键 能
范德华力	色散力	瞬时偶极形成的静电引力	存在于所有分子间 主要的范德华引力	2~20 kJ/mol
	取向力	永久偶极形成的静电引力	存在于极性分子间	
	诱导力	诱导偶极形成的静电引力	极性分子和非极性分子间	
氢键		一种弱化学键	具有饱和性和方向性	一般 10~40 kJ/mol X—H⋯Y 夹角:150°~180°
盐键		静电引力	仅在疏水环境中有意义	10~20 kJ/mol
疏水作用		熵效应	对水溶液中的分子有意义	10~20 kJ/mol
万有引力		质量引起的空间弯曲	存在于所有分子间	忽略不计

8. 用分子间作用力解释分子的聚集和物理性质

分子间引力的大小和种类决定了:① 物质的熔点、沸点和常温聚集状态。分子间引力越大,则物质的熔点、沸点越高,在常温可表现为固态或液态。② 物质的溶解性。溶解性的规律是"相似相溶"。对于物质的水溶性来说,容易与水分子形成分子间氢键的物质在水中溶解度较大。③ 分子能否并如何形成超分子的高级结构。

氢键由于其较大的键能,对物质的性质影响较大。分子间氢键和分子内氢键对物质的性质意义不同。此外,氢键对于水的特殊性质形成和生命分子结构具有重大意义。

DNA 和细胞膜都是超分子体。超分子是两种或两种以上分子通过分子间引力而形成的具有高级结构的分子聚集体。在超分子体系中,各组成分子之间存在着分子间的相互识别,体系通过分子间的识别而自发组装形成。分子识别和自组装是超分子的两大基本特征。

3.2 要点和难点解析

1. 晶格能和离子化合物的性质

仅仅一对阴阳离子的静电引力产生的键能是有限的,而且受到环境介电常数的影响,像分子间的离子键——盐键的键能约为 20 kJ/mol,只是一种与范德华力接近的弱作用。而在离子晶体中则是不同的,由于阴阳离子有序排列、形成了巨大晶格能,导致离子晶体中离子键的键能很大。离子键受晶格能影响的特点决定了离子晶体化合物具有高熔点、高硬度、高密度和易脆的性质。

一个重要的问题是晶格能与离子水合能的大小决定了离子化合物的溶解性质,如果水合能大于晶格能,则会很容易溶解于水中,这类化合物通常是离子电荷较少的化合物,如 KCl, NaCl 等碱金属盐类;而如果晶格能大于水合能,则此类化合物是难溶性离子化合物,通常这些化合物的离子电荷较高。

【例 3-1】 快速地将沸水倒入玻璃杯中,很容易使杯子破裂,而将沸水快速倒入石英杯中则不会有问题,请问为什么?

解答:玻璃是离子晶体,在受到不均匀加热后,会使晶体中离子排列发生错位,导致沿着错位的面由静电引力转变为静电斥力,于是晶体沿错面断裂。结晶性越好的玻璃越容易受骤热或打击发生碎裂,而结晶性差的钢化玻璃则强度要高许多。石英则是原子晶体,原子间以共价键连接,强度大而且有一定的柔韧性,因此不易发生受骤热碎裂的现象。

2. 分子的极性

极性分子的正负电荷中心不重合,分子中有"$\delta+$"和"$\delta-$"两极,因而产生永久分子偶极矩($\mu = q \times d$)。没有永久偶极矩的分子是非极性分子,但非极性分子也会发生分子极化的现象:① 分子由于热运动而使原本重合的正、负电荷中心发生偏离,产生瞬时偶极矩,瞬时偶极矩的方向是随机的;② 在外加电场或极性分子的诱导下,非极性分子会沿着外电场方向产生诱导偶极矩。

一个非常重要的问题是:由分子偶极矩产生的静电引力是分子间范德华力的根本原因,不同的分子偶极矩产生不同类型的范德华力,包括色散力、取向力和诱导力。其中由瞬时偶极矩产生的色散力在范德华力中贡献最大。

分子的极性取决于:① 共价键的极性;② 分子的对称性。
- 对于全部非极性共价键形成的分子,一定是非极性分子;
- 对于极性共价键形成的分子,如果分子是对称的,共价键的极性被相互抵消,则分子是非极性的;
- 对于极性共价键形成的分子,如果分子是不对称的,分子一定是极性分子。

【例 3-2】 判断下列分子的极性:S_8,HCl,CO_2,H_2O,CO。

解答:S_8 分子中全部是非极性共价键,因此是非极性分子;

HCl 分子中只有一个极性共价键,分子的极性完全取决于键极性,所以是极性分子;

CO_2 分子中有 2 个极性的 C=O 键,但由于 CO_2 分子是线性结构(O=C=O),2 个 C=O 键在分子中对称分布,导致极性相互抵消,因此分子为非极性分子;

H_2O 分子中有 2 个极性的 O—H 键,分子为 V 字形结构,键的极性在分子中被加和,因此分子为极性分子;

CO 分子中为叁键,其中一个极性的 C=O 键,偶极矩方向是 C($\delta+$)→O($\delta-$),还有一个 C←O 配位键,由于电子全部由 O 原子单方面提供,配位键有较大的极性,偶极矩方向为 C←O,与 C=O 键正好相反。整体分子在键极性加和部分抵消后,表现为一个弱极性分子,分子极性方向为:C($\delta-$)←O($\delta+$)。

3. VSEPR 理论预测分子构型、杂化轨道理论解释分子构型

在教材第 62~63 页,详细地讲解了如何用 VSEPR 理论预测简单分子的几何构型。在预

测和解释分子构型的问题上,几个要点是:① 正确写出该分子的路易斯结构式,注意标出位于结构中心原子的孤对电子以及写出该分子的所有共振结构式;② 计算出或直接数出中心原子的价层电子对数;③ 根据价层电子对数和孤对电子数判断中心原子的几何构型;④ 根据不同电子对的排斥能力(孤对-孤对 > 孤对-成键 > 成键-成键),对中心原子的键角进行调整;⑤ 对中心原子的杂化轨道成键方式进行分析,从而确定 VSEPR 理论预测结果的合理性;⑥ 对多结构中心的复杂分子根据可能存在的分子间作用,对分子结构进行调整。

【例 3-3】 请判断 O_3 分子的几何构型及分子极性,并给以解释。

解答:O_3 分子的路易斯结构如下:

中心 O 原子的价层电子对为 3,有一对孤对电子,因此,价层电子构型为平面三角形,而 O_3 分子构型为 V 字形,O—O—O 键角小于 120°(实际键角 116.8°)。可知,中心 O 原子为不等性的 sp^2 杂化,在一个 sp^2 杂化轨道上存在一对孤对电子。此外,在 z 轴方向上中心原子有一对 p 电子,与两旁 O 原子剩余的 2 个 p 电子可以形成一个三中心四电子 π 键——π_3^4 键,每个 O 原子分享 $1\frac{1}{3}$ 个电子,于是两边的 O 原子带 $\delta-$ 电荷,而中心 O 原子带 $\delta+$ 电荷,结构如下:

由于分子不对称,$\delta+$ 和 $\delta-$ 电荷中心不能重合,因此 O_3 是极性分子。

【例 3-4】 预测 $CH_3COCH = C(OH)CH_3$ 分子的几何构型并给以解释。

解答:此分子的完整路易斯结构式为

骨架的 5 个 C 原子都具有立体结构,但是首尾的两个—CH_3 基团对整个分子构型没有意义,关键的是 $C_2 \sim C_4$ 的结构,这 3 个 C 原子的价层电子对数都是 3,没有孤对电子,因此这 3 个 C 均为平面三角形的结构,即都是等性的 sp^2 杂化,于是该分子有以下两种可能的构型:

其中结构(a)中有一个分子内氢键,因而分子更为稳定。所以,该分子的几何构型应为结构(a)所示。

4. 简单分子的电子结构和物理化学性质解释

分子几何构型可以用 VSEPR+杂化轨道的方法进行很好的预测和解释。由于分子的物理化学性质取决于分子外层电子的性质,因此需要用分子结构理论进行预测和解释。对于简单双原子分子来说,我们可以写出它们的完整分子电子组态;简单双原子分子的分子轨道能级和电子组态的写法详见教材第73~78页。对于多原子较复杂的分子轨道,可以仅写出它们的HOMO和LUMO轨道即可进行分析,不过本课程只要求了解,并不要求同学掌握此方法。

在应用简单分子轨道理论方法解释物质的物理化学性质时,几个值得说明的关键点如下:

(1) F_2 分子的电子结构为 $[KK(\sigma_{2s})^2(\sigma_{2s}^*)^2(\sigma_{2p_x})^2(\pi_{2p_y})^2(\pi_{2p_z})^2(\pi_{2p_y}^*)^2(\pi_{2p_z}^*)^2]$,与 F_2 分子轨道的能级顺序相同的双原子分子有 O_2 及其分子离子和 NO 等。

(2) N_2 分子的电子结构为 $[KK(\sigma_{2s})^2(\sigma_{2s}^*)^2(\pi_{2p_y})^2(\pi_{2p_z})^2(\sigma_{2p_x})^2]$,与 N_2 分子轨道的能级顺序相同的双原子分子有 CO 等。

(3) 影响物理化学性质的因素有:

- 键级:决定分子稳定性。
- 单电子数目:含有单电子的分子具有顺磁特性。此外,具有一个单电子的分子或基团称为自由基,是化学活泼分子,容易引发速度很快的自由基链式反应。在生物体内,含氧自由基造成的氧化损伤与衰老和癌症等许多疾病有关。
- 分子自旋多重态:根据自旋多重态守恒原则,反应前后自旋多重态不变的化学反应容易进行,反应速率较快,否则反应不容易进行。
- HOMO 和 LUMO 轨道能级差:能级差别如果落入可见光光子能量的范围,则分子可以吸收可见光而表现出颜色。

【例 3-5】 对 $^3O_2$,$^1O_2$,O_2^-,O_2^+ 和 O_3 的化学反应性进行比较并解释,说明哪些是自由基。

解答:$^3O_2$ 为普通氧分子,其分子的电子结构为 $[KK(\sigma_{2s})^2(\sigma_{2s}^*)^2(\sigma_{2p_x})^2(\pi_{2p_y})^2(\pi_{2p_z})^2(\pi_{2p_y}^*)^1(\pi_{2p_z}^*)^1]$。分子的键级为 $(10-6)/2 = 2$,分子较为稳定。有 2 个单电子,所以氧分子为顺磁性分子。分子自旋多重态为 $2 \times (½ + ½) + 1 = 3$,因此根据自旋多重态守恒原则,氧分子不活泼。

$^1O_2$ 俗称单线态氧,其分子的电子结构为 $[KK(\sigma_{2s})^2(\sigma_{2s}^*)^2(\sigma_{2p_x})^2(\pi_{2p_y})^2(\pi_{2p_z})^2(\pi_{2p}^*)^2]$。分子的键级为 $(10-6)/2 = 2$,分子较为稳定。没有单电子,所以 $^1O_2$ 为反磁性分子。分子自旋多重态为 $2 \times (0) + 1 = 1$,因此 $^1O_2$ 较活泼,容易发生氧化还原反应。

·O_2^- 俗称超氧阴离子,其分子的电子结构为 $[KK(\sigma_{2s})^2(\sigma_{2s}^*)^2(\sigma_{2p_x})^2(\pi_{2p_y})^2(\pi_{2p_z})^2(\pi_{2p_y}^*)^2(\pi_{2p_z}^*)^1]$。分子的键级为 $(10-7)/2 = 1.5$,分子较普通氧分子不稳定。有一个单电子,因此是非常活泼的自由基,极容易发生氧化还原反应。

O_2^+ 分子的电子结构为 $[KK(\sigma_{2s})^2(\sigma_{2s}^*)^2(\sigma_{2p_x})^2(\pi_{2p_y})^2(\pi_{2p_z})^2(\pi_{2p}^*)^1]$。分子的键级为 $(10-5)/2 = 2.5$,分子较普通氧分子更稳定。有一个单电子,因此 O_2^+ 类似于 NO,是较为稳定的自由基。

O_3 俗称臭氧,分子的电子结构较为复杂,其前沿轨道是由 3 个 O 原子的 p 轨道形成的 π_3^4 键。π_3^4 键包括了一个充满的成键轨道、一个充满的非键轨道和一个空的反键轨道 $[(1\pi)^2(2\pi)^2(3\pi^*)^0]$,总键级为 1。加上一个 O—O 的 σ 键,$O_3$ 分子 O 原子间的键级均为 $1 + 1/2 = 1.5$,分子较为稳定。O_3 分子没有单电子,为反磁性分子。自旋多重态为 $2 \times (0) + 1 = 1$,因此 O_3 分子与 $^1O_2$ 一样,较为活泼,容易发生氧化还原反应。由于 π_3^4 键的分子轨道能级差别较小,所以 O_3 分子可以吸收近紫外光。大气臭氧成为保护地球生命免受外太空紫外辐射的一道保护性屏障。

5. 范德华力与物质的物理性质

范德华力是分子间都存在的一种主要吸引力。在三种范德华力(色散力、取向力、诱导力)中,色散力对分子间引力的贡献最大。由于色散力来源于分子的瞬间偶极,影响色散力的主要因素为:① 分子量大小:分子量愈大,电子层数越多,则分子的变形性也就愈大,色散力愈强。同系列物质间,一般是随着分子量愈大,其物质的熔、沸点就愈高。② 温度:温度越低时,分子热运动越小,则色散力越弱,导致低温时一些物质的物理性质发生变化。

在考虑分子间作用力时,首先考虑范德华力,当存在氢键时,由于氢键的键能较大,因此需要优先考虑氢键的影响。而疏水作用仅在水溶液中考虑,盐键仅在蛋白质分子内部考虑。

【例 3-6】 比较下列分子的沸点高低:戊烷,2-甲基丁烷,丁烷,2,2-二甲基丙烷,丙烷。

解答:沸点由高到低顺序为:戊烷>2-甲基丁烷>2,2-二甲基丙烷>丁烷>丙烷。这些分子都是非极性分子,以色散力为主,所以碳数目越多,分子量越大,则沸点越高,所以戊烷及其同分异构体>丁烷>丙烷。而对于含碳数相同的烷烃而言,支链越多,分子的对称性越高,则分子变形性越低,色散力越小,沸点越低,所以戊烷>2-甲基丁烷>2,2-二甲基丙烷。

【例 3-7】 请解释为什么冰越冻越结实,而常温下很柔韧的塑料则在液氮的低温下变得一敲就碎?

解答:冰中为氢键,温度越低,则分子的热运动越少,氢键的稳定性越高,因此,温度越低冰冻得越结实。而塑料分子间为范德华力,而且以色散力为主体,因此温度越低则分子间作用力越小,在极低的液氮温度下,塑料分子间作用力很小,因此变得易碎。

6. 分子内氢键和分子间氢键

在分子间作用力中,一旦有氢键参与,往往发挥主导性的作用。但是,由于氢键具有饱和性和方向性,使氢键对物质的性质影响因其作用方式和形成的分子结构不同而差异很大。其中最重要的分子内氢键和分子间氢键,要点包括:

- 分子内形成氢键,一般是形成分子内的稳定环结构,这样会增加分子的刚性、降低分子的极性,从而降低分子间的作用力,导致分子的沸点和熔点下降。
- 分子间形成氢键,可使分子形成分子团,增大了分子间作用力,因此使物质的熔、沸点升高。分子结构不同,分子间氢键形成的分子团大小也不同,会造成物质熔、沸点的差异。
- 如果溶质分子与溶剂分子间能形成氢键,将有利于溶质分子的溶解。

【例 3-8】 邻硝基酚、间硝基酚和对硝基酚的熔点分别为 45℃,96℃和 114℃,请解释这一熔点顺序的原因。

解答:邻硝基酚形成分子内氢键(下图结构(a)),因此熔点相对最低。

间硝基酚和对硝基酚都形成分子间氢键。对硝基酚在形成分子间氢键时,主要形成链式的分子团(下图结构(b));而间硝基酚虽然可以形成链式分子团,但其较容易形成具有两个内部氢键的二聚体(下图结构(c)),分子团较小。因此,对硝基酚的熔点要高于间硝基酚。

【例 3-9】 请解释乙醇 CH_3CH_2OH，正丁醇 $CH_3(CH_2)_2CH_2OH$，异丁醇 $CH_3CH_2CH(OH)CH_3$ 和正己醇 $CH_3(CH_2)_4CH_2OH$ 分子在水中的溶解度差异。

解答：在这些分子中都有—OH，可以和溶剂 H_2O 形成氢键。但是由于分子中都含有疏水性的烷烃基团，分子间的范德华力越强，则疏水作用越强，所以分子随着疏水性增强，而水溶性减少，即溶解度乙醇(与水互溶)＞正丁醇(7.9 g/100 g 水)＞正己醇(0.6 g/100 g 水)。而对于正丁醇和异丁醇来说，异丁醇有支链，分子的色散力相对于正丁醇较小，因而水溶性(10.0 g/100 g 水)较大。所以，总体的溶解度次序为：乙醇≫异丁醇＞正丁醇＞正己醇。

3.3 思考题选解

3-2 画出下列各分子(或离子)的路易斯结构：
$NaF, CaCl_2, CO_2, CO, CN^-, CH_3CH_3, HNO_3, CH_3CHO, CH_3OCH_3, CH_2CH_2, C_2H_2, SF_6$。

解答：

3-4 写出下列分子或离子可能的共振体：
$NO_2^-, O_3, SO_3, CO_3^{2-}, BF_3$。

解答：

3-5 离子键形成的关键因素有哪些？离子化合物如 $NaCl, AgNO_3, Na_2CO_3$ 等，其"分子量"确切的意义是什么？

解答：关键因素包括：阳离子的电离能、阴离子的电子亲和能及晶格能。分子量的意义是以简单摩尔比的分子式计算的分子量，即离子化合物最基本结构单元的分子量。

3-6 什么是晶格能？决定晶格能大小的主要因素是什么？

解答：晶格能是离子化合物中正负离子相互堆积排列形成稳定固体物质所释放的能量。决定晶格能大小的主要因素包括：离子的电荷、离子的半径大小和离子的排列堆积方式。

3-7 试以教材图 3-2 为例子，由以下数据画出 KCl 晶体的玻恩-哈伯（Born-Haber）循环，并计算其晶格能大小。

$$K(s) \longrightarrow K(g) \qquad \Delta H_1 = 89 \text{ kJ} \cdot \text{mol}^{-1}$$
$$Cl_2(g) \longrightarrow 2Cl(g) \qquad \Delta H_2 = 243 \text{ kJ} \cdot \text{mol}^{-1}$$
$$K(g) \longrightarrow K^+(g) + e \qquad \Delta H_3 = 419 \text{ kJ} \cdot \text{mol}^{-1}$$
$$Cl(g) + e \longrightarrow Cl^-(g) \qquad \Delta H_4 = -349 \text{ kJ} \cdot \text{mol}^{-1}$$
$$K(s) + \tfrac{1}{2} Cl_2(g) \longrightarrow KCl(s) \qquad \Delta H_5 = -436.5 \text{ kJ} \cdot \text{mol}^{-1}$$

解答：

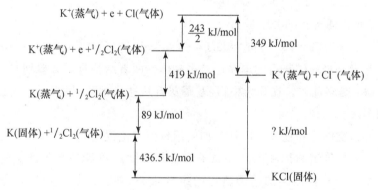

晶格能为 $436.5 + 89 + 419 + 243/2 - 349 = 717.5$ (kJ/mol)

3-8 共价晶体、离子晶体和分子晶体化合物在结构和性质上有何不同？为什么离子晶体化合物具有高熔点、高硬度、高密度和易脆的性质？

解答：共价晶体中原子是以共价键相连，共价键的键能大，而且具有饱和性和方向性，所有共价晶体高硬度、高密度、高熔点和高强度。

离子晶体是正负离子密堆积的产物，具有较大的晶格能，所以同共价晶体一样具有高硬度、高密度和高熔点的性质，但是由于离子沿晶面一旦因外力形成错位，那么就会沿错位的晶面上由原先的正负离子的吸引力转变成同性离子间的斥力，造成晶体沿晶面断裂。因此，离子晶体具有易脆性。

分子晶体在分子内部是共价键，但在分子间是范德华力等弱的作用，而且没有方向性和饱和性。所以分子晶体较柔软，低熔点和低强度，但高分子化合物可以具有较好的柔韧性和弹性。

3-11 什么是晶胞和晶面？加工金刚石时可以随意制成任何数量的刻面吗？为什么？

解答：晶胞是晶体内部周期性排列的最小平行六面体结构单位。晶面是晶体中原子（或离子）形成的一个个平行等间距的点阵平面。所有晶体都会沿着晶面发生解理（请思考：为什么？），因此晶体的外形的每个表面都与内部某一晶面相平行。所以，加工金刚石只能按照金刚石结构内部的晶面设计外表的刻面，不能任意加工。

3-12 单晶和多晶体的区别有哪些？蛋白质晶体结构测定时，使用的是单晶还是多晶？

解答：单晶是整个晶体为一个分子，内部结构完全有序。多晶体是由微小单晶体相互聚集形成的。多晶体中，微小单晶以分子间作用力相互作用，所以多晶体固体（如花岗岩）具有离子晶体的高硬度，又具有较好强度和柔韧性。好钢需要千锤百炼也是这个道理。测量晶体结构需要整个晶体内部完全有序，所以需要的都是单晶体。

3-13 实验测定某蛋白质是正交晶体，每个晶胞中有 6 个分子，单位晶胞尺寸为 $a = 130\times 10^2$ pm，$b = 74.8\times 10^2$ pm，$c = 30.9\times 10^2$ pm。若晶体密度为 1.315 g·mL^{-1}，试计算此蛋白质的分子量是多少？

解答：晶胞的体积为

$$130\times 10^2 \times 74.8\times 10^2 \times 30.9\times 10^2 = 3.00\times 10^{11}(\text{pm}^3) = 3.00\times 10^{-19}(\text{mL})$$

每个蛋白质分子的质量为

$$3.00\times 10^{-19}\times 1.315/6 = 6.58\times 10^{-20}(\text{g}) = 6.58\times 10^{-23}(\text{kg})$$

每个蛋白质分子的分子量为

$$6.58\times 10^{-20}/m_\text{u} = 6.58\times 10^{-23}/1.66\times 10^{-27} = 3.96\times 10^4$$

3-14 骨骼和牙齿是羟基磷灰石的单晶还是多晶体？两者结构有什么差别？

解答：是多晶体。在牙齿中，羟基磷灰石是柱状排列形成釉柱，而在骨骼中则是层状排列形成孔结构。

3-21 什么是共价键的饱和性和方向性？如何用价键理论说明？

解答：共价键的饱和性是指原子形成共价键的数目是有限的。这是由于形成共价键时需要对称性匹配的原子轨道的组合重叠，并在形成的成键轨道中填充一对自旋相反的电子。形成普通共价键时，成键的两个原子各提供一个电子，因此键的数目取决于原子的单电子数；形成配位共价键时，中心原子一方提供空轨道，另一方则提供一对孤对电子，因此键的数目取决于中心原子的合适空轨道数目。

共价键的方向性是指中心原子所形成的共价键之间具有确定的键角，这是由于成键时原子轨道需要满足最大重叠的要求，而中心原子的原子轨道或杂化轨道具有一定的方向和夹角。

3-22 比较 σ 键和 π 键的原子轨道的重叠方式、成键原子轨道种类、成键电子的电子云分布方式、对分子结构和稳定性的作用的差异。

解答：

	轨道的重叠方式	成键轨道种类	成键电子云分布	对分子结构和稳定性的作用
σ键	沿键轴方向以"头碰头"方式重叠	s-s s-p s-s	沿键轴位于两核的中间	基本键型，分子可沿轴旋转
π键	沿键轴所在平面，在平面两侧分别重叠，方式如"肩并肩"	p-p	位于两核的中间，在键轴平面两侧分布	一般是第二、三重键，成键原子位置被固定

3-24 从以下诸方面比较杂化轨道和原始原子轨道的异同点：轨道的数目，电子云的形状，电子云的角度分布，原子轨道的能量，形成化学键的方式。

解答：

	轨道的数目	电子云的形状	电子云的角度分布	原子轨道的能量	形成化学键的方式
杂化轨道	进行杂化的原始轨道数目之和	一头大、一头小的不对称哑铃形	轨道之间取最大角度分布	总能量比原始轨道高	σ键
原始轨道	s轨道1个，p轨道3个	s轨道为球形，p轨道为对称哑铃形	p轨道之间正交	—	σ键和π键

3-33 实验测得 N_2 的键能大于 N_2^+ 的键能，而 O_2 的键能却小于 O_2^+ 的键能，试用分子轨道理论加以解释。

解答：N_2 的键级为3，而 N_2^+ 的键级为2.5；O_2 的键级为2，而 O_2^+ 的键级为2.5。

3-38 分子间引力和斥力的本质是什么？为什么分子间作用力主要表现为分子间的引力？

解答：分子间的引力和斥力本质都是静电力。斥力主要来源于重叠的闭壳层电子云相互抵消，导致原子核间的静电斥力，因此，斥力仅在距离很近时存在。分子间引力来源于分子的永久或瞬间的电偶极作用，在很大的距离范围内都可以作用，因此分子间作用力主要表现为分子间的引力。

3-39 什么是极性分子和非极性分子？分子的极性与化学键的极性有何关系？

解答：凡分子的正负电荷中心重合，不产生偶极，称为非极性分子。若分子的正负电荷中心不重合，分子中有"δ+"极和"δ−"极，这样分子产生了偶极，称为极性分子。分子的极性既决定于共价键的极性也决定分子的空间构型。

3-40 分子间作用力有几种？各种力产生的原因是什么？在大多数分子中以哪种力的形式为主？

解答：分子间引力包括范德华力（电偶极作用）、氢键（一种弱化学键）、疏水作用（水溶液中的熵效应）和盐键（离子间静电引力）。

范德华力是分子中的主要作用力。范德华力包括：① 色散力：瞬时偶极导致的分子相互吸引。非极性分子与非极性分子，极性分子与非极性分子，极性分子与极性分子之间都存在着色散力。在一般分子的范德华力中份额最大；② 取向力：由极性分子永久偶极导致的分子引力,具有分子作定向排布的性质;③ 诱导力:极性分子诱导非极性分子产生诱导偶极,从而相互吸引。极性分子与极性分子间也存在着诱导力。

3-42 什么叫氢键?哪些分子间易形成氢键?氢键与化学键有何区别,与一般分子间力有何区别?

解答:当氢原子与电负性很大而半径很小的原子形成 H—X(X = F,O,N)共价键时,共价键的极性非常强,共用电子对被强烈地吸引向 X 的一方。同时由于氢原子只有一个电子,因此,H—X 强烈的偏向使氢原子核在背对 H—X 键的方向几乎完全裸露出来。这样,在氢原子背对 H—X 键的方向上呈现出了明确的正电荷。这种正电荷可以对其他原子的孤对电子产生强烈的吸引力,从而形成氢键。氢键的强弱不仅与 X 和 Y 的电负性有关,而且还和 X,Y 的半径大小有关。所以,较强的氢键均出现在氟、氧、氮原子间。

氢键是一种较弱的共价键,键能一般在 $10\sim 40\ \text{kJ}\cdot \text{mol}^{-1}$ 之间,但较强的氢键键能可达 $150\sim 200\ \text{kJ}\cdot \text{mol}^{-1}$。范德华力与氢键比较,范德华力不具备饱和性与方向性,而且键能较氢键弱得多。

3-43 比较下列每对分子中分子的极性大小并解释原因:
(1) HCl 和 HI;(2) H_2O 和 H_2S;(3) NH_3 和 PH_3;(4) CH_4 和 SiH_4;(5) CH_4 和 $CHCl_3$;(6) CH_4 和 CCl_4;(7) BF_3 和 NF_3。

解答:(1) HCl 和 HI,分子构型都是双原子分子,分子极性取决于键的极性。由于氯原子电负性大,HCl 键极性强,因而极性 HCl>HI。

(2) H_2O 和 H_2S,分子构型都是 V 字形极性分子,分子极性是两个夹角约120°的 H—O(S)键的极性的加和,由于 O—H 键极性大于 S—H 键,因而分子极性 $H_2O>H_2S$。

(3) NH_3 和 PH_3,分子构型都是三角锥形极性分子,分子极性是3个夹角约110°的 H—N(P)键的极性的加和,由于 N—H 键极性大于 P—H 键,因而分子极性 $NH_3>PH_3$。

(4) CH_4 和 SiH_4,分子构型都是对称四面体形,为非极性分子,因而极性相同。

(5) CH_4 和 $CHCl_3$,CH_4 是非极性分子,而 $CHCl_3$ 是极性分子,因而极性 $CH_4<CHCl_3$。

(6) CH_4 和 CCl_4,分子构型都是对称四面体形,为非极性分子,因而极性相同。

(7) BF_3 和 NF_3,BF_3 分子结构是平面三角形,为非极性分子,而 NF_3 为三角锥形,为极性分子,因而极性 $BF_3<NF_3$。

3-44 判断下列分子之间存在什么形式的分子间作用力:
H_2S 气体;CH_4 气体;He 气体;NH_3 气体;H_2 与 H_2O;CH_3Cl 液体;NH_3 液体;C_6H_6 与 CCl_4;C_2H_5OH 和 H_2O;C_2H_5OH 和 $C_2H_5OC_2H_5$;HBr 气体;CO_2 气体。

解答:仅存在色散力的物质为:CH_4 气体;He 气体;C_6H_6 与 CCl_4;CO_2 气体。

存在色散力和诱导力的物质为:H_2 与 H_2O;C_2H_5OH 与 $C_2H_5OC_2H_5$。

存在色散力、诱导力、取向力的物质为:H_2S 气体;NH_3 气体;CH_3Cl 液体;HBr 气体。

3-45 按沸点由低到高的顺序依次排列下列各组中的物质,并说明理由:

(1) He,Ne,Ar,Kr,Xe；(2) HF,HCl,HBr,HI；(3) CH_3OH,C_2H_5OH,C_3H_7OH；
(4) HF,H_2O,NH_3,CH_4；(5) F_2,Cl_2,Br_2,I_2；(6) CH_3OH,C_2H_5OH,CH_3OCH_3。

解答：(1) He<Ne<Ar<Kr<Xe：非极性分子分子间作用力仅为色散力，而同一系列物质中色散力和分子量有关，分子量越大，色散力越强。

(2) HCl<HBr<HI<HF：HF 因含有强氢键，沸点最高，其他分子间存在色散力、取向力和诱导力，但以色散力为主，因此随分子量增大而沸点增高。

(3) CH_3OH< C_2H_5OH<C_3H_7OH：都存在分子间氢键，此外分子间还存在以色散力为主的范德华力，分子间作用力是两者的加和。

(4) CH_4< NH_3< HF <H_2O：CH_4 仅有色散力，而 NH_3,HF,H_2O 含有氢键，NH_3 氢键较弱，因此沸点比较低。对于强氢键的 HF 和 H_2O，由于每个 H_2O 可以形成 4 个氢键，因此沸点较高。

(5) F_2< Cl_2< Br_2< I_2：都是非极性分子，分子间作用力为色散力，随分子量增大而增大。

(6) CH_3OCH_3<CH_3OH<C_2H_5OH：CH_3OCH_3 没有氢键存在，因而沸点最低。CH_3OH 和 C_2H_5OH 都存在氢键，但 C_2H_5OH 分子量大于 CH_3OH，范德华力比 CH_3OH 更大，因此总分子间引力更大。

3-47 邻硝基苯酚和对硝基苯酚分子量相等、结构类似，但对硝基苯酚的熔、沸点比较高，在水中的溶解度较大，而邻硝基苯酚熔、沸点比较低，水中的溶解度较小。为什么？

解答：因为邻硝基苯酚和对硝基苯酚都含有酚羟基，因此都能形成氢键。而邻硝基苯酚易形成分子内氢键，因而熔、沸点低，不易溶于水；对硝基苯酚形成分子间氢键，因而熔、沸点较高，易溶于水。

3-49 什么是疏水作用？它是一种真实的分子间作用力吗？

解答：在水溶液中，当非极性溶质或基团相互接近到一定程度时，它们之间会产生很强的聚集在一起的倾向，好像有一种力使非极性溶质或基团相互吸引在一起，这种现象称为疏水作用。疏水作用是一种熵效应，不是一种真实的分子间引力。

3-50 什么是盐键？它为什么在水溶液中不明显，而在蛋白质分子中作用较强？

解答：盐键是带有净的正电荷或负电荷的分子或基团与相反电荷的分子或基团之间的静电吸引作用，因此，盐键又称为溶液中的离子键(ionic bond)（请同学与前面讲过的离子晶体中的离子键进行区别）。由于水的介电常数较大，因此溶液中盐键的作用一般不强。但存在其他物相时，盐键的作用则会变得显著。例如在蛋白质分子中，其疏水的内部介电常数较小，带负电荷的酸性氨基酸残基可与碱性带正电荷的氨基酸残基强烈相互吸引，形成盐键。

3-51 举例说明什么是超分子体系？超分子体系的两个特征是什么？其形成依靠的是哪些作用力？

解答：超分子是分子依靠各种分子间作用力而形成的一种有序分子体系，例如，氨和乙腈等与冠醚形成较简单的超分子；DNA 双螺旋结构是由两条链状分子通过氢键结合成复杂的超分子；其他如酶和作用物、抗体和抗原、激素和受体、酶和蛋白抑制剂等结合形成的中间体。此外，如多层膜、液晶等有序多分子体系等都属于超分子范畴。分子识别和自组装是超分子的两大基本特征。

章节自测

一、填空题

1. 由原子轨道组成分子轨道的三原则为：_____，_____，_____。
2. NF_3 分子的杂化类型为_____，分子的空间构型为_____，分子极性为_____。
3. 根据价层电子对互斥理论，SO_4^{2-} 的空间构型为_____。
4. CH_4，NH_3，$CHCl_3$，H_2O 分子中等性杂化的是_____，不等性杂化的为_____。
5. $\cdot O_2^-$ 称为_____，它的分子轨道式为_____，键级为_____，其中有_____个 σ 键，_____个 π 键。
6. ① $CH_3CH_2CH_3$，② CH_3CH_3，③ $CH_3CH_2CH_2CH_3$ 的沸点由高到低的顺序是_____。
7. CCl_4 与 H_2 间的分子间作用力是_____，Cl_2 与 HCl 间的分子间作用力是_____。欲使水沸腾，必须克服的分子间力主要是_____。
8. 邻硝基苯甲酸的熔沸点比对硝基苯甲酸_____，两者比较_____的水溶性更好。

二、选择题

1. 若键轴为 x 轴，则下列原子轨道不能形成 σ 键的是（　　）
   A. s-s   B. s-p_x C. p_x-p_x D. p_z-p_z
2. 下列分子中，具有直线形构型的是（　　）
   A. CS_2 B. NO_2 C. OF_2 D. SO_2
3. 下列分子中，能形成氢键的是（　　）
   A. H_2S B. PH_3 C. HCl D. CH_2NH_2
4. 下列分子中，属于极性分子的是（　　）
   A. $BeCl_2$ B. SO_2 C. SiF_4 D. BF_3
5. 估计下列分子中，键角最小的是（　　）
   A. CCl_4 B. BF_3 C. $BeCl_2$ D. H_2O
6. 下列分子或离子中，具有反磁性的是（　　）
   A. O_2 B. O_2^+ C. $\cdot O_2^-$ D. O_2^{2-}
7. BCl_3 分子的结构特征是（　　）
   A. 键和分子都是非极性的
   B. 键是极性的，分子是非极性的
   C. 键和分子都是极性的
   D. 键是非极性的，分子是极性的
8. 与 NH_3 分子杂化轨道和空间构型均相同的是（　　）
   A. NH_4^+ B. PCl_3 C. BF_3 D. $SiCl_4$
9. DNA 双链分子主要靠下列哪种作用形成双螺旋结构？（　　）
   A. 色散力   B. 诱导力   C. 取向力   D. 氢键
10. 在 CO_2 分子中，中心 C 原子的杂化轨道是（　　）
    A. sp   B. sp^2 C. sp^3 D. dsp^2

三、判断题

1. 色散力存在于所有分子。（　　）

2. 极性共价键构成的分子,其电偶极矩必定大于零。( )

3. 原子基态时有几个未成对电子,一定形成几个共价键。( )

4. 氧分子中有两个单电子,因而是自由基。( )

5. 一般来说,在共价双键或叁键中只能有一个σ键。( )

6. 所有的含氢化合物之间都存在氢键。( )

7. 在 CH_4 和 $CHCl_3$ 分子中,C 原子均采用 sp^3 等性杂化。( )

8. 同一主族氢化物的熔沸点随分子量的增大而升高,因此按沸点高低排序:$H_2O < H_2S < H_2Se$。( )

9. 中心原子采用 sp^3 杂化轨道成键,其空间构型不一定是正四面体。( )

10. 氢键和范德华力都为分子间作用力,都不具有饱和性和方向性。( )

四、问答题

1. 用价层电子对互斥理论判断 HNO_2 分子的构型,试分析中心原子的杂化方式、成键类型,并预测分子的极性。

2. 写出 O_2^+ 分子的电子排布、成键类型和键级,并判断其是否是自由基。

3. 氟化氢中氢键的键能约为 28 kJ/mol,水中氢键的键能约为 21 kJ/mol,但水的沸点(100℃)高于氟化氢的沸点(20℃),请解释为什么。

4. 贝壳的主要成分是 99% 的霰石($CaCO_3$)和 1% 的蛋白质。霰石很容易碎裂,而贝壳却可以经受千万次的打击,请解释为什么。

* *

自测题答案

一、填空题

1. 对称性匹配,能量近似,轨道最大重叠

2. sp^3,三角锥,极性

3. 正四面体

4. CH_4 和 $CHCl_3$,NH_3 和 H_2O

5. 超氧阴离子,$\left[KK(\sigma_{2s})^2(\sigma_{2s}^*)^2(\sigma_{2p_x})^2(\pi_{2p_y})^2(\pi_{2p_z})^2(\pi_{2p_y}^*)^2(\pi_{2p_z}^*)^1\right]$,1.5,1,0.5

6. ③①②

7. 色散力,色散力和诱导力,氢键

8. 低,对硝基苯甲酸

二、选择题

1. D 2. A 3. D 4. B 5. D 6. D 7. B 8. B 9. D 10. A

三、判断题

1. √ 2. × 3. × 4. × 5. √ 6. × 7. √ 8. × 9. √ 10. ×

四、问答题

1. 解:HNO_2 分子的路易斯结构式为:HO—N=O,价层电子对数 3,有一对孤对电子,分子为 V 字形,中心 N 原子以一个 sp^2 杂化轨道和一个—OH 结合,以一个 sp^2 轨道和 O 结合,然后

N 的一个 p 电子和 O 的 p 电子形成一个 π 键,一对孤对电子填充在剩下的 sp² 轨道。由于 HO—N 和 N=O 键都是极性,而且分子呈 V 字形不对称结构,所以 HNO₂ 分子是极性分子。

2. 解答:$O_2^+[KK(\sigma_{2s})^2(\sigma_{2s}^*)^2(\sigma_{2p_x})^2(\pi_{2p_y})^2(\pi_{2p_z})^2(\pi_{2p}^*)^1]$。$O_2^+$ 分子离子的总键级是 2.5,其中有一个 σ_{2p_x} 键,1.5 个 π 键,有一个单电子,是自由基。

3. 解答:H_2O 分子可以形成 4 个氢键,形成类似于钻石的三维结构,形成的分子团较大。而 HF 形成一维氢键结构,形成的分子团较小。因此,H_2O 中总氢键键能要远大于 HF,所以水的沸点要高。

4. 解答:霰石为整块 $CaCO_3$ 离子晶体,所以具有离子晶体共有的易脆性。而贝壳中微小的霰石晶体与蛋白质分子形成复合结构,在此结构中,具有纳米大小的霰石微晶通过与蛋白质分子的范德华力、盐键和疏水作用相互结合,因此这一聚集体既具有了离子晶体的刚性和硬度,又具有了高分子化合物的韧性,所以贝壳可以耐受千万次的打击。

第 4 章 化学方法简介

4.1 基本要求

1. 了解化学分析的分类、适用和常见方法

化学分析法是生物医学和药学中的常用方法,其分类和适用范围见表 4-1。

表 4-1 常见化学方法的分类和适用范围

分类		方法	误差		适用	备注
定性分析		化学染色			分析化学物种或结构基团	
定量分析	常规分析	滴定分析	灵敏度 0.02 mL	相对误差 0.1%~0.5%	含量>1%的物种	
		重量分析	0.1 mg			
	仪器分析	分光光度	μg	1%~5%	含量<1%的物种	
		荧光/发光	ng			
		电化学分析	μg~ng			
		色谱/电泳	μg~pg			
		酶分析	μg~pg			
		免疫分析	μg~pg			
		原子吸收	ng~pg			针对金属元素
		ICP-MS	ng~pg			
形态分析		光学显微镜	μm		表面或切片形貌	
		电子显微镜	μm~nm		表面或切片形貌	可微区定量 ng~pg
		原子力显微镜	μm~nm		表面形貌和力学	
		共聚焦显微镜	μm		三维空间和时间扫描	可定量 ng
结构分析		质谱			微量样品	可定量 ng~pg
		核磁共振			微量样品	
		顺磁共振			有单电子物种	
		红外光谱			微量样品	
		X 射线晶体衍射			单晶或多晶体	

2. 掌握实验误差的原因和准确表述误差

实验误差的原因主要有随机误差和系统误差。克服随机误差的方法是增加测定的次数 n，从而提高测量的精密度；克服系统误差的方法主要包括校准仪器、增加对照试验和扣除试剂空白。

随机误差用实验数据的精密度来进行表述。精密度标志了测量结果的重现性，精密度的高低通常用标准偏差 s 和相对标准偏差 RSD 来表示：

$$s = \sqrt{\frac{d_1^2 + d_2^2 + d_3^2 + \cdots + d_n^2}{n-1}}$$

$$\text{RSD} = \frac{s}{\overline{X}} \times 100\%$$

对一组测量数据进行报告时，通常需要报告数据的平均值、标准偏差和测量次数：

$$\overline{x} \pm s, \ n$$

准确度标志了测量结果的正确性。准确度的高低通常用绝对误差 E 或相对误差 RE 来表示：

$$E = X - \mu$$

$$\text{RE} = \frac{E}{\mu} \times 100\%$$

准确度由系统误差和偶然误差决定，精密度好是获得高准确度的前提。

3. 掌握有效数字及其运算法则

有效数字是测量到的数据，位数反映了测量所能够达到的精确度。操作有效数字的要点为：① 读取有效数字时，应记录所有的准确数字和第一位不准确数字；② 在数字之前的"0"作为数位的定位，不计算在有效位数内；③ 使用数据的科学计数法标明有效数位；④ pH，pK 和 lg 等对数数值，其有效数字的位数，仅取决于小数部分数字的位数；⑤ 在运算时，自然数和物理化学常数不受有效数字位数的限制；⑥ 乘除法运算时，结果的有效位数依据参加运算的数字中有效位数最少的；⑦ 加减法运算时，结果的有效位数依据参加运算的数字中小数点后位数最少的；⑧ 计算结果最后的修约规则是一次"四舍六入五成双"。

4. 了解 GLP 的意义和要求

GLP 直译为优良实验室规范，是在临床试验之前进行的化学与生物实验的规范原则。GLP 涉及了实验的各个环节，基本原则包括：完备的实验室资源，完整的实验室管理规则，实验材料的性质明确，实验数据的记录、管理和归档，以及独立的质量检验人员检查。能执行 GLP 规范进行科学实验，是当代从事医药学工作的人员的一个基本素质。

对在大学学习的同学，应当掌握 GLP 的 3 个关键规范：
- 实验前确保实验材料、试剂和药品的性质明确，并作好记录；
- 实验中按照已建立标准操作程序 SOP 进行实验。在大学教学实验中，实验计划就是学生应当遵守的 SOP；
- 实验中完备进行原始实验记录，包括下列内容：① 实验操作内容（WHAT），② 实验操作过程（HOW），③ 实验日期（WHEN），④ 实验操作人员（WHO）和 ⑤ 原始实验结果（DATA）。

5. 熟悉实验室安全的各方面要求

在实验室中工作，首先是要符合生物安全标准的条件，其次要注意实验室的化学安全。此外,操作放射性同位素化合物,一定要在专门的实验室中进行。

4.2 要点和难点解析

1. 系统误差和偶然误差 vs. 准确度和精密度

(1) 系统误差和偶然误差的概念区分

系统误差是实验过程中固定的因素造成的。实验条件一致时,重复测定重复出现,其值一般具有固定的大小和方向,因此又称为可测误差。系统误差按照来源分为方法误差、仪器试剂误差和操作误差。系统误差要通过完善实验设计、校准仪器、做对照试验和扣除试剂空白来减小或消除。

偶然误差是由不可预料的随机因素所造成的,也称为随机误差。其数值的大小和方向均不确定。偶然误差符合统计学的概率分布规律,可通过增加平行测定的次数来减免。

(2) 准确度和精密度的概念区分

准确度是指测定值(X)与真实值(μ)接近的程度,标志了测量结果的正确性。精密度是指若干平行测量值之间的接近程度,表示了测定结果重现性的好坏。准确度和精密度是两个分别的概念,但精密度好是获得高准确度的必要条件。

(3) 准确度和误差的关系:数据的准确度由系统误差和偶然误差共同决定,精密度好的数据,准确度主要由系统误差决定。

(4) 精密度和误差的关系:精密度仅由偶然误差决定。

【例题 4-1】 从同一袋奶粉中随意取出两份样品,分别由两个实验室用相同的 SOP 测定奶粉中三聚氰胺的含量。甲实验室的三次测定结果为:210.00,200.60,215.45 mg/kg,乙实验室的三次测定结果为:200.50,200.10,201.00 mg/kg。请判断两个实验室的结果是否一致。哪一个结果可信?

解答:甲实验室的测定结果平均值计算为 208.7±7.5 mg/kg;

乙实验室的测定结果平均值计算为 200.53±0.45 mg/kg。

显然,两个实验室的结果不一致。乙实验室的结果精密度较高,因此较为可信。

由于两个实验室用同样的方法测定,所以不一致的原因可能包括:① 一方没有严格操作,随机误差过大;② 一方的仪器需要校正,或试剂纯度不够。由于甲实验室的测定结果精密度较差,因此甲方可能存在操作不严格的问题,仪器校正和更换新的试剂也应当是甲方实验室的任务。

【例题 4-2】 有两袋含三聚氰胺的奶粉,一袋是厂家在牛奶中添加三聚氰胺生产,一袋是有人在厂家合格产品中恶意混入三聚氰胺造成,以毁坏乙厂家的声誉。从两袋奶粉中分别各取出三份样品测定三聚氰胺的含量,甲厂家奶粉三份样品的测定结果为:210.00,200.60,215.45 mg/kg,乙厂家奶粉三份样品的测定结果为:200.50,200.10,201.00 mg/kg。请判断哪一袋奶粉是遭人恶意掺入。

解答:甲厂家奶粉的测定结果平均值计算为 208.7±7.5 mg/kg;

乙厂家奶粉的测定结果平均值计算为 200.53±0.45 mg/kg。

显然,乙厂家奶粉的测定结果精密度较高,说明样品很均匀,应该是在生产中掺入的,因此乙厂家是生产假货。而甲厂家奶粉的三聚氰胺含量不均匀,这是固体混合时容易发生的现象,甲厂家是遭人陷害的。

2. 有效数字运算

(1) 有效位数的计数

有效数字是指实际测量到的具有实际意义的数字。计算某个数据的有效数字位数时,1~9直接计算在位数内,而"0"作为数位的定位时不能计算在内。需要注意的是 pH,pK 和 lg 等对数数值,其有效数字的位数仅取决于小数部分数字的位数,在进行相反运算时特别需要注意。

(2) 有效数字运算

加减运算是各测量值绝对误差的传递,以参加运算的数字中小数点后位数最少的数为依据对所有参加运算的数字进行修约一致,然后计算。更为常见的是,先进行计算,然后依据参加运算的数字中小数点后有效位数最少的数字的位数,对结果进行一次修约。

乘除法中的误差传递是各测量值相对误差的传递,以参加运算的数字中有效数字位数最少的数为依据,对其他数字进行修约后做乘除法。同样可以先进行计算,然后对结果依据参加运算的数字中有效数字位数最少的数字的数位,对结果进行一次修约。

(3) 运算结果的一次修约

先确定结果的有效数位,然后对即将保留的最后一位数字后的第一位数字进行"四舍六入"处理,如果此数字为5,若"5"后有数字则进位,若"5"后无数字,则让最后一位保留数字修约成双数。

【例题 4-3】 请计算 100.000 kPa, 298.15 K 条件下理想气体的摩尔体积。

解答:理想气体 $pV = nRT$,所以

$$V_m = \frac{1 \text{ mol} \times 8.31 \text{ J} \cdot \text{mol}^{-1} \cdot \text{K}^{-1} \times 298.15 \text{ K}}{100.00 \text{ kPa}}$$

$$= \frac{8.31 \times 298.15 \text{ N} \cdot \text{m}}{100.00 \times 10^3 \text{ N} \cdot \text{m}^{-2}}$$

$$= 24.776 \text{ L}$$

【例题 4-4】 请计算 pH = 7.20 和 pH = 7.40 的溶液中,氢离子浓度相差多少倍?

解答:pH = 7.20 的溶液中,氢离子浓度 $[H^+] = 10^{-7.20} = 6.3 \times 10^{-8}$ mol/L

pH = 7.40 的溶液中,氢离子浓度 $[H^+] = 10^{-7.40} = 4.0 \times 10^{-8}$ mol/L

两者相差:$6.3 \times 10^{-8}/4.0 \times 10^{-8} = 1.6$ 倍

【例题 4-5】 pH = 4.00 和 pH = 7.00 的水中,氢离子浓度相差多少倍?分别在 100.00 mL 中各滴入一滴(0.050 mL)1.00 mol/L 的盐酸后,氢离子浓度相差多少倍?

解答:pH = 4.00 和 pH = 7.00 的水中,氢离子浓度相差:

$$10^{-4.00}/10^{-7.00} = 1.0 \times 10^3 \text{ 倍} \quad (\text{即 1000 倍})$$

pH = 4.00 水滴加盐酸后,氢离子浓度为

$$[10^{-4.00} + 1.00 \times 0.050/(100.00 + 0.050)] \text{mol/L} = (1.0 \times 10^{-4} + 5.0 \times 10^{-4}) \text{mol/L}$$
$$= 6.0 \times 10^{-4} \text{ mol/L} \quad (\text{pH} = 3.22)$$

pH = 7.00 水滴加盐酸后,氢离子浓度为

$$[10^{-7.00} + 1.00 \times 0.050/(100.00 + 0.050)] \text{mol/L} = (1.0 \times 10^{-7} + 5.0 \times 10^{-4}) \text{mol/L}$$

$= 5.0 \times 10^{-4}$ mol/L （pH $= 3.30$）

两者相差：$6.0 \times 10^{-4}/(5.0 \times 10^{-4}) = 1.2$ 倍（此时低分辨的 pH 计已经不能分辨了）

3. 滴定分析和仪器分析

滴定分析和仪器分析都是化学分析。当待测物质没有可以被直接观察的物理信号（如颜色、荧光等）时，我们可以将待测物质与某种化学试剂进行反应，通过化学反应产生可以观察到的物理信号，对待测物质的量进行测定。这些化学试剂称为"分析试剂"。但是，滴定分析和仪器分析使用分析试剂的方式不同。

对于仪器分析来说，分析试剂和待测物质的分子反应后，其生成物具有颜色、荧光等可以通过仪器直接测量的性质。关于仪器分析的例子，我们将在第 10 章的最后进行讲解。

对于滴定分析来说，分析试剂的量是一滴滴地加入，我们观察在分析试剂逐滴加入的过程中，反应溶液的某种可观察性质（如 pH）的变化，通过这种性质的突跃变化点来确定化学计量点——此时，分析试剂的量和待测物质的量之比正好符合化学反应方程式的计量系数的比值。关于滴定分析，我们将在第 7 章用酸碱滴定的例子来讲解。

4.3 思考题选解

4-4 说明准确度与精密度的关系。

解答：准确度与精密度的意义不同。准确度标志了测量结果的正确性，精密度标志了测量结果的重现性。数据的准确度高时，精密度不一定好；精密度很好时，准确度又不一定高。但是，精密度好是获得高准确度的一个必要条件。

4-7 什么是滴定分析？滴定分析的适用范围和特点各是什么？

解答：滴定分析是将已知准确浓度的试剂（标准溶液）逐渐滴加到被测物质的溶液中至标准试剂与被测物质按照化学计量关系完全反应为止之后，根据标准溶液的浓度和消耗的体积以及被测物质溶液的体积等数据计算出被测物质浓度（或含量）的一种分析方法。滴定分析具有方法简单、操作迅速且结果准确等优点，适用于含量在 1% 以上的样品的分析测试。

4-8 什么是一级标准物质？可作为一级标准物质的物质须符合哪些要求？

解答：可用于直接配制准确浓度溶液的物质称为一级标准物质，又称为基准物质。一级标准物质须符合的要求有：① 组成与化学式完全相符；② 纯度足够高（主要成分含量在 99.9% 以上）；③ 性质稳定；④ 最好有较大的摩尔质量；⑤ 能够按照滴定反应方程式定量进行反应。

4-10 两人用滴定分析法测某物质的含量，结果（滴定剂体积）如下：

甲：25.10 mL, 25.08 mL, 25.12 mL   乙：25.02 mL, 25.06 mL, 24.94 mL

消耗滴定剂的真实体积是 25.00 mL。评价两人试验结果的准确度和精密度。

解答：

$$\overline{x_{甲}} = \frac{1}{n}\sum_{i=1}^{n} x_{i甲} = \frac{1}{3} \times (25.10 + 25.08 + 25.12) = 25.10 \text{(mL)}$$

$$\overline{x_{乙}} = \frac{1}{n}\sum_{i=1}^{n} x_{i乙} = \frac{1}{3} \times (25.02 + 25.06 + 24.94) = 25.01 \text{(mL)}$$

$$s_甲 = \sqrt{\frac{(25.10-25.10)^2+(25.08-25.10)^2+(25.12-25.10)^2}{3-1}} = 0.02000$$

$$s_乙 = \sqrt{\frac{(25.02-25.01)^2+(25.06-25.01)^2+(24.94-25.01)^2}{3-1}} = 0.06124$$

乙组数据的平均值更接近真实值,准确度更好;甲组数据的标准偏差相对更小,精密度更好。

4-12 什么是 GLP 和 SOP?

解答:GLP 是英文 Good Laboratory Practice 的缩写,直译为优良实验室规范,是指为临床前期的卫生和环境安全制定的包括实验设计、实验操作、过程监督、数据记录和实验报告等一系列过程在内必须遵守的管理法规性文件,即临床试验之前研究优良实验室规范,涉及实验室工作中可影响到结果以及实验结果解释的所有方面。

SOP(Standard Operating Procedures)即标准操作程序,是 GLP 的一项重点内容。

4-13 应该如何进行实验记录?实验记录应该包括哪些内容?

解答:完善的实验记录不仅要记录实验数据,而且实验过程应符合实验程序的要求。如果记录不完整或有数据丢失,那么实验的可信性就会大打折扣。实验记录中一项最重要的记录是原始实验记录,原始实验记录包括下列内容:

(1) 实验操作内容(WHAT was done):记下根据实验方法做了哪些操作,进行了哪些观察和测量等。

(2) 如何进行实验操作(HOW it was done):记下根据实验方案要求,如何完成的操作,是否在操作过程中进行了修改或变动,并说明为什么。

(3) 实验日期(WHEN the work was performed):必要时需要记录几点几分等准确时间。

(4) 实验操作人员(WHO performed the work):注明操作者及合作者的姓名。

(5) 原始实验结果(Raw DATA):实验过程中产生的所有数据必须被及时、直接、准确、清楚和用不能擦除的方式记录下来,并由记录者签名且注明日期。记录的数据需要修改时,应保持原记录清楚可辨,并注明修改的理由及修改日期,修改者须在修改处签名。

4-14 生物安全有几个级别?从事艾滋病 HIV 病毒研究应该在什么级别的实验室进行?

解答:"WHO"根据感染性微生物的相对危害程度制定了危险度等级的划分标准,共 4 个等级。

从事艾滋病 HIV 病毒研究应该在生物安全等级四级——P4 实验室内进行。

4-15 有哪些主要的化学分离技术?其分离原理分别是什么?

解答:化学分离技术及其原理如下:

(1) 沉淀分离法:利用形成沉淀的化学反应或加入沉淀剂破坏胶体溶液的稳定性使样品组分被沉淀下来,然后通过过滤或离心,得到(或抛弃)被沉淀的组分。

(2) 萃取分离法:将脂溶性分子用有机溶剂萃取后再挥发除去溶剂。

(3) 色谱分离法:样品流经色谱柱时,由于物理化学原因各组分在柱上停留时间不同而被一一分离。

(4) 电泳分离法:是根据带点颗粒在电场作用下,向着与其电性相反的电极移动的现象而建立的。

(5) 离心分离法：是利用胶体溶质的沉降系数的不同,在离心力的作用下实现物质分离的方法。

(6) 超滤分离法：是将超滤膜(一种半透膜)装入一个离心管中,借助离心力加速溶液的通过。

章节自测

一、填空题

1. 定性分析的任务是_____,定量分析的任务是_____。
2. 不加试样,按照与测量试样相同的条件和步骤进行的测定称为_____实验。
3. 有效数字是_____的数字,其在修约时遵守的原则是_____和_____。
4. 实验数据的有效数字位数与_____和_____相匹配。
5. 具有随机性的是_____误差,减免该误差的方法是_____。

二、选择题

1. 某样品中加入 KSCN 后呈血红色,证明其中有 Fe^{3+} 存在,此项分析属于(　　)
   A. 定量分析　　B. 结构分析　　C. 定性分析　　D. 形态分析
2. 数据运算：$0.253 \times 4.579 - 1.16$ 的结果是(　　)
   A. 0.00　　　　B. −0.00153　　C. 0.00153　　　D. −0.01
3. 空白实验的结果偏高,表明(　　)
   A. 偶然误差较大　B. 准确度不好　C. 系统误差较大　D. 精密度不好
4. 验证实验方法的可靠性,应采取的方法是(　　)
   A. 空白实验　　B. 对照实验　　C. 仪器校准　　D. 平行测定
5. 称量某试样的质量时,三次平行测定结果分别是：0.1345 g,0.1365 g,0.1385 g,真实值为 0.1363 g,则上述测定结果(　　)
   A. 准确度不好,精密度好
   B. 准确度不好,精密度也不好
   C. 准确度好,精密度也好
   D. 准确度好,精密度不好
6. 用滴定分析法测某物质含量时,三次平行滴定消耗滴定剂的体积分别为 25.22 mL,25.24 mL,25.20 mL,实际消耗量应为 25.62 mL,则可能的原因是(　　)
   A. 滴定管未校准
   B. 操作过程中有溶液减失
   C. 原始数据记录有误
   D. 容量仪器未洗净
7. 关于滴定分析,下列说法错误的是(　　)
   A. 滴定反应有确切的化学计量关系
   B. 操作过程中不可加热
   C. 滴定反应要迅速完成
   D. 有适当的准确判断滴定终点的方法
8. 下列情况属于偶然误差的是(　　)
   A. 实验方法不完善
   B. 试剂纯度不高
   C. 某次读数时未平视刻度
   D. 仪器精密程度不足

9. 不可以用于蛋白质染色的试剂是( )
   A. 考马斯亮蓝 G-250　　　　　B. 考马斯亮蓝 R-250
   C. 银氨溶液　　　　　　　　　D. 溴乙锭

10. 关于超滤分离法在生物大分子研究方面的应用,下列说法不正确的是( )
    A. 脱盐　　　　　　　　　　　B. 变性
    C. 浓缩　　　　　　　　　　　D. 分级分离

三、判断题

1. 系统误差和偶然误差都是可以减免的。( )
2. 实验数据的精密度高时准确度不一定高。( )
3. 数据的加减运算过程是相对误差传递的过程。( )
4. 滴定分析适用于一切化学反应。( )
5. 凡是浓度准确已知的溶液都是标准溶液。( )

四、问答题

1. 欲标定 NaOH 溶液并已知天平的称量误差是 ±0.0001 g,请通过计算说明是用 0.1000 mol·L^{-1} 的二甲酸还是 0.1000 mol·L^{-1} 的邻苯二甲酸氢钾标定更好?

2. 对某金属酶进行下列各项研究,分别应采用什么仪器分析的手段?
   (1) 金属酶的晶体结构;
   (2) 金属酶的分子量;
   (3) 金属酶中金属元素的含量;
   (4) 金属酶在生物体内的浓度。

* *

自测题答案

一、填空题

1. 对样品中的化学物种进行指明,对样品中的某个(些)化学物种的含量进行测定
2. 空白对照
3. 实际测量到的有确切意义,四舍六入五成双,一次修约
4. 方法的准确度,仪器的精确度
5. 偶然,增加平行测定的次数

二、选择题

1. C　2. A　3. C　4. B　5. D　6. A　7. B　8. C　9. D　10. B

三、判断题

1. √　2. √　3. ×　4. ×　5. ×

四、问答题

1. 解答:因为邻苯二甲酸氢钾的分子量较大,称取相同摩尔数时需要的质量更多,所以用邻苯二甲酸氢钾更好。

2. 解答:(1) X 射线衍射;(2) 质谱;(3) 原子吸收分光光度法;(4) 紫外分光光度法。

第 5 章
化学反应原理

5.1 基本要求

任何一个化学过程需要从两个基本方面来理解：一是分子结构；二是反应作为一个过程，其方向、限度和进行速率。化学反应过程的原理包括化学热力学原理和化学动力学原理。

化学热力学是用能量转化的基本规律说明化学反应的方向和限度。化学热力学说明的问题包括：
- 化学反应所能够释放的能量，包括热量和有用功；
- 化学反应能向哪一个方向进行，反应物能够转化多大的程度；
- 多个化学反应为什么(why)，又如何(how)相互偶联在一起；
- 生命过程基本都是在等温等压的条件下进行的，所以本课程仅涉及等温等压反应。

化学动力学讨论化学反应过程的途径，该途径所经过的能量壁垒是多大，以及穿越该壁垒能够进行的速率。本课程重点是一级反应。

需要特别强调的是，任何过程背后的根本驱动力是能量。任何化学反应以及其过程都必须服从能量流动的方向和限度。

1. 热力学基本概念和原理

(1) 系统

系统是我们的研究对象。根据系统和环境之间的关系，系统可以分成三大类：
- 开放系统：系统与环境之间既有物质交换，又有能量交换；
- 封闭系统：系统与环境之间只有能量交换，没有物质交换；
- 孤立系统：系统与环境之间既无物质交换，又无能量交换。

其中，封闭系统是基础。对封闭系统的研究结果，可以在加入一定限制条件后外推到开放系统或孤立系统中。因此，本课程重点在于封闭系统。

系统的状态用状态函数来描述，本课程涉及的状态函数包括：
- 广度参数：$V, U, H, S, G, K(K^{\ominus}, K_p, K_c)$ 等。广度参数具有加和性，随物质的量的增加而增加。
- 强度参数：p, T, E, φ 等。强度参数不具有加和性。

状态函数具有下列特点：
- 状态函数是可测量的物理参数。
- 状态函数是状态的单值函数。一个平衡态只有一组确定的状态参数。
- 状态函数的改变量仅取决于系统的始态(initial state)和终态(final state)两者状态函数的差值，而和系统发生变化的具体过程或途径没有关系。
- 任何循环过程的状态函数变化均为零。

(2) 能量

能量的基本形式是动能和势能。能量交换的基本形式包括热 Q 和功 W。

根据能量守恒与转换定律，任何系统内能 U 的变化一定是系统和环境发生了能量交换，即：如果环境对系统做了功或向系统释放了热，必使系统内能升高；如果系统向外做了功或释放了热，必然以系统内能降低为代价。

上述关系用数学形式表示为

$$\Delta U = Q + W$$

其中，规定 Q 和 W 的正负以系统为主体。系统从环境吸热，Q 为正值，系统向环境放热，Q 为负值；环境对系统做功，W 为正值，系统对环境做功，W 为负值。

如果在等容且不做非体积功的条件下，由于此时 $W = 0$，则有

$$\Delta U = Q_V + W = Q_V$$

系统和环境能量交换方式不同，带来系统的状态变化也不同。据此可分成：

① 焓变(ΔH)：等压热效应 Q_p。焓的定义式为

$$H \equiv U + pV$$

等压过程中焓变(ΔH)的物理意义是系统的热效应：

$$\Delta H = \Delta U + \Delta(pV) = \Delta U + p\Delta V = Q_p$$

其中，体积功为：$W_{体积} = -p\Delta V$，则有

$$\Delta U = \Delta H + (-p\Delta V) = Q_p + W_{体积}$$

② 熵变(ΔS)：$T\Delta S =$ 系统损失的能量。熵变 ΔS 的定义式为

$$\Delta S = Q_{可逆}/T \quad 或 \quad T\Delta S = Q_{可逆}$$

$T\Delta S$ 代表了系统在过程中不可避免的能量损失部分——这部分能量不用用来做任何功，只能转化成热效应。

熵 S 可以用来描述系统的混乱度。S 与系统微观状态数(Ω)的关系为

$$S = k \ln\Omega$$

所以，S 是一个具有绝对值的热力学状态函数，其定义为：
- (热力学第三定律)在 0 K 时，任何纯物质的完整晶体的熵值均为零；
- 在标准状态下，将 1 mol 纯物质的完整晶体从绝对零度升温到某指定温度时的熵变，称为该温度下该物质的标准摩尔熵，符号 $S_m^\ominus$，单位为 $J \cdot mol^{-1} \cdot K^{-1}$。

标准摩尔熵值的规律是：
- 同一物质，$S_m^\ominus(g) > S_m^\ominus(l) > S_m^\ominus(s)$；
- 同一物质、同一物态，$S_m^\ominus(高温) > S_m^\ominus(低温)$，气体物质有 $S_m^\ominus(低压) > S_m^\ominus(高压)$；
- 同一物态的结构类似分子，$S_m^\ominus(复杂分子) > S_m^\ominus(简单分子)$；
- 固体或液体溶于水时，熵值增大；气体溶于水时，熵值减少。

③ Gibbs(吉布斯)自由能变化(ΔG)：等温等压过程可做的最大有用功。Gibbs 自由能的定义为

$$G \equiv H - TS$$

等温等压过程(ΔG)为系统可做的最大非体积功 $W_\text{有}$：

$$\Delta G = \Delta H - T\Delta S = W_{\text{有},\text{最大}}$$

(3) 过程

过程是系统在一定条件下、沿着一条特定的途径发生状态变化的经过。一个过程具有一个始态和一个终态。

热力学过程的基本条件有：
- 等温条件：T(始态) $= T$(终态) $= T$(环境)；
- 等压条件：p(始态) $= p$(终态) $= p$(环境)；
- 等容条件：V(始态) $= V$(终态)；
- 绝热条件：$Q = 0$(简称绝热过程)。

本课程重点是等温等压条件的过程。生命过程基本是在等温等压下进行的。

在一定的限定条件下(例如等温等压下)，系统从一个始态到一个终态的状态变化，可以由许多途径不同的过程来实现。这些不同过程对环境产生的影响是不一样的，可以分成两大类：
- 可逆过程：当系统能够从过程的终态，沿着该过程的途径，逆向回到系统的始态时，环境也同时被复原到起始状态，即有

$$Q_\text{正向} = -Q_\text{逆向}, \quad W_\text{正向} = -W_\text{逆向}$$

- 不可逆过程：当系统能够从过程的终态，沿着该过程的途径，逆向回到系统的始态时，环境却不能复原到起始状态。

需要强调的是：
- 对于给定的始态和终态，系统通过不同途径变化时，所有过程的状态函数改变量却是相同的。
- 不同途径导致不同的功 W 和 Q；其中，在可逆过程中，系统做(或接受)最大量的功、吸收(或释放)最大量的热。

(4) 趋势

系统从始态到终态，与从终态到始态，其趋势是不一样的。所以，系统的状态变化过程根据进行的趋势，分成两种方向：
- 自发方向：沿本方向发生的过程不需任何外力推动，该过程称为自发过程。自发过程可以对外做功，即 $W \leqslant 0$。
- 非自发方向：自发方向的反方向。沿非自发方向进行的过程称为非自发过程。

熵增加原理(热力学第二定律)：在孤立系统(或系统+环境整体)中，任何自发过程总是向着熵增加的方向进行。熵增加原理说明了自发过程的判据，即若某一个过程：
- $\Delta S_\text{系统} + \Delta S_\text{环境} > 0$，则此过程自发进行；
- $\Delta S_\text{系统} + \Delta S_\text{环境} = 0$，过程始态和终态趋势相同，系统处于平衡状态；
- $\Delta S_\text{系统} + \Delta S_\text{环境} < 0$，则此过程非自发，而其逆过程自发进行。

对于等温等压过程来说，可以用 Gibbs 自由能代替熵判据来推断自发过程：

- $\Delta G > 0$,则此过程非自发,而其逆过程自发进行;
- $\Delta G = 0$,过程始态和终态趋势相同,系统处于平衡状态;
- $\Delta G < 0$,则此过程自发进行。

由于 $\Delta G = \Delta H - T\Delta S$,用 Gibbs 自由能判断自发方向的进一步分析如表 5-1 所示。

表 5-1 用 Gibbs 自由能判断自发方向的不同情况

类型	ΔH 的符号	ΔS 的符号	转变温度 T_c	ΔG 的符号和自发进行条件
1	$-(<0)$	$+(>0)$	无	任何温度下 $\Delta G < 0$,过程自发进行
2	$+(>0)$	$-(<0)$	无	任何温度下 $\Delta G > 0$,过程非自发进行
3	$+(>0)$	$+(>0)$	$T_c = \Delta H/\Delta S$	$T > T_c$ 时,$\Delta G < 0$,过程高温时自发进行
4	$-(<0)$	$-(<0)$		$T < T_c$ 时,$\Delta G < 0$,过程低温时自发进行

2. 化学反应的方向和限度

化学反应本质是一种热力学过程,始态是反应物,终态是产物。化学反应的方向和限度遵守热力学的规律。

(1) 热化学方程式

应用热力学原理的第一步是获得化学反应的几个重要参数变化。对于等温等压条件下的化学反应,这几个重要参数包括:

- 反应的 $\Delta_r H_m$,即单位反应的(摩尔)等压反应热;
- 反应的 $\Delta_r G_m$,即单位反应的(摩尔)最大非体积功;
- 反应的 $\Delta_r S_m$,通过 $\Delta_r G_m = \Delta_r H_m - T\Delta_r S_m$ 计算 $\Delta_r G_m$。

将这些参数和化学方程式书写在一起,得到热化学方程式。这是对化学反应进行进一步热力学分析的基础。

书写热化学方程式时要标明反应条件,包括反应温度、反应压力、反应物和产物的物态(固体注明晶型等)以及反应的热力学参数。

为了反应参数的使用,定义了热力学标准状态。任何物质的标准状态是在指定温度 T 下,分压为 1 个标准压力($p^\ominus = 100$ kPa)的气体;处于标准压力下的纯液体、纯固体(最稳定晶体形式);处于标准压力下浓度为 $c^\ominus(c^\ominus = 1$ mol·L^{-1} 或 1 mol·kg^{-1})的某溶质。在生物化学标准状态定义中,溶液中氢离子的 $c^\ominus(H^+) = 1 \times 10^{-7}$ mol·L^{-1};指定温度的缺省值为 $T = 298.15$ K(25℃)。

定义了标准生成反应:在指定温度和参加反应的物质均处于标准状态下,由元素的最稳定单质生成 1 mol 某种物质的反应。标准生成反应的热力学参数分别称为标准摩尔生成焓($\Delta_f H_m^\ominus$)和标准摩尔生成自由能($\Delta_f G_m^\ominus$)。

化学物质的 $\Delta_f H_m^\ominus$,$\Delta_f G_m^\ominus$ 和标准摩尔熵 $S_m^\ominus$ 已经汇编成表,在化学手册或物理化学手册中可以方便地查到。从而很方便地对任何化学反应的热力学参数计算求出。

非室温下或非标准状态的一些热力学参数可以通过标准状态热力学参数计算:

$$\Delta_r S_m^\ominus(T) \approx \Delta_r S_m^\ominus(298.15)$$

$$\Delta_r H_m^\ominus(T) \approx \Delta_r H_m^\ominus(298.15)$$

$$\Delta_r G_m = \Delta_r G_m^\ominus + RT\ln Q$$

对于纯液体、纯固体反应(本课程不作要求):

$$\Delta_r G_m = \Delta_r G_m^\ominus + V_m \Delta p$$

其中反应商 Q 的定义为：假设一个反应

$$a\text{A}(s) + b\text{B}(aq) + c\text{C}(g) \rightleftharpoons d\text{D}(l) + e\text{E}(aq) + f\text{F}(g)$$

则此反应的反应商 Q 为

$$Q = \frac{\left(\dfrac{c_E}{c^\ominus}\right)^e \left(\dfrac{p_F}{p^\ominus}\right)^f}{\left(\dfrac{c_B}{c^\ominus}\right)^b \left(\dfrac{p_C}{p^\ominus}\right)^c} \quad (c^\ominus = 1 \text{ mol} \cdot \text{L}^{-1},\ p^\ominus = 100 \text{ kPa})$$

Q 的要点是：
- 气体用分压比标准压力，溶液物种用浓度比标准浓度 $c^\ominus$，通常 $c^\ominus$ 省略不写；
- 纯液体、纯固体和大量的溶剂，不写入表达式中；
- 在生物化学标准中，氢离子的标准浓度特殊，$c^\ominus(\text{H}^+) = 1 \times 10^{-7}$ mol·L^{-1}；
- Q 的量纲为 1；
- 当反应方程式中的物种都在标准状态时，$Q = 1$。

(2) 等温等压下进行的化学反应的自发方向

等温等压下，一个化学反应的自发方向可根据 $\Delta_r G_m$ 判断：

$$\Delta_r G_m = \Delta_r G_m^\ominus + RT\ln Q = \Delta_r H_m^\ominus - T\Delta_r S_m^\ominus + RT\ln Q$$
$$= \Delta_r H_m^\ominus - T(\Delta_r S_m^\ominus - R\ln Q)$$

- $\Delta_r G_m < 0$，正反应自发进行，逆反应非自发；
- $\Delta_r G_m = 0$，系统处于平衡状态；
- $\Delta_r G_m > 0$，逆反应自发进行，正反应非自发。

如果此反应：

$$\Delta_r H_m^\ominus > 0, \Delta_r S_m^\ominus > 0 \quad \text{或} \quad \Delta_r H_m^\ominus < 0, \Delta_r S_m^\ominus < 0$$

那么，此反应存在一个转变温度 T_c

$$T_c = \Delta_r H_m^\ominus / (\Delta_r S_m^\ominus - R\ln Q)$$

- 如果 $\Delta_r H_m^\ominus > 0, \Delta_r S_m^\ominus > 0$，则此反应在 $T > T_c$ 时 $\Delta_r G_m < 0$，反应自发进行；
- 如果 $\Delta_r H_m^\ominus < 0, \Delta_r S_m^\ominus < 0$，则此反应在 $T < T_c$ 时 $\Delta_r G_m < 0$，反应自发进行；
- 在 $T = T_c$ 时，反应处于平衡态。

(3) 标准平衡常数 $K^\ominus$ 和反应物的转化率

等温等压下的化学反应，化学反应进行时，系统的 Gibbs 自由能不断减小，直至 $\Delta_r G_m = 0$，化学反应达到平衡状态。化学反应达到平衡时，系统内各物种的浓度不再改变，此时的反应商是一个常数——标准平衡常数 $K^\ominus$，即假设一个反应

$$a\text{A}(s) + b\text{B}(aq) + c\text{C}(g) \rightleftharpoons d\text{D}(l) + e\text{E}(aq) + f\text{F}(g)$$

反应达到平衡后，则

$$K^\ominus = \text{常数} = \frac{\left(\dfrac{[\text{E}]}{c^\ominus}\right)^e \left(\dfrac{p_F}{p^\ominus}\right)^f}{\left(\dfrac{[\text{B}]}{c^\ominus}\right)^b \left(\dfrac{p_C}{p^\ominus}\right)^c} \quad (c^\ominus = 1 \text{ mol} \cdot \text{L}^{-1},\ p^\ominus = 100 \text{ kPa})$$

注意：$K^\ominus$ 的要点与 Q 相同！$K^\ominus$ 与反应自由能的关系为

$$-\Delta_r G_m^\ominus = RT\ln K^\ominus$$

$K^\ominus$ 与温度的关系是

$$\ln K^\ominus = \frac{-\Delta_r H_m^\ominus}{RT} + \frac{\Delta_r S_m^\ominus}{R} \quad \text{或} \quad \ln \frac{K^\ominus(T_2)}{K^\ominus(T_1)} = \frac{\Delta_r H_m^\ominus}{R}\left(\frac{T_2 - T_1}{T_1 T_2}\right)$$

通过平衡常数可以计算反应物 B 的转化率 α：

$$\alpha = (c_B - [B])/c_B = 1 - [B]/c_B$$

(4) Hess 定律和化学反应热力学参数的加和性

- 一个化学反应 a 的热力学参数和它的逆反应 a_{-1} 的参数数值相等，符号相反：

$$\Delta_r H_m^\ominus(a) = -\Delta_r H_m^\ominus(a_{-1})$$
$$\Delta_r S_m^\ominus(a) = -\Delta_r S_m^\ominus(a_{-1})$$
$$\Delta_r G_m^\ominus(a) = -\Delta_r G_m^\ominus(a_{-1})$$

平衡常数则互为倒数：

$$K^\ominus(a) = 1/K^\ominus(a_{-1})$$

- 当一个化学反应方程式乘以一个系数 n 时，其热力学参数也乘以系数 n：

$$\Delta_r H_m^\ominus(na) = n\Delta_r H_m^\ominus(a)$$
$$\Delta_r S_m^\ominus(na) = n\Delta_r S_m^\ominus(a)$$
$$\Delta_r G_m^\ominus(na) = n\Delta_r G_m^\ominus(a)$$

平衡常数则为 n 次幂：

$$K^\ominus(na) = [K^\ominus(a)]^n$$

- Hess 定律：当一个化学反应 a 是若干化学反应 $a_1, a_2, \cdots, a_n$ 的加和时，则总反应 a 的热力学参数：

$$\Delta_r H_m(a) = \sum_{i=1}^{n} \Delta_r H_m(a_i)$$
$$\Delta_r S_m(a) = \sum_{i=1}^{n} \Delta_r S_m(a_i)$$
$$\Delta_r G_m(a) = \sum_{i=1}^{n} \Delta_r G_m(a_i)$$

平衡常数 $K^\ominus(a)$：

$$K^\ominus(a) = K^\ominus(a_1) K^\ominus(a_2) \cdots K^\ominus(a_n)$$

(5) 化学反应的偶联和多重平衡

当一个化学反应的产物是另一个化学反应的反应物时，这两个化学反应可以偶联起来，化学反应偶联可以导致原平衡发生移动。

偶联在一起的化学平衡将形成多重平衡。在多重平衡的反应体系中，参与多个反应的同一物种的浓度或压力在这些平衡中具有同一数值。

(6) 判断化学平衡的移动

化学平衡是动态平衡，当反应条件发生变化时，就要发生平衡的移动。Le Châtelier(勒夏特列)原理指出：平衡总是向着消除外来影响、恢复原有状态的方向移动。分述如下：增大反应物的浓度或降低产物的浓度将使平衡向正反应方向移动，降低反应物浓度或增大产物浓度将使平衡向逆反应方向移动；对于有气体参与的反应，体系压缩将使平衡向气体分子数减少的反应方向移动；体系膨胀将使平衡向气体分子数增多的反应方向移动；如果反应物和产物的气体分子数相同,压缩和膨胀将不引起平衡移动。升高温度使平衡向吸热反应方向移动,降低温度使平衡向放热反应方向移动。

3. 化学反应速率和反应机制

(1) 化学反应速率表示

化学反应速率通常用单位时间内反应物浓度的减少或产物浓度的增加来表示。它有平均速率和瞬时速率两种表示方法(图 5-1)。

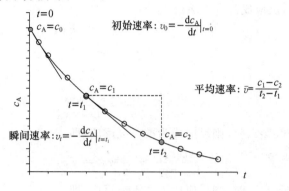

图 5-1　化学反应过程中各种速率的示意

通常所表示的反应速率均为瞬时速率。初始速率是 $t=0$ 时反应的瞬时速率。

(2) 化学反应的机制

从反应物到产物,实际反应过程可能并不是如化学方程式那样一步完成,而是可能经过了多个步骤。一个反应实际经历的反应步骤称为反应途径或反应机制。

在化学反应途径中,每一步一次完成的反应称为元反应(或称基元反应)。

在一个化学反应的途径中,速率最慢的一步元反应决定了总反应的速率,这一步元反应称为速率控制步骤(简称决速步)。

对于元反应来说,其反应速率符合质量作用定律,即假设元反应为

$$a\text{A} + b\text{B} \longrightarrow 产物$$

则反应的速率方程为

$$v = k c_\text{A}^a c_\text{B}^b$$

其中,k 为元反应的速率常数;$a+b$ 称为反应的分子数,数值为 1,2,3。

对于由若干个元反应组成的复杂反应来说,假定反应方程式为

$$a\text{A} + b\text{B} \longrightarrow 产物$$

其速率方程为

$$v = k c_\text{A}^m c_\text{B}^n$$

其中,k 为反应的速率常数;$m+n$ 称为反应级数,它可以是整数、零或分数。

(3) 一级和准一级反应的数学形式

一级反应动力学是最基础的形式。一级反应的反应方程式为

$$\text{A} \longrightarrow 产物$$

微分速率方程:

$$-\frac{\mathrm{d}c}{\mathrm{d}t} = kc$$

速率常数 k 的量纲:　　　　　　　　　　[时间]$^{-1}$

积分速率方程： $c_t = c_0 e^{-kt}$ 或 $\ln c_t = \ln c_0 - kt$

一级反应具有特征的半衰期： $t_{1/2} = \ln 2/k = 0.693/k$

其他高级数反应都可以通过反应设计,使之具有一级反应的数学形式,这些反应称为准一级反应。如二级反应：

$$A + B \longrightarrow 产物$$

$$v = -dc_A/dt = -dc_B/dt = kc_A c_B$$

当 $c_B \gg c_A$ 时, $c_B \approx$ 常数,反应成为准一级反应,即

$$-dc_A/dt = v = kc_A c_B \approx k' c_A$$

再如很复杂的酶促反应：

$$A \xrightarrow{E} P$$

$$v = -\frac{dc_A}{dt} = \frac{dc_P}{dt} = \frac{kc_E c_A}{K_M + c_A}$$

当酶 c_E 的量恒定,且 $K_M \gg c_A$ 时,则反应成为准一级反应,即

$$v = \frac{kc_E c_A}{K_M + c_A} \approx \frac{kc_E}{K_M} c_A = k' c_A$$

当酶 c_E 的量恒定,且 $K_M \ll c_A$ 时,则反应成为准零级反应,即

$$v = \frac{kc_E c_A}{K_M + c_A} \approx \frac{kc_E c_A}{c_A} = kc_E = k'$$

其他常见简单级数反应的速率方程和特征见表 5-2。

表 5-2　零级反应和二级反应的动力学方程和特征

反应级数	反应方程	速率方程	浓度-时间关系式	k 的量纲
零级反应	A ⟶ 产物	$-\dfrac{dc}{dt} = k$	$c_t = c_0 - kt$	[浓度]·[时间]$^{-1}$ (如 mol·L^{-1}·s^{-1})
二级反应	2A ⟶ 产物	$-\dfrac{dc}{dt} = kc^2$	$\dfrac{1}{c_t} = \dfrac{1}{c_0} + kt$	[浓度]$^{-1}$·[时间]$^{-1}$ (如 L·mol^{-1}·s^{-1})

(4) 活化能 E_a 和反应速率常数 k

根据过渡态理论,任何元反应发生都要经过一个高能量的过渡态,这个高能量的过渡态和反应物之间的能量差为活化能(E_a),是化学反应所必须克服的一个能垒。正反应的活化能 E_a 和逆反应的活化能 E_a' 之间的关系为

$$E_a - E_a' = \Delta_r H_m^{\ominus}$$

E_a 和反应速率常数 k 之间的关系(在数学形式上和 $\Delta_r H_m^{\ominus}$-$K^{\ominus}$ 关系相似)为

$$k = Ae^{-\frac{E_a}{RT}} \quad 或 \quad \ln k = -\frac{E_a}{RT} + \ln A$$

此即 Arrhenius(阿伦尼乌斯)方程。反应速率常数 k 与温度 T 之间的关系：

$$\ln \frac{k_2}{k_1} = \frac{E_a}{R}\left(\frac{T_2 - T_1}{T_1 T_2}\right)$$

温度影响 k 的一些规律为：由于活化能 $E_a > 0$,温度升高,k 变大,反应加快；当温度一定时,E_a 越小的反应,k 值越大,反应越快；温度对 E_a 较大的反应的速率常数影响较大。所以,降低活化能是提高反应速率的一个关键。

(5) 催化剂及其工作原理

催化剂是能显著地加快反应而其本身并无损耗的物质。催化反应的原理和主要特征如下：催化剂参与了反应，改变了反应途径，从而降低了反应的活化能；一种催化剂只催化一种反应途径，因此当一个反应同时具有多种可能的自发反应方向时，催化剂只加速其中之一方向的反应，具有选择性。催化剂只能加快反应速率，不改变反应的热力学趋势。催化剂同等程度地加快正、逆反应速率，缩短了达到平衡的时间；催化剂只有在特定的条件下才能体现其催化活性。

酶是一种生物催化剂。酶催化的特点是：具有高度的底物和反应途径特异性；高的催化效率；温和的催化条件；容易失活。酶只在一定的 pH 范围、离子强度和一些辅酶存在下，才表现出其活性。酶抑制剂、重金属、表面活性剂和强酸、碱都能使酶失活。

(6) 降低反应速率的方法

包括：降低反应温度；降低其中某种反应物的浓度；使反应的催化剂中毒失活。

4. 热力学和动力学的关系

(1) 平衡常数和速率常数的关系

对于处于化学平衡的元反应/简单反应来说，反应达到平衡的特征是正反应和逆反应的反应速率相等，反应的平衡常数等于正反应和逆反应速率常数的比值：

$$K^{\ominus} = \frac{k_1}{k_{-1}}$$

(2) 稳态和平衡态的区别

当一个化学体系内某物种浓度维持不变时，有两种情形：系统此时处于热力学平衡态；系统此时处于动力学稳态。这两种情形在本质上是不一样的。

平衡态是热力学稳定状态，处于平衡态的体系没有向外做功的能力。而稳态不是热力学平衡状态。动力学稳态是在一定条件下，某物种的生成速率等于其转化消失的速率，因此该物种的浓度能够在一定的范围内保持不变。但是，处于稳态的体系具有向外做功的能力。

在一个封闭体系中，如教材第 154 页动力学稳态所描述的那样，稳态浓度的存在仅仅是一段较短的时间。如果要长时间地保持一个动力学稳态，必须不断地从环境接受物质和能量，因此一个稳定的动力学稳态系统必须是一个开放系统。

生命过程中，所有生命分子浓度的维持（术语是内稳态 homeostasis）如葡萄糖水平、细胞钙水平等都是动力学稳态。

5.2 要点和难点解析

1. 化学反应基本状态参数的计算和换算

计算化学反应的基本热力学状态参数并进行相互间的换算，这既是一个基本技能也是一个难点。图 5-2 包括了教材第 7~10 章中所包含的热力学参数 $E, \varphi, K_a, K_{sp}, K_s, K_{redox}$ 等，将在以后的相关章节详述。

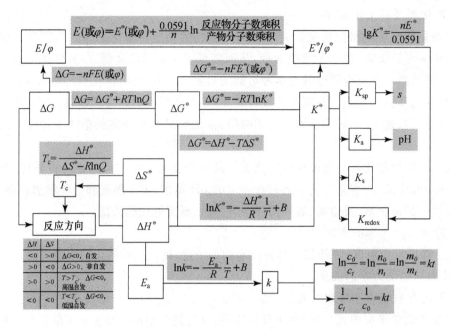

图 5-2　基础化学课程有关热力学参数关系图

基础计算的核心是计算 3 个标准状态参数：$\Delta_r H_m^\ominus, \Delta_r S_m^\ominus, \Delta_r G_m^\ominus$。

(1) $\Delta_r H_m^\ominus$ 的计算

- 由标准摩尔生成焓 $\Delta_f H_m^\ominus$ 计算：

$$\Delta_r H_m^\ominus = \sum \Delta_f H_m^\ominus(\text{产物}) - \sum \Delta_f H_m^\ominus(\text{反应物})$$

- 由标准摩尔燃烧热 $\Delta_c H_m^\ominus$ 计算：

$$\Delta_r H_m^\ominus = \sum \Delta_c H_m^\ominus(\text{反应物}) - \sum \Delta_c H_m^\ominus(\text{产物})$$

标准摩尔燃烧热 $\Delta_c H_m^\ominus$ 的定义是：指定温度下，1 mol 标准态的某物质完全燃烧、生成稳定氧化物时的热效应，称为该温度下该物质的标准摩尔燃烧热，简称标准燃烧热 $\Delta_c H_m^\ominus$。

- 由 Hess 定律间接计算：多个化学反应方程式（已配平）相加（或相减），所得化学反应方程式的 $\Delta_r H_m^\ominus$ 等于原来各化学反应方程式的 $\Delta_r H_m^\ominus$ 之和（或之差）：

$$\Delta_r H_m^\ominus = \sum_{i=1}^{n} \Delta_r H_m^\ominus(i)$$

- 由等容反应热 Q_V 计算：

对一个反应：$a\text{A}(s) + b\text{B}(g) \Longrightarrow d\text{D}(l) + e\text{E}(g)$　等容反应热 Q_V

则　　　　　$Q_p = \Delta H = \Delta U + \Delta(pV) = \Delta U + \Delta n(RT) = Q_V + \Delta n(RT)$

其中 Δn 为反应前后气体组分计量系数的差值，这里 $\Delta n = e - b$。

(2) $\Delta_r S_m^\ominus$ 的计算

- 由标准摩尔熵 $S_m^\ominus$ 计算：

$$\Delta_r S_m^\ominus = \sum S_m^\ominus(\text{产物}) - \sum S_m^\ominus(\text{反应物})$$

- 由 Hess 定律间接计算：

$$\Delta_r S_m^\ominus = \sum_{i=1}^{n} \Delta_r S_m^\ominus(i)$$

(3) $\Delta_r G_m^\ominus$ 的计算

- 由标准摩尔生成自由能 $\Delta_f G_m^\ominus$ 计算：

$$\Delta_r G_m^\ominus = \sum \Delta_f G_m^\ominus(产物) - \sum \Delta_f G_m^\ominus(反应物)$$

- 由 $\Delta_r H_m^\ominus, \Delta_r S_m^\ominus$ 通过 Gibbs 方程计算：

$$\Delta_r G_{m,T}^\ominus = \Delta_r H_{m,T}^\ominus - T\Delta_r S_{m,T}^\ominus \approx \Delta_r H_{m,298.15}^\ominus - T\Delta_r S_{m,298.15}^\ominus$$

- 由平衡常数 $K^\ominus$ 计算：

$$\Delta_r G_m^\ominus = -RT\ln K^\ominus$$

- 由 Hess 定律间接计算：

$$\Delta_r G_m^\ominus = \sum_{i=1}^{n} \Delta_r G_m^\ominus(i)$$

得到 $\Delta_r H_m^\ominus, \Delta_r S_m^\ominus$ 和 $\Delta_r G_m^\ominus$ 后，用图 5-2 描述的关系可以计算一个化学反应所有标准和非标准热力学参数。

【例题 5-1】 已知：37℃时反应 $NAD^+ + H_2 \rightleftharpoons NADH + H^+$ $\Delta_r G_m^\ominus = 24.1\ kJ\cdot mol^{-1}$

以及	CH_3CH_2OH	CH_3CHO	H_2
$\Delta_f H_m^\ominus (kJ\cdot mol^{-1})$	−276.8	−192.1	0
$S_m^\ominus (J\cdot K^{-1}\cdot mol^{-1})$	161.9	160.1	130.7

计算 37℃时体内重要反应 $CH_3CH_2OH + NAD^+ \rightleftharpoons NADH + H^+ + CH_3CHO$ 的 $\Delta_r G_m^\ominus$ 和酒后体内的 $\Delta_r G_m$（假定酒精浓度 80 mg/100 mL，$[NAD^+] = [NADH]$，pH = 7.40，$[CH_3CHO] = 1.0\ nmol\cdot L^{-1}$）。

解答：反应① $\quad CH_3CH_2OH + NAD^+ \rightleftharpoons NADH + H^+ + CH_3CHO$
由反应② $\quad NAD^+ + H_2 \rightleftharpoons NADH + H^+$
及反应③ $\quad CH_3CH_2OH \rightleftharpoons H_2 + CH_3CHO$

加和而成，即 ① = ② + ③。

对于反应③

$\Delta_r H_m^\ominus(3) = \Delta_f H_m^\ominus(CH_3CHO) + \Delta_f H_m^\ominus(H_2) - \Delta_f H_m^\ominus(CH_3CH_2OH)$
$\qquad\qquad = [-192.1 + 0 - (-276.8)]\ kJ\cdot mol^{-1} = 84.7\ kJ\cdot mol^{-1}$

$\Delta_r S_m^\ominus(3) = S_m^\ominus(CH_3CHO) + S_m^\ominus(H_2) - S_m^\ominus(CH_3CH_2OH)$
$\qquad\qquad = (130.7 + 160.1 - 161.9)\ J\cdot K^{-1}\cdot mol^{-1} = 128.9\ J\cdot K^{-1}\cdot mol^{-1}$

$\Delta_r G_m^\ominus(3) = \Delta_r H_m^\ominus(3) - T\Delta_r S_m^\ominus(3)$
$\qquad\qquad = (84.7 - 310 \times 128.9 \times 10^{-3})\ kJ\cdot mol^{-1} = 44.7\ kJ\cdot mol^{-1}$

总反应： $\Delta_r G_m^\ominus(1) = \Delta_r G_m^\ominus(2) + \Delta_r G_m^\ominus(3)$
$\qquad\qquad = (24.1 + 44.7)\ kJ\cdot mol^{-1} = 68.8\ kJ\cdot mol^{-1}$

酒精浓度：$\dfrac{80\ mg}{100\ mL} = \dfrac{80 \times 10^{-3}\ g}{46\ g\cdot mol^{-1} \times 0.1\ L} = 1.7 \times 10^{-2}\ mol\cdot L^{-1}$

$$c(NADH)/c(NAD^+) = [NADH]/[NAD^+] = 1$$

$$Q = \frac{c(乙醛)c(NADH)\ c(H^+)}{c(NAD^+)c(乙醇)\cdot c^\ominus}$$

$$= \frac{1.0\times10^{-9} \text{ mol} \cdot \text{L}^{-1}}{1.7\times10^{-2} \text{ mol} \cdot \text{L}^{-1}} \times \frac{1\times10^{-7.40} \text{ mol} \cdot \text{L}^{-1}}{1 \text{ mol} \cdot \text{L}^{-1}} = 2.3\times10^{-15}$$

故 $\Delta_r G_m = \Delta_r G_m^{\ominus} + RT\ln Q$

$$= [68.8+(8.31\times310\times10^{-3})\ln(2.3\times10^{-15})]\text{kJ} \cdot \text{mol}^{-1} = -18.0 \text{ kJ} \cdot \text{mol}^{-1}$$

2. 运用反应化学状态参数判断反应的方向

判断反应方向的根本方法是计算反应的 $\Delta_r G$，可分成下列几种情形：

反应方向	情 形	从 Q 判断	从 $\Delta_r H$ 和 $\Delta_r S$ 判断		特 点
正方向自发	$\Delta_r G < 0$	$Q/K^{\ominus}<1$	$\Delta_r S>0, \Delta_r H>0, T>T_c$		">"或"<"同方向
			$\Delta_r S<0, \Delta_r H<0, T<T_c$		
			$\Delta_r S>0, \Delta_r H<0$		">"或"<"不同方向，$\Delta_r S>0$
平衡态	$\Delta_r G = 0$	$Q/K^{\ominus}=1$	$T = T_c$		都是"="
逆方向自发	$\Delta_r G>0$	$Q/K^{\ominus}>1$	$\Delta_r S<0, \Delta_r H>0$		">"或"<"不同方向，$\Delta_r S<0$

注意：在 $\Delta_r S$ 和 $\Delta_r H$ 符号相同时，需要计算转变温度 T_c，即

$$T_c = \frac{\Delta H^{\ominus}}{\Delta S^{\ominus}-R\ln Q} \xrightarrow{\text{标准状态}} \frac{\Delta H^{\ominus}}{\Delta S^{\ominus}}$$

【例题 5-2】 已知 25℃时下列反应：

① $Zn^{2+}+4NH_3 \rightleftharpoons [Zn(NH_3)_4]^{2+}$ $K^{\ominus}(1) = 2.9\times10^9$, $\Delta_r H_m^{\ominus}(1) = -57.3 \text{ kJ} \cdot \text{mol}^{-1}$

② $Zn^{2+}+2en \rightleftharpoons [Zn(en)_2]^{2+}$ $K^{\ominus}(2) = 6.8\times10^{10}$, $\Delta_r H_m^{\ominus}(2) = -56.5 \text{ kJ} \cdot \text{mol}^{-1}$

请说明反应：$[Zn(NH_3)_4]^{2+}+2en \rightleftharpoons [Zn(en)_2]^{2+}+4NH_3$

(1) 在 25℃和标准状态下是否自发进行？

(2) 是高温还是低温有利于反应进行，转变温度是多少？

(3) 当溶液中 $c(NH_3) = 1 \text{ mol} \cdot \text{L}^{-1}$，其余物种浓度为 $0.1 \text{ mol} \cdot \text{L}^{-1}$ 时，25℃反应是否自发进行？

(4) 将上述溶液加水稀释 2 倍，反应是否自发进行？稀释 5 倍呢？

解答：(1) 总反应 = 反应②－反应①，所以，$K^{\ominus} = K^{\ominus}(2)/K^{\ominus}(1) = 23.4$

$\Delta_r G_m^{\ominus} = -RT\ln K^{\ominus}$

$$= -(8.31\times10^{-3}\times298)\text{kJ} \cdot \text{mol}^{-1}\times\ln23.4 = -7.8 \text{ kJ} \cdot \text{mol}^{-1} < 0$$

所以标准状态下反应自发。

(2) 总反应的 $\Delta_r H_m^{\ominus} = \Delta_r H_m^{\ominus}(2)-\Delta_r H_m^{\ominus}(1)$

$$= (-56.5+57.3)\text{kJ} \cdot \text{mol}^{-1} = 0.8 \text{ kJ} \cdot \text{mol}^{-1} > 0$$

$$\Delta_r S_m^{\ominus} = \frac{\Delta_r H_m^{\ominus}-\Delta_r G_m^{\ominus}}{T} = \frac{(0.8+7.8)\text{kJ} \cdot \text{mol}^{-1}\times10^3}{298 \text{ K}} = 28.9 \text{ J} \cdot \text{K}^{-1} \cdot \text{mol}^{-1} > 0$$

所以高温有利于反应进行，标准状态下：

$$T_c = \Delta_r H_m^{\ominus}/\Delta_r S_m^{\ominus} = \frac{0.8\times10^3 \text{ J} \cdot \text{mol}^{-1}}{28.9 \text{ J} \cdot \text{K}^{-1} \cdot \text{mol}^{-1}} = 27.7 \text{ K}$$

可见，由于溶液的冰点温度高于 T_c，所以标准状态下，此溶液反应均自发进行。

(3) $Q = \dfrac{c^4(NH_3)c([Zn(en)_2]^{2+})}{c^2(en)c([Zn(NH_3)_4]^{2+})} = 1^4\times0.1/(0.1^2\times0.1) = 100$

$\Delta_r G_m = \Delta_r G_m^{\ominus} + RT\ln Q$

$$= [-7.8+(8.31\times10^{-3}\times298)]\text{kJ}\cdot\text{mol}^{-1}\times\ln100 = 3.6\text{ kJ}\cdot\text{mol}^{-1}$$

所以反应不能自发,而逆向自发。

（4）设 f 为浓度变化倍数,则

$$Q' = \frac{c^4(\text{NH}_3)c([\text{Zn}(\text{en})_2]^{2+})}{c^2(\text{en})c([\text{Zn}(\text{NH}_3)_4]^{2+})} = Qf^4f/(f^2f) = f^2Q$$

$$\Delta_r G'_m = \Delta_r G^{\ominus}_m + RT\ln Q' = \Delta_r G^{\ominus}_m + RT\ln(f^2Q)$$
$$= \Delta_r G^{\ominus}_m + RT\ln Q + 2RT\ln f = \Delta_r G_m + 2RT\ln f$$

稀释 2 倍,即 $f = 1/2$ 时,$\Delta_r G'_m = [3.6 + (2\times8.31\times10^{-3}\times298)]\text{kJ}\cdot\text{mol}^{-1}\times\ln(1/2)$
$= 0.2\text{ kJ}\cdot\text{mol}^{-1}$,所以反应不能自发;

稀释 5 倍,即 $f = 1/5$ 时,$\Delta_r G'_m = [3.6 + (2\times8.31\times10^{-3}\times298)]\text{kJ}\cdot\text{mol}^{-1}\times\ln(1/5)$
$= -4.4\text{ kJ}\cdot\text{mol}^{-1}$,所以反应能自发。

【**例题 5-3**】 请判断例题 5-1 中,血液酒精含量在多少以下反应不会自发进行。

解答：当 $\Delta_r G_m = \Delta_r G^{\ominus}_m + RT\ln Q = 0$ 时,

$$\ln Q = (-\Delta_r G^{\ominus}_m)/(RT) = \frac{-68.8\times10^3\text{ J}\cdot\text{mol}^{-1}}{8.31\text{ J}\cdot\text{mol}^{-1}\cdot\text{K}^{-1}\times310\text{ K}} = -26.7$$

$$Q = \frac{c(\text{乙醛})\ c(\text{NADH})\ c(\text{H}^+)}{c(\text{NAD}^+)\ c(\text{乙醇})c^{\ominus}} = 2.52\times10^{-12}$$

$$c(\text{乙醇}) = \frac{c(\text{NADH})\ c(\text{乙醛})c(\text{H}^+)}{c(\text{NAD}^+)\times Q\times c^{\ominus}} = \frac{(1\times1.0\times10^{-9})\text{mol}\cdot\text{L}^{-1}\times10^{-7.40}}{2.52\times10^{-12}}$$
$$= 1.6\times10^{-5}\text{ mol}\cdot\text{L}^{-1}$$

即 100 mL 血中酒精量的限度为：

$$1.6\times10^{-5}\text{ mol}\cdot\text{L}^{-1}\times10^3\times46\text{ g}\cdot\text{mol}^{-1}\times0.1\text{ L} = 0.074\text{ mg}$$

假定人的血液体积为 5 L,喝酒为 39°白酒,密度约 0.9 g/mL,则最大不导致乙醛生成的饮酒量为

$$\frac{\frac{0.074\text{ mg}}{0.1\text{ L}}\times5\text{ L}}{0.39\times0.9\text{ g}\cdot\text{mL}^{-1}} = 0.01\text{ mL},\text{不超过一滴酒}。$$

可见,饮用一滴酒就能够导致乙醛生成,对身体造成损害。

3. 平衡常数、平衡浓度和反应产率的计算

计算平衡常数的主要包括以下几种类型：
- 通过平衡时物种浓度直接计算 $K^{\ominus}$；

假设反应

$$a\text{A(s)} + b\text{B(aq)} + c\text{C(g)} \Longrightarrow d\text{D(l)} + e\text{E(aq)} + f\text{F(g)}$$

$$K^{\ominus} = 常数 = \frac{\left(\frac{[\text{E}]}{c^{\ominus}}\right)^e\left(\frac{p_\text{F}}{p^{\ominus}}\right)^f}{\left(\frac{[\text{B}]}{c^{\ominus}}\right)^b\left(\frac{p_\text{C}}{p^{\ominus}}\right)^c} \quad (c^{\ominus} = 1\text{ mol}\cdot\text{L}^{-1},\ p^{\ominus} = 100\text{ kPa})$$

- 通过 $\Delta_r G^{\ominus}_m$ 计算 $K^{\ominus}$；

$$\ln K^{\ominus} = -\Delta_r G^{\ominus}_m/(RT) \quad 或 \quad \lg K^{\ominus} = -\Delta_r G^{\ominus}_m/(2.303RT)$$

- 通过不同反应的 $K^{\ominus}$ 计算组合反应的 $K^{\ominus}$；

若反应 ④ $= a\times$①$+b\times$②$-c\times$③,则

$$K^{\ominus}(4) = [K^{\ominus}(1)]^a [K^{\ominus}(2)]^b / [K^{\ominus}(3)]^c$$

- 通过已知温度 $K^{\ominus}$ 和 $\Delta_r H_m^{\ominus}$ 计算其他温度下的 $K^{\ominus}$；

$$\ln K^{\ominus} = \frac{-\Delta_r H_m^{\ominus}}{RT} + \frac{\Delta_r S_m^{\ominus}}{R} \quad \text{或} \quad \ln \frac{K^{\ominus}(T_2)}{K^{\ominus}(T_1)} = \frac{\Delta_r H_m^{\ominus}}{R}\left(\frac{T_2 - T_1}{T_1 T_2}\right)$$

- $K^{\ominus}$ 与实验平衡常数 K_p, K_c 的转换。

应用平衡常数主要计算平衡浓度和反应的转化率。具体变化很多，以下例说明。

【例题 5-4】 25℃下，甘油醛 3-磷酸和二羟丙酮磷酸异构化反应为

$$\text{RCH(OH)CHO} \rightleftharpoons \text{RCOCH}_2\text{OH} \quad \Delta_r G_m^{\ominus} = -18.1 \text{ kJ} \cdot \text{mol}^{-1}$$
$$\Delta_r H_m^{\ominus} = -13.7 \text{ kJ} \cdot \text{mol}^{-1}$$

请计算 100℃下，此反应的平衡常数和甘油醛 3-磷酸的转化率。

解答： $-\Delta_r G_m^{\ominus} = RT\ln K^{\ominus}$

25℃下
$$\lg K^{\ominus} = -\Delta_r G_m^{\ominus}/(2.303RT)$$
$$= \frac{18.1 \times 10^3 \text{ J} \cdot \text{mol}^{-1}}{2.303 \times 8.31 \text{ J} \cdot \text{mol}^{-1} \cdot \text{K}^{-1} \times 298 \text{ K}} = 3.174$$

$$K^{\ominus}(25℃) = 1.49 \times 10^3$$

$$\ln \frac{K^{\ominus}(T_2)}{K^{\ominus}(T_1)} = \frac{\Delta_r H_m^{\ominus}}{R}\left(\frac{T_2 - T_1}{T_1 T_2}\right)$$

$$\ln \frac{K^{\ominus}(373)}{K^{\ominus}(298)} = \frac{(-13.7 \times 10^3) \text{ J} \cdot \text{mol}^{-1}}{8.31 \text{ J} \cdot \text{mol}^{-1} \cdot \text{K}^{-1}}\left(\frac{373 \text{ K} - 298 \text{ K}}{373 \text{ K} \times 298 \text{ K}}\right) = -1.11$$

$$K^{\ominus}(373) = 4.9 \times 10^2$$

$$K^{\ominus}(100℃) = 4.9 \times 10^2 = [\text{RCOCH}_2\text{OH}]/[\text{RCH(OH)CHO}]$$

$$\text{RCH(OH)CHO} \rightleftharpoons \text{RCOCH}_2\text{OH}$$

设初始时 c

平衡时 $c(1-\alpha)$ $c\alpha$

$$K^{\ominus} = \frac{c\alpha}{c(1-\alpha)}$$

故转化率 $\alpha = K^{\ominus}/(K^{\ominus}+1) = 0.998 = 99.8\%$

【例题 5-5】 计算例 5-1 中的 $K^{\ominus}$，pH = 7.40 条件下的 K_c' 和醉酒驾车者体内乙醛的平衡浓度。

解答： $-\Delta_r G_m^{\ominus} = RT\ln K^{\ominus}$

$$\ln K^{\ominus} = -\Delta_r G_m^{\ominus}/(RT) = -68.8 \times 10^3/(8.31 \times 310) = -26.7$$

$$K_c = K^{\ominus} = [\text{CH}_3\text{CHO}][\text{NADH}][\text{H}^+]/([\text{NAD}^+][\text{CH}_3\text{CH}_2\text{OH}])$$
$$= 2.5 \times 10^{-12}$$

题中 $[\text{NADH}]/[\text{NAD}^+] = 1$，$c(乙醇) = 80 \text{ mg}/100 \text{ mL} = 1.7 \times 10^{-2} \text{ mol} \cdot \text{L}^{-1}$，在 pH = 7.40 条件下：

$$K_c' = [\text{CH}_3\text{CHO}][\text{NADH}]/([\text{NAD}^+][\text{CH}_3\text{CH}_2\text{OH}]) = K_c/[\text{H}^+]$$
$$= 2.5 \times 10^{-12}/10^{-7.40} = 6.3 \times 10^{-5}$$

$$[\text{CH}_3\text{CHO}] = [\text{NAD}^+][\text{CH}_3\text{CH}_2\text{OH}]K_c'/[\text{NADH}]$$
$$= ([\text{NAD}^+]/[\text{NADH}])[\text{CH}_3\text{CH}_2\text{OH}]K_c' = [\text{CH}_3\text{CH}_2\text{OH}]K_c'$$

由于 $c(乙醇) = [\text{CH}_3\text{CHO}] + [\text{CH}_3\text{CH}_2\text{OH}]$

故　　　$[CH_3CHO] = c(乙醇)/(1+1/K_c') = c(乙醇)K_c'/(1+K_c') \approx c(乙醇)K_c'$
　　　　　　　$= (1.7 \times 10^{-2}) mol \cdot L^{-1} \times 6.3 \times 10^{-5} = 1.1 \times 10^{-6} mol \cdot L^{-1}$
　　　　　　　$= 1.1 \mu mol \cdot L^{-1}$

此浓度已经严重影响神经系统的功能。酒后绝对不能驾车。

4. 多重化学反应平衡

在定性的分析时，主要情形为：
- 判断化学反应是否能够偶联。化学反应能够偶联，其关键是一个反应的产物是否是另一个反应的反应物。偶联反应能否自发进行，其关键是总反应的 $\Delta_r G$ 是否小于零。
- 偶联后化学平衡向什么方向移动。多重化学平衡在本课程中将涉及酸碱平衡、沉淀平衡、氧化还原平衡和配位反应平衡。这些将在后面的第 7～10 章中详细讲解，因此定量多重化学平衡结算在本章暂不作要求，留在后面就具体的问题进行讨论。

【例题 5-6】 AdoHcy 水解是体内一个重要的反应：
$$AdoHcy + H_2O \rightleftharpoons Ado + Hcy \quad \Delta_r G_m^{\ominus\prime} = 32.2 \text{ kJ} \cdot mol^{-1}$$

问：(1) 上述反应可以和下列反应中哪些反应偶联，偶联后反应自发方向是什么？
① $ATP + 2H_2O \rightleftharpoons AMP + 2H_2PO_4^-$ 　　　　$\Delta_r G_m^{\ominus\prime} = -60 \text{ kJ} \cdot mol^{-1}$
② $2Hcy + I_2 \rightleftharpoons (Hcy)_2 + 2H^+ + 2I^-$ 　　　　$\Delta_r G_m^{\ominus\prime} = -68.5 \text{ kJ} \cdot mol^{-1}$
③ $AdoHcy + H_2O \rightleftharpoons Ade + Ribose-Hcy$ 　　$\Delta_r G_m^{\ominus\prime} = -204 \text{ kJ} \cdot mol^{-1}$

(2) 若 25℃，pH = 7，体系内其他各物种浓度均为 $1 \mu mol \cdot L^{-1}$，若使 AdoHcy 分解，I_2 的浓度最低需要多少？

解答：(1) 反应①不能和水解反应偶联。反应②能与水解反应偶联，偶联反应为
$$2AdoHcy + 2H_2O + I_2 \rightleftharpoons 2Ado + (Hcy)_2 + 2H^+ + 2I^-$$
$\Delta_r G_m^{\ominus\prime} = [2 \times 32.2 + (-68.5)] kJ \cdot mol^{-1} = -4.1 \text{ kJ} \cdot mol^{-1}$，即自发水解进行。
反应③可以和水解反应偶联，偶联反应为
$$Ado + Hcy \rightleftharpoons Ade + Ribose-Hcy$$
$\Delta_r G_m^{\ominus\prime} = (-204 + 32.2) kJ \cdot mol^{-1} = -167.8 \text{ kJ} \cdot mol^{-1}$，即水解逆向进行，导致 Ado 和 Hcy 分解。

(2) 平衡时，$\Delta_r G_m = \Delta_r G_m^{\ominus\prime} + RT \ln Q = 0$
$$\ln Q = \frac{-\Delta_r G_m^{\ominus\prime}}{RT} = \frac{4.1 \times 10^3 \text{ J} \cdot mol^{-1}}{8.31 \text{ J} \cdot mol^{-1} \cdot K^{-1} \times 298 K} = 1.66$$
$$Q = K^{\ominus\prime} = \frac{([Ado]/c^\ominus)^2([(Hcy)_2]/c^\ominus)([H^+]/10^{-7})^2([I^-]/c^\ominus)^2}{([AdoHcy]/c^\ominus)^2([I_2]/c^\ominus)}$$

$[I_2] = (1 \times 10^{-6})^{2+1+2-2} mol \cdot L^{-1}/5.3 = 2 \times 10^{-19} mol \cdot L^{-1}$，即 I_2 的最小浓度。

5. 一级反应和准一级反应的数学

(1) 一级反应动力学的基本公式：
$$c_t = c_0 e^{-kt} \quad 或 \quad \ln c_t = \ln c_0 - kt \quad 或 \quad \ln(c_0/c_t) = kt$$
$$t_{1/2} = \ln 2/k = 0.693/k$$

重要的一个应用就是 ^{14}C 同位素年代测定，即
$$^{14}_{6}C \longrightarrow ^{14}_{7}N + ^{0}_{-1}e \quad t_{1/2} = 5730 \text{ a}$$

活着的动植物体内 ^{14}C 和 ^{12}C 两种同位素的比值和大气中 CO_2 所含这两种碳同位素的比值是相等的,但动植物死亡后,由于不再和外界进行物质交换,不断的蜕变使 ^{14}C/^{12}C 下降。假定地球环境中的 ^{14}C/^{12}C 比值在过去的地质年代一直保持不变,那么

$$r = ([^{14}C]/[^{12}C])_{化石}/([^{14}C]/[^{12}C])_{活的动植物} = c_t(^{14}C)/c_0(^{14}C)$$

$$\ln(1/r) = 0.693 t/t_{1/2}$$

即,样品年代:
$$t = -t_{1/2} \ln r / 0.693$$

(2) 将其他高级数反应转化为准一级反应的方式:使其他物种 B 浓度远远大于观测物种 A,即 $c_B > 20 c_A$。

- 对二级反应为

$$-dc_A/dt = v = k c_A c_B \approx k' c_A$$

- 对酶促反应:当酶 c_E 的量恒定,且 $K_M \gg c_A$ 时,则

$$v = \frac{k c_E c_A}{K_M + c_A} \approx \frac{k c_E}{K_M} c_A = k' c_A$$

【例题 5-7】 从不知年代的古代书简中取一些残片,燃烧后收集释放的 CO_2,并测定其中 ^{14}C/^{12}C 比值为现代植物的 0.756 倍。求古书简的年代。

解答:$t = -t_{1/2} \ln r / 0.693 = -5730 \text{ a} \times \ln 0.756 / 0.693 = 2.31 \times 10^3 \text{ a}$

此古书是战国晚期的书简。

【例题 5-8】 酶催化 AdoHcy 水解反应:$\text{AdoHcy} + H_2O \rightleftharpoons \text{Ado} + \text{Hcy}$

已知酶 E 的催化常数 $k_{cat} = 1.0 \text{ s}^{-1}$,$K_M = 70 \text{ μmol·L}^{-1}$,体内 $c_E = 0.10 \text{ μmol·L}^{-1}$。问初始浓度 $c_{AdoHcy} = 4.0 \text{ μmol·L}^{-1}$,欲使 AdoHcy 分解至 [AdoHcy] < 1 μmol·L^{-1},需要至少多长时间?

解答:由于 $K_M = 70 \text{ μmol·L}^{-1} \gg [\text{AdoHcy}] = 4.0 \text{ μmol·L}^{-1}$,所以

$$v = \frac{k_{cat} c(E) c(\text{AdoHcy})}{K_M + c(\text{AdoHcy})} \approx \frac{k_{cat} c(E)}{K_M} c(\text{AdoHcy}) = k' c(\text{AdoHcy})$$

$$k' = k_{cat} c(E) / K_M = 1.0 \text{ s}^{-1} \times 0.10 / 70 = 1.4 \times 10^{-3} \text{ s}^{-1}$$

$$\ln(c_0/c_t) = k' t$$

$$t = \ln(c_0/c_t)/k' = \ln(4.0/1)/(1.4 \times 10^{-3} \text{ s}^{-1}) = 970 \text{ s} = 16.2 \text{ min}$$

6. 活化能对速率常数的影响

活化能影响速率常数有两种基本方式:

- 温度因素影响的公式为

$$\ln k_2 - \ln k_1 = \ln \frac{k_1}{k_2} = \frac{E_a}{R}\left(\frac{1}{T_1} - \frac{1}{T_2}\right) \quad 或 \quad \ln \frac{k_2}{k_1} = \frac{E_a}{R}\left(\frac{T_2 - T_1}{T_1 T_2}\right)$$

上述公式在数学形式上和 $\Delta_r H_m^\ominus$-$K^\ominus$ 关系相似。可用于:① 已知不同温度下的速率常数 k,计算反应的活化能 E_a;② 已知反应的活化能和一个温度下的 k_1,计算另一个温度下的 k_2。

- 催化剂或不同反应途径因素

$$\ln k_1 - \ln k_2 = \ln \frac{k_1}{k_2} = \frac{E_{a_2} - E_{a_1}}{RT}$$

上述公式可用于:① 已知反应两种途径的活化能和一个途径的 k_1,计算另一个途径下的 k_2;② 已知反应两种途径的速率常数 k,计算反应的活化能差 ΔE_a。

【例题 5-9】 AdoHcy 水解反应：AdoHcy $\rightleftharpoons$ Ado + Hcy，不催化和酶催化的活化能分别为 140 kJ·mol^{-1} 和 70 kJ·mol^{-1}。已知酶催化反应 37℃ 时的准一级速率常数 $k_1 = 1.4 \times 10^{-3}$ s^{-1}。计算：

(1) 37℃时，非酶催化时的速率常数是多少？
(2) 非酶催化在什么温度下可以和酶催化速率相同？

解答：(1) $\ln k_2 - \ln k_1 = (E_{a_1} - E_{a_2})/(RT)$

$$= \frac{(70-140) \times 10^3 \text{ J·mol}^{-1}}{8.31 \text{ J·mol}^{-1} \cdot \text{K}^{-1} \times 310 \text{ K}} = -27.17$$

$\ln k_2 = \ln k_1 + (-27.17) = \ln(1.4 \times 10^{-3}) - 27.17 = -33.74$

$k_2 = 2.2 \times 10^{-15}$ s^{-1}

(2) $\ln \dfrac{k_2}{k_1} = \dfrac{E_{a_2}}{R}\left(\dfrac{1}{T_1} - \dfrac{1}{T_2}\right)$

$$= \frac{140 \times 10^3 \text{ J·mol}^{-1}}{8.31 \text{ J·mol}^{-1} \cdot \text{K}^{-1}} \times \left(\frac{T_2 - 310}{310 \text{ K} \times T_2}\right) = \ln \frac{1.4 \times 10^{-3}}{2.2 \times 10^{-15}} = 27.17$$

解得 $T_2 = 620$ K，此温度下 AdoHcy 实际上早已受热分解了。

5.3 思考题选解

5-2 什么是状态函数？状态函数有哪些特性？本章中涉及的体系的状态函数有哪些，其物理意义分别是什么？

解答：状态函数是一种描述系统状态的某种物理量参数，当这些参数确定后，系统的状态就被确定了；反过来，系统的状态确定之后，它的每一个状态函数都有一个确定的数值。当系统的状态发生变化，则系统的状态函数也随之发生相应的改变。

状态函数具有下列特点：① 状态函数是可测量的物理参数。② 状态函数是状态的单值函数。一个平衡态只有一组确定的状态参数。③ 状态函数的改变量仅取决于系统的始态(initial state)和终态(final state)两者状态函数的差值，而和系统变化发生的具体过程或途径没有关系。④ 任何循环过程的状态函数变化均为零。

本课程涉及的状态函数包括：① 广度函数：$V, U, H, S, G, K(K^{\ominus}, K_p, K_c$ 等)；② 强度函数：p, T, E, φ。

5-4 什么是热力学中的可逆过程？可逆过程与不可逆过程比较，特点是什么？

解答：热力学可逆过程是指能通过原来过程的反方向变化而使系统和环境同时复原的过程。一般过程，都可以正向进行，也可以逆向复原，但不可逆过程的复原，不是全部的复原，即使系统得以复原，环境也不可能复原。可逆过程一定是系统和环境得到全部的复原，而且任何物理化学过程中，系统在可逆过程做最大的功。因此，可逆过程是一个理想过程，现实的任何过程都是不可逆过程。

5-5 可逆化学反应与热力学可逆过程的意义是一样的吗？有哪些相同点和不同点？

解答：可逆化学反应有两层意义：① 指化学反应既可以正向进行，也可以逆向进行。任何化学反应都是这个意义上的可逆反应。这个意义和热力学可逆过程不同，热力学可逆过程是指能通过原来过程的反方向变化而使系统和环境同时复原的过程。② 指化学反应的平衡常数接近于 1,正反应趋势和逆反应趋势相当的反应,这种可逆反应是一种热力学可逆过程。

5-6 焓的物理意义是什么？它和系统过程中的热有什么关系？

解答：焓是一个状态函数,等压过程的焓变等于此过程的热效应。

5-7 298.15 K 时,1 mol 理想气体从 500 kPa 对抗 100 kPa 外压等温膨胀至平衡,求此过程中的 $Q,W,\Delta U$ 和 ΔH,此过程是否可逆？

解答：理想气体等温膨胀,为不可逆过程

$\Delta U = 0$

$W = -p_{外}\Delta V = -p_{外}(nRT/p_2 - nRT/p_1) = -nRT(p_{外}/p_2 - p_{外}/p_1)$
$= -1 \times 8.31 \times 10^{-3} \times 298.15 \times (100/100 - 100/500) = -1.98(\text{kJ} \cdot \text{mol}^{-1})$

$Q = -W = 1.98 \text{ kJ} \cdot \text{mol}^{-1}$

$\Delta H = \Delta U + \Delta(pV) = \Delta U = 0$

5-8 在 100 kPa,273 K 条件下,冰的熔解热为 334.7 J·g^{-1},水的蒸发热为 2235 J·g^{-1},将 1 mol 的冰转变为蒸汽,试计算此过程的 ΔU 和 ΔH。

解答：等温等压反应　　　　　　冰 → 水 → 蒸汽

$\Delta H = Q_p = \Delta H(1) + \Delta H(2)$
$\quad = (334.7 + 2235) \times 18 = 4.63 \times 10^4 (\text{J} \cdot \text{mol}^{-1}) = 46.3 (\text{kJ} \cdot \text{mol}^{-1})$

$\Delta U = \Delta H - p\Delta V = \Delta H - nRT = 46.3 - 1 \times 8.31 \times 10^{-3} \times 273 = 44.0 (\text{kJ} \cdot \text{mol}^{-1})$

5-9 已知 298.15 K、标准压力下葡萄糖和乙醇的燃烧焓分别为 $-2803.0 \text{ kJ} \cdot \text{mol}^{-1}$ 和 $-1366.8 \text{ kJ} \cdot \text{mol}^{-1}$,试求 1 mol 葡萄糖发酵生成乙醇时放出多少热量？

解答：$C_6H_{12}O_6 \rightleftharpoons 2C_2H_5OH + 2CO_2$

$Q_p = \Delta_rH_m^\ominus = \Delta_cH_m^\ominus(C_6H_{12}O_6) - 2\Delta_cH_m^\ominus(C_2H_5OH) - 2\Delta_cH_m^\ominus(CO_2)$
$\quad = -2803.0 - 2 \times (-1366.8) - 2 \times 0 = -69.4 (\text{kJ} \cdot \text{mol}^{-1})$

5-10 已知 298.15 K 时,下列反应的 $\Delta H_m^\ominus$：

$Cu_2O + \tfrac{1}{2}O_2 \rightleftharpoons 2CuO \quad \Delta H_m^\ominus = -143.7 \text{ kJ} \cdot \text{mol}^{-1}$

$CuO + Cu \rightleftharpoons Cu_2O \quad \Delta H_m^\ominus = -11.5 \text{ kJ} \cdot \text{mol}^{-1}$

求 298.15 K 时 CuO 的标准生成焓 $\Delta_fH_m^\ominus$。

解答：$\quad\quad Cu_2O + \tfrac{1}{2}O_2 \rightleftharpoons 2CuO \quad \Delta H_m^\ominus(1) = -143.7 \text{ kJ} \cdot \text{mol}^{-1}$
$\quad+) \quad\quad CuO + Cu \rightleftharpoons Cu_2O \quad \Delta H_m^\ominus(2) = -11.5 \text{ kJ} \cdot \text{mol}^{-1}$
$\quad\text{总反应}\quad Cu + \tfrac{1}{2}O_2 \rightleftharpoons CuO \quad \Delta H_m^\ominus(3)$

$\Delta H_m^\ominus(3) = \Delta H_m^\ominus(1) + \Delta H_m^\ominus(2) = -143.7 - 11.5 = -155.2 (\text{kJ} \cdot \text{mol}^{-1})$

5-11 已知 298.15 K 时,$H_2O_2 \rightleftharpoons H_2O + \tfrac{1}{2}O_2$,$\Delta H_m^\ominus = -98.0 \text{ kJ} \cdot \text{mol}^{-1}$,问：

(1) $2H_2O_2 \rightleftharpoons 2H_2O + O_2$,$\Delta H_m^\ominus = $?

(2) $4H_2O + 2O_2 \rightleftharpoons 4H_2O_2$,$\Delta H_m^\ominus = $?

(3) 85 g H_2O_2 分解时放热多少？

解答：(1) $\Delta H_m^\ominus = 2 \times (-98.0) = -196.0 (\text{kJ} \cdot \text{mol}^{-1})$

(2) $\Delta H_m^\ominus = -4 \times (-98.0) = 392.0 (\text{kJ} \cdot \text{mol}^{-1})$

(3) $\Delta H^\ominus = n\Delta H_m^\ominus = (m_B/M_B)\Delta H_m^\ominus = (85/34) \times (-98.0) = 245.0 (\text{kJ} \cdot \text{mol}^{-1})$

5-14 在标准压力和 298.15 K 下，C(金刚石)和 C(石墨)的摩尔熵分别为 2.439 和 5.694 J·mol^{-1}·K^{-1}，燃烧热分别为 -395.32 和 -393.44 kJ·mol^{-1}，密度分别为 3.513 和 2.260 g·mL^{-1}。试求：

(1) 此条件下石墨→金刚石转变的 $\Delta G_m^{\ominus}$；

(2) 比较此条件下石墨与金刚石中哪一个较稳定；

(3) 增加压力能否使石墨转变为金刚石？如果能，需要增加多少压力？

解答：(1) $\Delta_r H_m^{\ominus} = \Delta_c H_m^{\ominus}(石墨) - \Delta_c H_m^{\ominus}(金刚石)$
$$= -393.44 - (-395.32) = 1.88 (kJ \cdot mol^{-1})$$

$\Delta_r S_m^{\ominus} = S_m^{\ominus}(金刚石) - S_m^{\ominus}(石墨) = 2.439 - 5.694 = -3.255 (J \cdot mol^{-1} \cdot K^{-1})$

25℃ 时，$\Delta_r G_m^{\ominus} = \Delta_r H_m^{\ominus} - T \Delta_r S_m^{\ominus}$
$$= 1.88 \times 10^3 + 298.15 \times 3.255 = 2850 (J \cdot mol^{-1})$$

(2) 所以石墨较稳定，金刚石具有自发转变成石墨的趋势。

(3) 增加压力后，

$$石墨(p^{\ominus}) \rightarrow 金刚石(p^{\ominus}) \quad \Delta G_m^{\ominus} = 2850 \, J \cdot mol^{-1}$$

$$\downarrow \qquad\qquad \downarrow \qquad \begin{cases} \Delta G_{m,石墨} = V_{m,石墨} \Delta p \\ \Delta G_{m,金刚石} = V_{m,金刚石} \Delta p \end{cases}$$

$$石墨(p) \rightarrow 金刚石(p) \quad \Delta G_m = -\Delta G_{m,石墨} + \Delta G_m^{\ominus} + \Delta G_{m,金刚石}$$
$$= \Delta G_m^{\ominus} + \Delta p (V_{m,金刚石} - V_{m,石墨})$$

由于 $\rho_{金刚石} > \rho_{石墨}$，$V_{m,金刚石} < V_{m,石墨}$，所以增加压力可以使 ΔG_m 逆转，使石墨转变金刚石成为可能。

$$V_m = M_B/\rho, \quad V_{m,金刚石} - V_{m,石墨} = M_C(1/\rho_{金刚石} - 1/\rho_{石墨})$$

故，当 $\Delta G_m = 0$ 时，

$$\Delta p = p - p^{\ominus} = -\Delta G_m^{\ominus}/(V_{m,金刚石} - V_{m,石墨}) = -\Delta G_m^{\ominus}/[M_C(1/\rho_{金刚石} - 1/\rho_{石墨})]$$
$$= -2850/[(1/3.513 - 1/2.260) \times 10^{-3} \times 12] = 1.5 \times 10^6 (kPa) \approx 15000 (atm)$$

即当 $p > p^{\ominus} + 15000$ atm ≈ 15000 atm，转变可以发生。

5-15 写出下列反应的平衡常数表达式（$K^{\ominus}$，K_p 或 K_c）：

(1) $CH_4(g) + 2O_2(g) \rightleftharpoons CO_2(g) + 2H_2O(l)$；

(2) $2H_2S(g) + SO_2(g) \rightleftharpoons 2H_2O(l) + 3S(s)$；

(3) $PbCl_2(s) \rightleftharpoons Pb^{2+}(aq) + 2Cl^-(aq)$；

(4) $ATP + H_2O \longrightarrow ADP + H_2PO_4^-$。

解答：(1) $K^{\ominus} = \dfrac{(p_{CO_2}/p^{\ominus})}{(p_{CH_4}/p^{\ominus})(p_{O_2}/p^{\ominus})^2} = \dfrac{p_{CO_2}}{p_{CH_4} p_{O_2}^2}(p^{\ominus})^2 = K_p (p^{\ominus})^2$

(2) $K^{\ominus} = \dfrac{1}{(p_{SO_2}/p^{\ominus})(p_{H_2S}/p^{\ominus})^2} = \dfrac{1}{p_{SO_2} p_{H_2S}^2}(p^{\ominus})^3 = K_p (p^{\ominus})^3$

(3) $K^{\ominus} = ([Cl^-]/c^{\ominus})^2 ([Pb^{2+}]/c^{\ominus}) = \dfrac{[Cl^-]^2 [Pb^{2+}]}{(c^{\ominus})^3} = \dfrac{K_c}{(c^{\ominus})^3} = K_{sp}$

(4) $K^{\ominus} = \dfrac{([ADP]/c^{\ominus})([H_2PO_4^-]/c^{\ominus})}{([ATP]/c^{\ominus})} = \dfrac{[ADP][H_2PO_4^-]}{[ATP]} \dfrac{1}{c^{\ominus}} = \dfrac{K_c}{c^{\ominus}}$

5-16 已知 298.15 K 时，NO_2 和 N_2O_4 的标准摩尔生成 Gibbs 自由能分别是 51.84 和 98.07 kJ·mol^{-1}，试求 298.15 K 时，反应 $2NO_2 \rightleftharpoons N_2O_4$ 的 K_p 值。

解答：　　　　　　　　　　$2NO_2 \rightleftharpoons N_2O_4$

$\Delta_r G_m^\ominus = \Delta_f G_m^\ominus(N_2O_4) - 2\Delta_f G_m^\ominus(NO_2) = 98.07 - 2 \times 51.84 = -5.61(kJ \cdot mol^{-1})$

$\ln K^\ominus = -\Delta G_m^\ominus/(RT) = -5.61 \times 10^3/(8.31 \times 298.15) = 2.26$

$K^\ominus = [p(N_2O_4)/p^\ominus]/[p(NO_2)/p^\ominus]^2 = [p(N_2O_4)/p^2(NO_2)]p^\ominus = 100\ K_p = 9.6$

解得 $K_p = 0.096\ kPa^{-1}$

5-17 已知 298.15 K 时，下列反应的 $\Delta G_m^\ominus$：

(1) $CO_2 + 4H_2 \rightleftharpoons CH_4 + 2H_2O$　　$\Delta G_m^\ominus = -112.6\ kJ \cdot mol^{-1}$

(2) $2H_2 + O_2 \rightleftharpoons 2H_2O$　　　　　　$\Delta G_m^\ominus = -456.11\ kJ \cdot mol^{-1}$

(3) $2C(s) + O_2 \rightleftharpoons 2CO$　　　　　　$\Delta G_m^\ominus = -272.04\ kJ \cdot mol^{-1}$

(4) $C(s) + 2H_2 \rightleftharpoons CH_4$　　　　　　$\Delta G_m^\ominus = -51.07\ kJ \cdot mol^{-1}$

试求 298.15 K 时 $CO_2 + H_2 \rightleftharpoons H_2O + CO$ 的 $\Delta G_m^\ominus$ 和平衡常数 $K^\ominus$。

解答：总反应 = ①-(②-③)/2-④

$\Delta G_m^\ominus(总) = \Delta G_m^\ominus(1) - [\Delta G_m^\ominus(2) - \Delta G_m^\ominus(3)]/2 - \Delta G_m^\ominus(4)$

$= -112.6 - [(-456.11) - (-272.04)]/2 - (-51.07) = 30.5(kJ \cdot mol^{-1})$

$\ln K^\ominus = -\Delta G_m^\ominus/(RT) = -30.5 \times 10^3/(8.31 \times 298.15) = -12.32$

$K^\ominus = 4.5 \times 10^{-6}$

5-18 三磷酸腺苷（ATP）的水解反应：

$$ATP + H_2O \longrightarrow ADP + H_2PO_4^-$$

在 37℃ 及 pH = 7.0 时的水解平衡常数是 1.3×10^5。请求：

(1) 在生物化学标准状态下、37℃ 时，ATP 水解可以释放多少有用功；

(2) 如果 $\Delta H_m^\ominus = -20.08\ kJ \cdot mol^{-1}$，试计算 4℃ 时 ATP 的水解平衡常数；

(3) 在生物体内，实际 $[ATP]/([ADP][H_2PO_4^-]) = 500$，求 37℃ 时 ATP 水解实际释放多少有用功。

解答：(1) $\Delta_r G_m^{\ominus\prime} = -RT\ln K^{\ominus\prime}$

$= -8.31 \times 10^{-3} \times 310 \times \ln(1.3 \times 10^5)$

$= -30.3(kJ \cdot mol^{-1})$

即 37℃ 时 ATP 水解可以释放 30.3 $kJ \cdot mol^{-1}$ 有用功。

(2) 由于

$\ln\dfrac{K^\ominus(T_2)}{K^\ominus(T_1)} = \dfrac{\Delta_r H_m^\ominus}{R}\left(\dfrac{T_2 - T_1}{T_1 T_2}\right)$　　$\ln\dfrac{K^\ominus(277)}{K^\ominus(310)} = \dfrac{-20.08 \times 10^3}{8.31}\left(\dfrac{277-310}{277 \times 310}\right) = 0.93$

所以　$K^\ominus(4℃) = K^\ominus(37℃) \times e^{0.93} = 1.3 \times 10^5 \times 2.5 = 3.3 \times 10^5$

(3) $Q = [ADP][H_2PO_4^-]/[ATP] = 1/500$

$\Delta_r G_m = \Delta_r G_m^{\ominus\prime} + RT\ln Q = -30.3 - 8.31 \times 10^{-3} \times 310 \times \ln 500 = -46.3(kJ \cdot mol^{-1})$

即 37℃ 时 ATP 水解实际释放 46.3 $kJ \cdot mol^{-1}$ 有用功。

5-19 向下列各平衡体系加入一定量稀有气体并保持总体积不变，平衡如何移动？

(1) $CO(g) + N_2O(g) \rightleftharpoons CO_2(g) + H_2(g)$；

(2) $4NH_3(g) + 7O_2(g) \rightleftharpoons 4NO_2(g) + 6H_2O(l)$；

(3) $CaCO_3(s) \rightleftharpoons CaO(s) + CO_2(g)$。

解答：(1) 反应前后气体分子数不变，因此分压改变不影响平衡。

(2) 反应正方向的气体分子数减少，加入惰性气体并维持总压力不变时，各气体成分的分压力降低，平衡将向分子数增加的方向移动，即向逆反应方向移动。

(3) 反应正方向的气体分子数增加，加入惰性气体并维持总压力不变时，各气体成分的分压力降低，平衡将向分子数增加的方向移动，即向正反应方向移动。

5-20 在 400 K，往 1 L 容器中放入 0.10 mol $H_2(g)$ 和 0.10 mol $I_2(g)$，反应平衡后 I_2 的分压为 120 Pa。试求此时反应 $H_2 + I_2 \rightleftharpoons 2HI$ 的平衡常数和 I_2 的转化率。

解答：反应为 H_2 + I_2 $\rightleftharpoons$ $2HI$

反应前：   0.10 mol/1 L   0.10 mol /1 L

平衡后： $0.10(1-\alpha)$ $0.10(1-\alpha)$ $2 \times 0.10\alpha$

反应平衡后 I_2 的浓度为 $c = p/(RT) = 120 \times 10^{-3}/(8.31 \times 400)$
$$= 3.6 \times 10^{-5} (mol \cdot L^{-1})$$

所以 $\alpha = 1 - 3.6 \times 10^{-5}/0.10 = 0.9996 = 99.96\%$

$$K^{\ominus} = (0.20\alpha)^2/[0.10(1-\alpha)]^2 = 4\alpha^2/(1-\alpha)^2 = 2.5 \times 10^7$$

5-21 按下列数据，求反应 $2SO_2(g) + O_2(g) \rightleftharpoons 2SO_3(g)$ 的反应热：

T/K	800	900	1000	1100	1170
$K^{\ominus}$	910	42	3.2	0.39	0.12

解答：由于 $\ln K^{\ominus} = -\Delta_r H_m^{\ominus}/(RT) + \Delta_r S_m^{\ominus}/R$，即
$$R\ln K^{\ominus} = -\Delta_r H_m^{\ominus}/T + \Delta_r S_m^{\ominus}$$

以 $R\ln K^{\ominus}$-$1/T$ 作图：

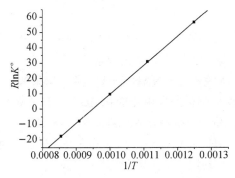

求得斜率 $-\Delta_r H_m^{\ominus} = 190000$ J·mol^{-1}，即 $\Delta_r H_m^{\ominus} = -190$ kJ·mol^{-1}

5-22 已知 25 ℃ 时：

	$\Delta_f H_m^{\ominus}/(kJ \cdot mol^{-1})$	$S_m^{\ominus}/(J \cdot mol^{-1} \cdot K^{-1})$
$NH_4Cl(s)$	-314.4	94.6
$HCl(g)$	-92.3	186.9
$NH_3(g)$	-45.9	192.8

(1) 求 25℃ 时 NH_4Cl 分解反应的 $K^{\ominus}$。此时下反应能够自发进行吗？
$$NH_4Cl(s) \longrightarrow HCl(g) + NH_3(g)$$

(2) 什么温度下上述反应可以自发进行？

解答：(1) $\Delta_r H_m^{\ominus} = \Delta_f H_m^{\ominus}(HCl) + \Delta_f H_m^{\ominus}(NH_3) - \Delta_f H_m^{\ominus}(NH_4Cl)$
$$= -92.3 - 45.9 + 314.4 = 176.2 (kJ \cdot mol^{-1})$$

$\Delta_r S_m^{\ominus} = S_m^{\ominus}(HCl) + S_m^{\ominus}(NH_3) - S_m^{\ominus}(NH_4Cl)$

$$= 186.9 + 192.8 - 94.6 = 285.1 (J \cdot mol^{-1} \cdot K^{-1})$$

25℃时，$\Delta_r G_m^\ominus = \Delta_r H_m^\ominus - T\Delta_r S_m^\ominus = 176.2 - 298 \times 285.1 \times 10^{-3} = 91.2 (kJ \cdot mol^{-1})$，所以此时反应不能自发进行。

(2) $T_c = \Delta_r H_m^\ominus / \Delta_r S_m^\ominus = 176.2 \times 10^3 / 285.1 = 618 (K)$

即反应温度高于 618 K(345 ℃)时，$NH_4Cl(s)$ 可自发进行。

5-23 已知 25 ℃下列热力学常数：

	$\Delta_f H_m^\ominus / (kJ \cdot mol^{-1})$	$S_m^\ominus / (J \cdot mol^{-1} \cdot K^{-1})$
AgCl	−127.0	96.3
Ag^+	105.6	72.7
Cl^-	−167.2	56.7

求 100℃时 AgCl 的 K_{sp} 和在纯水中的摩尔溶解度。

解答： $AgCl \rightleftharpoons Ag^+ + Cl^- \quad K^\ominus = K_{sp}$

$\Delta_r H_m^\ominus = \Delta_f H_m^\ominus(Cl^-) + \Delta_f H_m^\ominus(Ag^+) - \Delta_f H_m^\ominus(AgCl)$

$= -167.2 + 105.6 - (-127.0) = 65.4 (kJ \cdot mol^{-1})$

$\Delta_r S_m^\ominus = S_m^\ominus(Cl^-) + S_m^\ominus(Ag^+) - S_m^\ominus(AgCl)$

$= 56.7 + 72.7 - 96.3 = 33.1 (J \cdot mol^{-1} \cdot K^{-1})$

100℃时 $\Delta_r G_m^\ominus = \Delta_r H_m^\ominus - T\Delta_r S_m^\ominus = 65.4 - 373 \times 33.1 \times 10^{-3} = 53.1 (kJ \cdot mol^{-1})$

$\ln K_{sp} = -\Delta_r G_m^\ominus / (RT) = -53.1 \times 10^3 / (8.31 \times 373) = -17.12$

$K_{sp} = 3.6 \times 10^{-8}$

$s = (3.6 \times 10^{-8})^{0.5} = 1.9 \times 10^{-4} (mol \cdot L^{-1})$

5-24 在生物体内葡萄糖代谢过程中有以下的反应：

$$草酰乙酸 + NADH + H^+ \rightleftharpoons 苹果酸 + NAD^+$$

此反应 25℃时的生物化学标准自由能变化 $\Delta G_m^{\ominus \prime}(pH\ 7.0) = -29.7\ kJ \cdot mol^{-1}$。

(1) 计算上述反应在 25℃时生物化学标准平衡常数 $K^{\ominus \prime}$；

(2) 用缓冲溶液维持 pH = 8.0，将 10 mmol·L^{-1} 草酰乙酸与 10 mmol·L^{-1} NADH 混合，计算 25℃时反应到达平衡后各物种的浓度；

(3) 假定细胞内维持 pH = 7.40，$[NAD^+]/[NADH] = 10$，[草酰乙酸]/[苹果酸] = 1，计算 25℃时在此条件下，上述反应的逆反应实际能存储多少有用功。

解答：(1) $\ln K^{\ominus \prime} = -\Delta G_m^{\ominus \prime}/(RT) = -(-29.7 \times 10^3)/(8.31 \times 298) = 12.00$

$K^{\ominus \prime} = 1.6 \times 10^5$

(2) $\qquad$ 草酰乙酸 + NADH + $H^+ \rightleftharpoons$ 苹果酸 + NAD^+

初起浓度(mol·L^{-1}) $\quad$ 0.010 $\qquad$ 0.010

平衡浓度(mol·L^{-1}) $\quad$ 0.010−x $\quad$ 0.010−x $\quad$ 1.0×10^{-8} $\quad$ x $\qquad$ x

$$K^{\ominus \prime} = \frac{[苹果酸][NAD^+]}{[草酰乙酸][NADH]\left(\frac{[H^+]}{1.0 \times 10^{-7.0}}\right)} = \frac{x^2}{(0.010-x)^2 \left(\frac{10^{-8.0}}{10^{-7.0}}\right)} = 1.6 \times 10^5$$

解之，得：$x = 0.010 \times 126/127 = 9.9 \times 10^{-3}\ mol \cdot L^{-1}$，即

[苹果酸] = $[NAD^+] = 9.9 \times 10^{-3}\ mol \cdot L^{-1}$

[草酰乙酸] = [NADH] = $0.010/127 = 7.9 \times 10^{-4} (mol \cdot L^{-1})$

(3) $\Delta G_m = \Delta G_m^{\ominus'} + RT\ln Q$

$= -29.7 + 8.31 \times 10^{-3} \times 298 \times \ln\{([苹果酸]/[草酰乙酸])$
$([NAD^+]/[NADH])(10^{-7.0}/10^{-7.4})\}$

$= -29.7 + 2.303 \times 2.48 \times \lg(1 \times 10^{1+7.4-7.0}) = -21.7(kJ \cdot mol^{-1})$

即逆反应实际能存储 $21.7\ kJ \cdot mol^{-1}$。

5-25 体内一个重要的反应是 AdoHcy 水解反应：

$$AdoHcy + H_2O \rightleftharpoons Ado + Hcy$$

若将 $0.010\ mol \cdot L^{-1}$ AdoHcy 在有关水解酶的存在下，298.15 K 温育达化学平衡，测定体系中 $[Hcy] = 1.5 \times 10^{-4}\ mol \cdot L^{-1}$。求：

(1) 反应的 $K^\ominus$ 和 $\Delta G_m^\ominus$；

(2) 若体内 $[AdoHcy] = 1\ \mu mol \cdot L^{-1}$，$[Ado] = [Hcy] = 5\ \mu mol \cdot L^{-1}$，AdoHcy 水解反应是否能够自发进行？

(3) 若要控制体内 $[AdoHcy] = 1\ \mu mol \cdot L^{-1}$，$[Hcy] = 5\ \mu mol \cdot L^{-1}$，Ado 的浓度需要降低到多大才行？

解答：(1) $K^\ominus = [Ado][Hcy]/[AdoHcy]$

$= 1.5 \times 10^{-4} \times 1.5 \times 10^{-4}/(0.010 - 1.5 \times 10^{-4}) = 2.3 \times 10^{-6}$

$\Delta G_m^\ominus = -RT\ln K^\ominus = -(8.31 \times 10^{-3} \times 298.15) \times \ln(2.3 \times 10^{-6}) = 32.2(kJ \cdot mol^{-1})$

(2) $Q = 5 \times 10^{-6} \times 5 \times 10^{-6}/(1 \times 10^{-6}) = 2.5 \times 10^{-5}$

由于 $Q > K^\ominus$，水解反应不能够自发进行。

(3) $[Ado] < K^\ominus [AdoHcy]/[Hcy] = 2.3 \times 10^{-6} \times 1 \times 10^{-6}/(5 \times 10^{-6})$

$= 4.6 \times 10^{-7}(mol \cdot L^{-1}) = 0.46(\mu mol \cdot L^{-1})$

5-26 化学反应相偶联的条件是什么？AdoHcy 水解反应 $AdoHcy + H_2O \rightleftharpoons Ado + Hcy$ 和下列哪个反应偶联可以使水解反应自发进行？并说明为什么。

① $ATP + H_2O \rightleftharpoons AMP + 2H_2PO_4^-$ $\Delta_r G_m^{\ominus'} = -60\ kJ \cdot mol^{-1}$

② $Ado + H_2O \rightleftharpoons Inosine + NH_4^+$ $\Delta_r G_m^{\ominus'} = -50\ kJ \cdot mol^{-1}$

③ $Hcy + \frac{1}{2}GS\text{-}SG \rightleftharpoons \frac{1}{2}Hcy\text{-}S\text{-}S\text{-}Hcy + GSH$ $\Delta_r G_m^{\ominus'} = -10\ kJ \cdot mol^{-1}$

解答：化学反应相偶联的条件是一个反应的产物是另一个反应的反应物。该反应和反应①没有相同物质，不能进行偶联；该反应和反应②可以偶联，总反应为

$AdoHcy + 2H_2O \rightleftharpoons Inosine + NH_4^+ + Hcy$ $\Delta_r G_m^{\ominus'} = 32.2 - 50 = -17.8(kJ \cdot mol^{-1})$

此反应可以自发进行。

该反应和反应③可以偶联，总反应为

$AdoHcy + H_2O + \frac{1}{2}GS\text{-}SG \rightleftharpoons Ado + \frac{1}{2}Hcy\text{-}S\text{-}S\text{-}Hcy + GSH$

$\Delta_r G_m^{\ominus'} = 32.2 - 10 = 22.2(kJ \cdot mol^{-1})$，此反应仍然不能自发进行。

5-27 已知 37℃血红蛋白(Hb)的结合氧的反应：

$Hb + O_2 \rightleftharpoons HbO_2$ $K^\ominus = 86$

$Hb + CO \rightleftharpoons HbCO$ $K^\ominus = 1.8 \times 10^4$

(1) 假设大气压力为 100 kPa，空气中 $p_{O_2} = 20\ kPa$，求氧合血红蛋白的比例是多少？

(2) 计算 CO 置换 O_2 的反应 $HbO_2 + CO \rightleftharpoons HbCO + O_2$ 的标准平衡常数 $K^\ominus$。

(3) 如果空气中含有 1% 的 CO，那么血红蛋白有多少结合 O_2、多少结合了 CO?

(4) 如果 $HbO_2/HbCO$ 的比值为 1 便导致死亡,那么空气中 CO 最大安全分压为多少?

解答：(1) $Hb + O_2 \rightleftharpoons HbO_2$

$$K^\ominus = 86 = [HbO_2]/([Hb]p_{O_2}/p^\ominus)$$

$$[HbO_2]/[Hb] = K^\ominus p_{O_2}/p^\ominus = 86 \times 20/100 = 17.2$$

所以　　　　　$[HbO_2]/c_{Hb} = 17.2/(17.2+1) = 0.945 = 94.5\%$

(2) $HbO_2 + CO \rightleftharpoons HbCO + O_2$

$$K^\ominus = 1.8 \times 10^4/86 = 209$$

(3) $K^\ominus = ([HbCO]p_{O_2}/p^\ominus)/([HbO_2]p_{CO}/p^\ominus)$

$$[HbO_2]/[HbCO] = p_{O_2}/(p_{CO}K^\ominus) = 20/(100 \times 0.01 \times 209) = 0.096$$

所以,HbO_2：$100\% \times 0.096/(1+0.096) = 8.8\%$

$HbCO$：$100\% \times 1/(1+0.096) = 91.2\%$

(4) $p_{CO} = p_{O_2}[HbCO]/([HbO_2]K^\ominus) = 20 \times 1/209 = 0.096\,(kPa)$

5-30　确定下列元反应是单分子反应、双分子反应还是三分子反应,并写出它们的速率方程。

(1) $H_2O_2 \longrightarrow H_2O + O$；　　　　　　(2) $2NO_2 \longrightarrow 2NO + O_2$；

(3) $HO_2NO_2 \longrightarrow HO_2 + NO_2$；　　　　(4) $NO_2 + CO \longrightarrow NO + CO_2$；

(5) $NOCl + Cl \longrightarrow NO + Cl_2$；　　　　　(6) $HO + NO_2 + Ar \longrightarrow HNO_3 + Ar$。

解答：(1) 单分子反应,$v = kc(H_2O_2)$；(2) 双分子反应,$v = kc^2(NO_2)$；

(3) 单分子反应,$v = kc(HO_2NO_2)$；　(4) 双分子反应,$v = kc(CO)c(NO_2)$；

(5) 双分子反应,$v = kc(NOCl)c(Cl)$；

(6) 三分子反应,$v = kc(HO)c(NO_2)c(Ar)$。

5-31　一氧化碳和氯气作用形成光气的反应：$CO(g) + Cl_2(g) \longrightarrow COCl_2(g)$,实验测得其速率方程为：$v = kc^{3/2}(Cl_2)c(CO)$。试说明下面的反应机制与实验速率方程一致。

(1) $Cl_2 \rightleftharpoons 2Cl$　　　　　　　　　　　（快速平衡）

(2) $Cl + CO \rightleftharpoons ClCO$　　　　　　　　（快速平衡）

(3) $ClCO + Cl_2 \longrightarrow COCl_2 + Cl$　　　　（慢）

解答：第三步是总反应的速率控制步骤,它的速率方程就是总反应的速率方程,所以有

$$v = k_3 c(ClCO) c(Cl_2)$$

由第一步快速平衡得　　　$[Cl] = (K_1)^{1/2}[Cl_2]^{1/2}$

由第二步快速平衡得　　　$[ClCO] = K_2[Cl][CO] = K_2(K_1)^{1/2}[Cl_2]^{1/2}[CO]$

代入总反应的速率方程得　$v = k_3 K_2 (K_1)^{1/2}[Cl_2]^{1/2}[CO] c(Cl_2)$

令 $k_3 K_2 (K_1)^{1/2} = k$,整理得　$v = kc(Cl_2)^{1.5} c(CO)$

5-32　在酸性溶液中,反应 $NH_4^+ + HNO_2 \longrightarrow N_2 + 2H_2O + H^+$ 的反应机制为：

(1) $HNO_2 + H^+ \rightleftharpoons H_2O + NO^+$　　　（快速平衡）

(2) $NH_4^+ \rightleftharpoons NH_3 + H^+$　　　　　　　　（快速平衡）

(3) $NO^+ + NH_3 \longrightarrow NH_3NO^+$　　　　　　（慢）

(4) $NH_3NO^+ \longrightarrow H_2O + H^+ + N_2$　　　　（快）

请推导此反应的速率方程。

解答：第三步为速率控制步骤,则总反应的速率方程为

$$v = k_3 c(NO^+) c(NH_3)$$

由第一步快速平衡得 $\quad [NO^+] = K_1[HNO_2][H^+]$

由第二步快速平衡得 $\quad [NH_3] = K_2[NH_4^+]/[H^+]$

代入总反应的速率方程得 $\quad v = k_3 K_1 [HNO_2][H^+] K_2 [NH_4^+]/[H^+]$
$$= k_3 K_1 K_2 [HNO_2][NH_4^+]$$

令 $k_3 K_1 K_2 = k$，整理得 $\quad v = k\, c(HNO_2)\, c(NH_4^+)$

5-33 氢气和氯气化合形成氯化氢的反应：$H_2(g) + Cl_2(g) \longrightarrow 2HCl(g)$，根据下列反应机制推导其速率方程：

(1) $Cl_2 \rightleftharpoons 2Cl$ （快速平衡）

(2) $Cl + H_2 \longrightarrow HCl + H$ （慢）

(3) $H + Cl_2 \longrightarrow HCl + Cl$ （快）

解答：第二步为决速步，总反应的速率由此步决定，所以
$$v = k_2\, c(Cl)\, c(H_2)$$

由第一步快速平衡得 $\quad [Cl] = (K_1)^{1/2}[Cl_2]^{1/2}$

代入总反应的速率方程得 $\quad v = k_2 (K_1)^{1/2}[Cl_2]^{1/2} c(H_2)$

令 $k_2(K_1)^{1/2} = k$，整理得 $\quad v = k\, c(H_2)\, c^{1/2}(Cl_2)$

5-34 在 387℃ 时，反应 $2NO(g) + O_2(g) \longrightarrow 2NO_2(g)$ 的实验数据如下：

起始浓度/(mol·L^{-1})		反应初速率/(mol·L^{-1}·s^{-1})
$c(NO)$	$c(O_2)$	
0.010	0.010	2.5×10^{-3}
0.010	0.020	5.0×10^{-3}
0.030	0.020	4.5×10^{-2}

(1) 写出上述反应的速率方程，指出反应级数；

(2) 试计算反应的速率常数；

(3) 当 $c(NO) = c(O_2) = 0.025 \text{ mol·L}^{-1}$ 时，反应速率是多少？

解答：(1) 设反应的速率方程为
$$v = k\, c^m(NO)\, c^n(O_2)$$

当一种反应物的浓度不变，而另一种反应物的浓度改变时，两次实验的反应速率之比等于这种反应物浓度之比的 x 次方，x 即为该反应物的级数。关系式如下
$$v_2/v_1 = (c_2/c_1)^x \quad 即 \quad x = \lg(v_2/v_1)/\lg(c_2/c_1)$$

在第一、第二组实验数据中，NO 的浓度保持不变，可得
$$n = \lg(v_2/v_1)/\lg(c_2/c_1) = \lg[5.0 \times 10^{-3}/(2.5 \times 10^{-3})]/\lg(0.020/0.010) = 1$$

在第二、第三组实验数据中，O_2 的浓度不变，得
$$m = \lg[4.5 \times 10^{-2}/(5.0 \times 10^{-3})]/\lg(0.030/0.010) = 2$$

由此可得，该反应的速率方程为：$v = k\, c^2(NO)\, c(O_2)$，反应级数为：$2+1=3$。即该反应为三级反应。

(2) 将任意一组实验数据代入速率方程，即可求得速率常数 k。
$$k = v/[c^2(NO)\, c(O_2)] = 5.0 \times 10^{-3}/(0.010^2 \times 0.020) = 2.5 \times 10^3 \,(L^2 \cdot mol^{-2} \cdot s^{-1})$$

(3) 当 $c(NO) = c(O_2) = 0.025 \text{ mol·L}^{-1}$ 时，反应的反应速率为
$$v = k\, c^2(NO)\, c(O_2)$$

$= 2.5 \times 10^3 \times 0.025^2 \times 0.025 = 3.9 \times 10^{-2} (\text{mol} \cdot \text{L}^{-1} \cdot \text{s}^{-1})$

5-35 假定某元反应：$2A(g) + B(g) \longrightarrow C(g)$。若把 2.0 mol A(g) 和 1.0 mol B(g) 放在容积为 1.0 L 的容器中混合，将下列的反应速率与该反应的初始速率相比较：

(1) A(g) 和 B(g) 都消耗了一半时的速率；

(2) A(g) 和 B(g) 各都反应了 2/3 时的速率；

(3) 在 1 L 容器内充入了 2.0 mol A(g) 和 2.0 mol B(g) 时的初始速率。

解答：根据质量作用定律，该反应的速率方程为：$v = kc^2(A)c(B)$

则反应的初始速率为 $v_0 = k \times (2.0/1.0)^2 \times (1.0/1.0) = 4k$

(1) $v_1/v_0 = k \times 1.0^2 \times 0.50 \div 4k = 0.125$

(2) $v_2/v_0 = k \left(2.0 \times \frac{1}{3}\right)^2 \times \left(1.0 \times \frac{1}{3}\right) \div 4k = 0.037$

(3) $v_3/v_0 = k (2.0/1.0)^2 \times (2.0/1.0) \div 4k = 2.0$

5-36 在 67 ℃时，获得 $N_2O_5(g)$ 分解反应 $N_2O_5(g) \longrightarrow 2NO_2(g) + \frac{1}{2}O_2(g)$ 的一组动力学数据如下：

t/s	0.0	60.0	120.0	180.0	240.0
$c(N_2O_5)/(\text{mol} \cdot \text{L}^{-1})$	0.160	0.113	0.080	0.056	0.040

(1) 确定 $N_2O_5(g)$ 分解反应的反应级数和速率方程；

(2) 计算反应的速率常数。

解答：计算不同时间的 $\ln c(N_2O_5)$ 和 $1/c(N_2O_5)$ 值：

t/s	0.0	60.0	120.0	180.0	240.0
$\ln c(N_2O_5)$	−1.833	−2.180	−2.53	−2.88	−3.22
$1/c(N_2O_5)$	6.25	8.85	12.5	17.9	25.0

(1) 分别以 $c(N_2O_5)$，$\ln c(N_2O_5)$ 和 $1/c(N_2O_5)$ 对时间 t 作图，得下图。

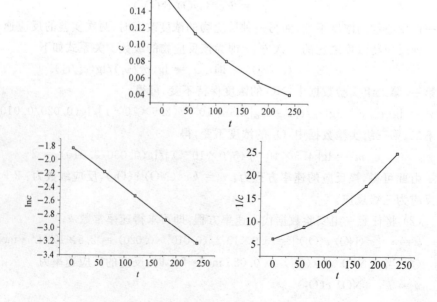

由图可知，只有 $\ln c(N_2O_5)$-t 图成直线关系。所以 N_2O_5 的分解反应为一级反应。反应的速率方程为
$$v = k\,c(N_2O_5)$$

(2) 求得 $\ln c(N_2O_5)$-t 的线性关系为：$y = -0.0058x - 1.832$

因为斜率 $= -k$，所以该一级反应的速率常数为 $5.8 \times 10^{-3}\,\text{s}^{-1}$。

5-37 HO_2 是在大气化学中起着重要作用的具有高度活性的化学物种。其气相反应如下：
$$2HO_2(g) \longrightarrow H_2O_2(g) + O_2(g)$$
反应对 HO_2 是二级。在 25℃，该反应的速率常数 $k = 1.40 \times 10^9\,\text{L}\cdot\text{mol}^{-1}\cdot\text{s}^{-1}$，若 HO_2 的起始浓度为 $1.00 \times 10^{-8}\,\text{mol}\cdot\text{L}^{-1}$，则 $1.00\,\text{s}$ 后其剩余浓度是多少？

解答：二级反应的浓度-时间关系式为
$$\frac{1}{c_t} - \frac{1}{c_0} = k_2 t$$

将已知数据代入上述关系式：
$$1/c_t - 1/(1.00 \times 10^{-8}) = 1.40 \times 10^9 \times 1.00$$
$$c_{t=1.00} = 6.67 \times 10^{-10}\,(\text{mol}\cdot\text{L}^{-1})$$

5-38 已知某药物按一级反应分解，在体温 37℃ 时，反应速率常数为 $0.36\,\text{h}^{-1}$。若服用该药物 $0.20\,\text{g}$，问该药物在胃中停留多长时间方可分解 80%？

解答：一级反应的浓度-时间关系式为 $\ln(c_0/c_t) = kt$，则
$$t = \ln(c_0/c_t)/k = \ln[100/(100-80)]/0.36 = 4.5\,(\text{h})$$

5-39 放射性同位素钋进行 β 衰变时，经过 15 天后，它的量减少了 7.32%。试求此放射性同位素的衰变速率常数和半衰期，并计算分解 90.0% 所需要的时间。

解答：放射性元素的衰变为一级反应，根据一级反应的浓度-时间关系式 $\ln(c_0/c_t) = kt$，有
$$k = \ln(c_0/c_t)/t = \ln[100/(100-7.32)]/15 = 5.07 \times 10^{-3}\,(\text{d}^{-1})$$

钋进行 β 衰变的半衰期为
$$t_{1/2} = 0.693/k = 0.693/(5.07 \times 10^{-3}) = 137\,(\text{d})$$

钋衰变 90.0% 所需时间为
$$t = \ln(c_0/c_t)/k = \ln[100/(100-90)]/(5.07 \times 10^{-3}) = 454\,(\text{d})$$

5-40 阿司匹林的水解为一级反应。100℃ 时的速率常数为 $7.92\,\text{d}^{-1}$，活化能为 $56.5\,\text{kJ}\cdot\text{mol}^{-1}$。计算 37℃ 下阿司匹林水解 20.0% 所需的时间。

解答：不同温度下的速率常数与活化能之间的关系式为
$$\ln\frac{k_2}{k_1} = \frac{E_a}{R}\left(\frac{T_2 - T_1}{T_2\,T_1}\right)$$

在 37~100℃ 范围内，可视活化能为常数，则
$$\ln\frac{7.92\,\text{d}^{-1}}{k_{310}} = \frac{56.5 \times 10^3\,\text{J}\cdot\text{mol}^{-1}}{8.314\,\text{J}\cdot\text{mol}^{-1}\cdot\text{K}^{-1}}\left(\frac{373\,\text{K} - 310\,\text{K}}{373\,\text{K} \times 310\,\text{K}}\right)$$

解得
$$k_{310} = 0.195\,\text{d}^{-1}$$

代入一级反应关系式，得
$$t = \ln(c_0/c_t)/k = \ln[100/(100-20)]/0.195 = 1.14\,(\text{d})$$

5-41 某药物的水解反应为一级反应。将浓度为 $3.17×10^{-4}$ mol·L^{-1} 的该药物在 37℃，pH = 5.50 时水解 1367 min 后，测得其浓度为 $3.09×10^{-4}$ mol·L^{-1}。若药物含量降低至原含量的 90% 即为失效，问此药物的有效期应为多长？

解答：根据一级反应的浓度-时间关系式，则有

$$k = \ln(c_0/c_t)/t = \ln[3.17×10^{-4}/(3.09×10^{-4})]/1367 = 1.87×10^{-5}(\text{min})$$

药物含量降低至原含量的 90.0% 时，所需时间为

$$t = \ln(c_0/c_t)/k = \ln(100/90)/(1.87×10^{-5}) = 5630(\text{min}) = 94(\text{h})$$

即此药物的有效期为 94 h(约 4 天)。

5-42 给病人注射某抗菌素后，经检测不同时刻它在血液中的浓度，得到如下数据：

t/h	4	8	12	16
$c/(\mu\text{g}\cdot\text{mL}^{-1})$	4.80	3.26	2.22	1.51

若该抗菌素在血液中的反应级数为简单整数，
(1) 确定反应级数；
(2) 计算该抗菌素反应的速率常数和半衰期。

解答：计算不同时间的 $\ln c$ 和 $1/c$ 值：

t/h	4	8	12	16
$\ln c$	1.569	1.182	0.798	0.412
$1/c$	0.208	0.307	0.45	0.662

(1) 分别以 c, $\ln c$ 和 $1/c$ 对时间 t 作图，得下图。

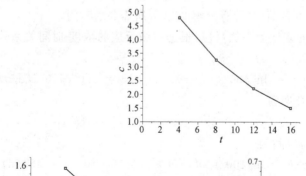

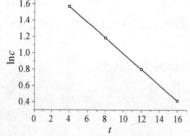
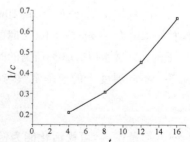

由图可见，只有 $\ln c$-t 图成直线关系。所以，该抗菌素在血液中的反应为一级反应。

(2) 求得 $\ln c$-t 的线性关系为：$y = -0.0964x + 1.954$。斜率 $= -k$，所以该速率常数为 $9.64×10^{-2}$ h^{-1}。则该一级反应的半衰期 $t_{1/2}$ 为

$$t_{1/2} = 0.693/k = 0.693/0.0964 = 7.19(\text{h})$$

5-43 反应 $CO(g)+NO_2(g) \longrightarrow CO_2(g)+NO(g)$ 的实验数据如下：

T/K	600	650	700	750	800
$k/(mol \cdot L^{-1} \cdot s^{-1})$	0.028	0.220	1.30	6.00	23.0

试以 $\ln k$ 对 $1/T$ 作图，求该反应的活化能。

解答：计算不同温度的 $1/T$ 和 $\ln k$ 值：

$1/T$	0.001667	0.001538	0.001429	0.001333	0.00125
$\ln k$	−3.5756	−1.5141	0.2624	1.7918	3.1355

以 $\ln k$ 对 $1/T$ 作图，得下图。

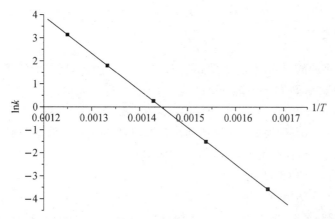

求得 $\ln k$-$1/T$ 的线性关系为：$y = -16099x + 23.258$。因为该直线的斜率为 $-E_a/R$，所以

$$E_a = 16099 \times 8.314 \times 10^{-3} = 134 (kJ \cdot mol^{-1})$$

5-44 辅酶 ASH 和乙酰氯反应，可以制备重要的生物化学中间体乙酰辅酶 A。该反应为二级反应，两个反应物的起始浓度都是 1.00×10^{-2} mol·L^{-1}，反应 2 min 后，辅酶 ASH 的浓度减少了 4.80×10^{-3} mol·L^{-1}。求反应速率常数和半衰期。

解答：二级反应的浓度-时间关系式为 $1/c_t - 1/c_0 = kt$，辅酶 ASH 和乙酰氯 1∶1 反应，则有

$$c_t = 1.00 \times 10^{-2} - 4.80 \times 10^{-3} = 5.20 \times 10^{-3} (mol \cdot L^{-1})$$

$$k = (1/c_t - 1/c_0)/t = [1/(5.20 \times 10^{-3}) - 1/(1.00 \times 10^{-2})]/2 = 46.2 (L \cdot mol^{-1} \cdot min^{-1})$$

该反应的半衰期 $t_{1/2}$ 为

$$t_{1/2} = 1/(kc_0) = 1/(46.2 \times 1.00 \times 10^{-2}) = 2.16 (min)$$

5-45 反应 $A+B \longrightarrow P$ 在 1 h 后 A 反应了 75.0%，(1) 若 B 浓度恒定，反应对 A 为一级反应；(2) 若反应为二级反应，并且 A 和 B 初始浓度相等；(3) 若反应为零级反应，计算上述三种情况下 2 h 后反应物 A 还剩余多少？

解答：(1) 若为一级反应，则有

$$k = \ln(c_0/c_t)/t = \ln[100/(100-75.0)]/1 = 1.39 (h^{-1})$$

$$c_t = 100 e^{-kt} = 100 \exp(-1.39 \times 2) = 6.25\%$$

(2) 若反应为二级反应，则有

$$k = (1/c_t - 1/c_0)/t = [1/(100-75) - 1/100]/1 = 0.0300$$
$$c_t = 1/(kt + 1/c_0) = 1/(0.0300 \times 2 + 1/100) = 14.3\%$$

(3) 若为零级反应,则有
$$c_0 - c_t = kt$$
$$k = (c_0 - c_t)/t = \Delta c/t = 75/1 = 75$$
$$t_{终点} = c_0/k = 100/75 = 1.33(h)$$

即 2 h 时,A 早已在 40 min 前反应完。

5-46 在 28℃时鲜牛奶大约 4 h 变酸,但在 5℃的冰箱中可保持 48 h。假定反应速率常数与变酸时间成反比,计算牛奶变酸的活化能。

解答:不同温度下的速率常数与活化能之间的关系式为
$$\ln \frac{k_2}{k_1} = \frac{E_a}{R}\left(\frac{T_2 - T_1}{T_2 T_1}\right)$$

反应速率与奶变酸时间成反比,即:$k_2/k_1 = t_1/t_2$。因此,反应的活化能为
$$E_a = T_2 T_1 R \ln(k_2/k_1)/(T_2 - T_1) = T_1 T_2 R \ln(t_1/t_2)/(T_2 - T_1)$$
$$= 301 \times 278 \times 8.31 \times 10^{-3} \times \ln(48/4)/(301-278) = 75.1(kJ \cdot mol^{-1})$$

5-47 某药物若分解 30.0% 即失效。今测得其在 50℃、60℃时的速率常数分别为 7.08×10^{-4} h^{-1}、1.77×10^{-3} h^{-1}。试计算此药物在 25℃时的有效期。

解答:药物分解的活化能为
$$E_a = T_2 T_1 R \ln(k_2/k_1)/(T_2 - T_1)$$
$$= 333 \times 323 \times 8.31 \times 10^{-3} \times \ln[1.77 \times 10^{-3}/(7.08 \times 10^{-4})]/(333-323)$$
$$= 81.9(kJ \cdot mol^{-1})$$

根据 50℃的速率常数,计算 25℃的速率常数为
$$\ln \frac{7.08 \times 10^{-4}}{k_{298}} = \frac{81.9 \times 10^3}{8.314}\left(\frac{323-298}{298 \times 323}\right)$$
$$k_{298} = 5.48 \times 10^{-5}(h^{-1})$$

25℃时,药物分解 30.0% 所需时间
$$t = \ln(c_0/c_t)/k = \ln[100/(100-30)]/(5.48 \times 10^{-5}) = 6510(h) = 271(d)$$

因此,药物在 25℃时的有效期为 271 天。

5-48 乙酸乙酯的水解:$CH_3COOC_2H_5 + NaOH \longrightarrow CH_3COONa + C_2H_5OH$ 为二级反应。在 25℃时,将 0.0400 $mol \cdot L^{-1}$ 乙酸乙酯溶液与 0.0400 $mol \cdot L^{-1}$ NaOH 溶液等体积混合,经 25.0 min 后,取出 100.0 mL 样品,测得中和该样品需 0.1000 $mol \cdot L^{-1}$ HCl 溶液 15.20 mL。试求:

(1) 25℃时该水解反应的速率常数;
(2) 45.0 min 后,乙酸乙酯的转化率是多少?

解答:(1) 酸碱中和反应为:$NaOH + HCl \Longleftrightarrow NaCl + H_2O$

反应 25.0 min 后,反应液中剩余的 NaOH 的浓度为
$$c(NaOH) = 0.1000 \times 15.20/100.0 = 0.0152(mol \cdot L^{-1})$$
$$k = (1/c_t - 1/c_0)/t = (1/0.0152 - 1/0.0200)/25.0 = 0.632(L \cdot mol^{-1} \cdot min^{-1})$$

(2) 45 min 时,剩余的乙酸乙酯的浓度 c 为

$c_t = 1/(kt+1/c_0) = 1/(0.632×45.0+1/0.0200) = 0.0127(\text{mol}\cdot\text{L}^{-1})$

乙酸乙酯的转化率为
$$100\% × (0.0200-0.0127)/0.0200 = 36.5\%$$

5-49 在27℃时,反应 $H_2O_2 \longrightarrow H_2O + \frac{1}{2}O_2$ 的活化能为 75.3 kJ·mol^{-1}。若用 I^- 催化,活化能降为 56.5 kJ·mol^{-1};若用过氧化氢酶催化,活化能降为 25.1 kJ·mol^{-1}。试计算在相同温度下,该反应用 I^- 催化和酶催化时,其反应速率分别是无催化剂时的多少倍?

解答:已知 $E_{a,1} = 75.3$ kJ·mol^{-1}, $E_{a,2} = 56.5$ kJ·mol^{-1}, $E_{a,3} = 25.1$ kJ·mol^{-1}。

根据 Arrhenius 方程
$$k = Ae^{-\frac{E_a}{RT}}, \quad \ln\frac{k_2}{k_1} = -\frac{\Delta E_a}{RT}$$

(1) I^- 催化时 $\Delta E_a = 56.5 - 75.3 = -18.8(\text{kJ}\cdot\text{mol}^{-1})$

$\ln(k_2/k_1) = -\Delta E_a/(RT) = -(-18.8×10^3)/(8.31×300)$, $k_2/k_1 = 1.88×10^3$

(2) 酶催化时 $\Delta E_a = 25.1 - 75.3 = -50.2(\text{kJ}\cdot\text{mol}^{-1})$

$\ln(k_3/k_1) = -\Delta E_a/(RT) = -(-50.2×10^3)/(8.31×300)$, $k_3/k_1 = 5.51×10^8$

5-50 尿素水解反应 $CO(NH_2)_2 + H_2O \longrightarrow 2NH_3 + CO_2$,在 373 K 时为一级反应,速率常数为 $4.20×10^{-5}$ s^{-1}。若为尿素酶催化,在 310 K 时,其速率常数为 $7.58×10^4$ s^{-1}。已知无酶和有酶反应的活化能分别为 134 kJ·mol^{-1} 和 43.9 kJ·mol^{-1}。试计算非酶催化反应按 310 K 时酶催化反应的速率进行所需要的温度。

解答:不同温度下的速率常数与活化能之间的关系式为
$$\ln\frac{k_2}{k_1} = \frac{E_a}{R}\left(\frac{T_2-T_1}{T_2 T_1}\right)$$

将 $T_1 = 310$ K, $k_1 = 4.20×10^{-5}$ s^{-1}, $k_2 = 7.58×10^4$ s^{-1} 代入上述关系式,得

$$\ln\frac{7.58×10^4 \text{s}^{-1}}{4.20×10^{-5}\text{s}^{-1}} = \frac{134×10^3 \text{J}\cdot\text{mol}^{-1}}{8.314 \text{J}\cdot\text{K}^{-1}\cdot\text{mol}^{-1}}\left(\frac{1}{373 \text{K}} - \frac{1}{T_2}\right)$$

得到
$$T_2 = 736 \text{ K}$$

章节自测

一、填空题

1. 标准压力和25℃下,1 mol Zn 溶于稀盐酸时释放出 15.13 kJ·mol^{-1} 的热,反应器中逸出 1 mol 氢气。则此过程 $Q = $ _____, $W = $ _____, $\Delta U = $ _____, $\Delta H = $ _____, ΔS _____(填">"、"="或"<") 0, ΔG _____(填">"、"="或"<") 0。

2. 某化合物 A 的分解速率常数为 0.29 h^{-1},则此反应为_____级反应,当 $c_0 = 1.0$ mol·L^{-1} 时,此反应的半衰期为_____,当 $c_0 = 0.10$ mol·L^{-1} 时此反应的半衰期为_____。

3. 外界条件相同时,反应活化能越大,则反应速率_____;若加入催化剂,活化能_____,反应速率_____。

4. 对放热并且熵减的反应,当 T _____(填">"或"<") T_c 时,反应可以自发进行。

5. 某反应 2A+B ⇌ C,正反应的活化能 E_a = 70 kJ·mol^{-1},逆反应的活化能 E_a' = 20 kJ·mol^{-1},则此反应的 $\Delta_r H_m$ = _____。

6. 固体 NaOH 溶于水时其过程的 ΔH ___（填">"、"="或"<"）0;ΔS ___（填">"、"="或"<"）0;ΔG ___（填">"、"="或"<"）0。

7. 今有反应及相应的标准平衡常数和标准摩尔自由能变:
    ① A+B ⇌ C $K_1^\ominus$, $\Delta_r G_{m,1}^\ominus$
    ② D+F ⇌ C $K_2^\ominus$, $\Delta_r G_{m,2}^\ominus$
    ③ A+B ⇌ D+F $K_3^\ominus$, $\Delta_r G_{m,3}^\ominus$

则 $K_{m,3}^\ominus$ = _____ ; $\Delta_r G_{m,3}^\ominus$ = _____ 。

8. $H_2(g)+2I(g)$ ⇌ $2HI(g)$ 为元反应。该反应的速率方程为 _____,反应级数为 _____。若其他条件不变,将容器体积增加为原来的 2 倍,则反应速率为原来的 _____。

9. $T, V, \Delta H, \Delta G, S, Q_p, W, H, G, U$,其中是状态函数的是 _____,有绝对值的是 _____。

10. 某化学反应自发进行,则 ΔG ___（填">"、"="或"<"）0,Q ___（填">"、"="或"<"）$K^\ominus$。

11. 可逆反应 $H_2(g)+\frac{1}{2}O_2(g)$ ⇌ $H_2O(g)$,$\Delta_r H_m^\ominus$ = -570 kJ·mol^{-1},升高温度平衡向 _____ 移动;增大压力,平衡向 _____ 移动。

12. 在 500 K 时,反应 $Ag_2CO_3(s)$ ⇌ $Ag_2O(s)+CO_2(g)$ 达到平衡时,$p(CO_2)$ = 100 kPa,则该反应的 $K^\ominus$ = _____;此温度条件下反应的 $\Delta_r G_m^\ominus$ = _____ 。

二、选择题

1. 已知反应 $A(g)+B(l)$ ⇌ $4C(g)$ 的 $K^\ominus$ = 0.10,由此可知反应 $4C(g)$ ⇌ $A(g)+B(l)$ 的 $K^\ominus$ = (   )
    A. 0.10   B. -0.10 C. 0.40   D. 10

2. 反应级数等于(   )
    A. 反应方程式中各反应物的浓度的方次之和
    B. 速率方程式中各反应物浓度的方次之和
    C. 非元反应方程式中各反应物的化学计量数之和
    D. 元反应方程式中各反应物和产物的化学计量数之和

3. 已知:$Zn(s)+\frac{1}{2}O_2(g)$ ⇌ $ZnO(s)$ $\Delta_r H_{m1}^\ominus$ = -2100 kJ/mol
          $Hg(l)+\frac{1}{2}O_2(g)$ ⇌ $HgO(s)$ $\Delta_r H_{m2}^\ominus$ = -5400 kJ/mol
    则 $Zn(s)+HgO(s)$ ⇌ $ZnO(s)+Hg(l)$,$\Delta_r H_{m3}^\ominus$ = (   )
    A. 3300 kJ/mol   B. -7500 kJ/mol   C. 7500 kJ/mol   D. -3300 kJ/mol

4. 某反应的速率常数的单位为 $L·mol^{-1}·s^{-1}$,下列说法正确的是(   )
    A. 一级反应,$\ln c$ 对 t 作图为直线   B. 一级反应,$1/c$ 对 t 作图为直线
    C. 二级反应,$\ln c$ 对 t 作图为直线   D. 二级反应,$1/c$ 对 t 作图为直线

5. 对于一个化学反应,下列说法正确的是(   )
    A. $\Delta_r G_m$ 越负,反应速率越快   B. $\Delta_r H_m$ 越负,反应速率越快
    C. 活化能 E_a 越小,反应速率越快   D. 活化能 E_a 越大,反应速率越快

6. 下述过程中,ΔS 符号为正的是(   )
    A. 过饱和盐溶液的结晶
    B. 汽水瓶开盖后发生的过程

C. $CH_4(g) + 2O_2(g) \rightleftharpoons CO_2(g) + 2H_2O(l)$
D. $Ag^+(aq) + Cl^-(aq) \rightleftharpoons AgCl(s)$

7. 系统由 A 状态到 B 状态,沿途径 I 进行时,放热 1000 J,环境对系统做功 500 J,而沿途径 II 进行时,系统对环境做功 800 J,则 Q_{II} 为( )
   A. 1300 J   B. 300 J   C. −300 J   D. 700 J

8. 用 ΔS 判断反应进行的方向和限度的条件是( )
   A. 等压   B. 等温等压   C. 封闭体系   D. 孤立体系

9. 已知 $FeO(s) + C(s) \rightleftharpoons CO(g) + Fe(s)$ 反应的 $\Delta_r H_m^\ominus > 0$,$\Delta_r S_m^\ominus > 0$,下列说法正确的是( )
   A. 低温下自发进行,高温下非自发进行   B. 高温下自发进行,低温下非自发进行
   C. 任何温度下均自发进行   D. 任何温度下均非自发进行

10. 反应 $Cl_2 + 2NO \rightleftharpoons 2NOCl$ 的反应物浓度加倍,则反应速率增至 8 倍,该反应的级数为( )
    A. 1   B. 3   C. 2   D. 4

11. 破坏臭氧的反应机理为
    $NO + O_3 \longrightarrow NO_2 + 2O$, $NO_2 + O \longrightarrow NO + O_2$
    其中,NO 是( )
    A. 催化剂   B. 仅是反应物
    C. 反应的中间产物   D. 仅是反应产物

12. 任一可逆反应中,正向反应和逆向反应的 $\Delta_r G_m$ 之间的关系是( )
    A. 绝对值相等,符号相同   B. 绝对值相等,符号相反
    C. 绝对值不等,符号相反   D. 绝对值不等,符号相同

13. 体系从状态 A 到状态 B 经 1、2 两条不同途径,则有( )
    A. $Q_1 = Q_2$ B. $W_1 = W_2$
    C. $\Delta U = 0$ D. $Q_1 + W_1 = Q_2 + W_2$

14. 一个放射性同位素的半衰期为 20 天,80 天后该同位素还剩原来的( )
    A. 1/4   B. 1/6   C. 1/8   D. 1/16

15. 某温度下,反应 $A(s) + B^{2+}(aq) \rightleftharpoons A^{2+}(aq) + B(s)$ 的平衡常数 $K^\ominus = 1.0$,同温度下,若 B^{2+} 和 A^{2+} 的浓度分别为 $0.50\ mol \cdot L^{-1}$ 和 $0.10\ mol \cdot L^{-1}$,则( )
    A. 正向反应是自发的   B. 系统处于平衡状态
    C. 逆向反应是自发的   D. 无法判断反应方向

16. 常压下,在冰水共存系统中,下列状态函数变化等于 0 的是( )
    A. ΔH B. ΔU C. ΔS D. ΔG

17. 在相同温度下,
    $$2H_2(g) + S_2(g) \rightleftharpoons 2H_2S(g) \qquad K_{p1}$$
    $$2Br_2(g) + 2H_2S(g) \rightleftharpoons 4HBr(g) + S_2(g) \qquad K_{p2}$$
    $$H_2(g) + Br_2(g) \rightleftharpoons 2HBr(g) \qquad K_{p3}$$
    则 K_{p2} 等于( )
    A. $K_{p1} K_{p3}$ B. $(K_{p3})^2 / K_{p1}$ C. $2K_{p1} K_{p2}$ D. K_{p2} / K_{p1}

18. 某密闭容器中加入相同物质的量的 N_2 和 H_2,一定温度下
    $$N_2(g) + 3H_2(g) \rightleftharpoons 2NH_3(g)$$

达到平衡时,下列有关组分分压的结论中正确的是(　　)

A. $p(N_2) = p(H_2)$　　　　　　B. $p(N_2) > p(H_2)$

C. $p(N_2) < p(H_2)$　　　　　　D. $p(N_2) = p(NH_3)$

19. 某温度 T 和 100 kPa 条件下,将 1.00 mol A 和 0.50 mol B 混合反应

$$A(g) + B(g) \rightleftharpoons 2C(g)$$

达到平衡时,B 消耗了 20.0%,则反应的 $K^{\ominus}$ 为(　　)

A. 0.44　　　B. 0.11　　　C. 0.028　　　D. 0.83

20. 可逆反应 $2NO(g) \rightleftharpoons N_2(g) + O_2(g)$,$\Delta_r H_m^{\ominus} = -180\ kJ \cdot mol^{-1}$,对此反应的逆反应来说,下列说法中正确的是(　　)

A. 升高温度,$K^{\ominus}$ 增大　　　　B. 升高温度,$K^{\ominus}$ 变小

C. 增大压力,平衡移动　　　　D. N_2 浓度增加,NO 解离度增加

三、判断题

1. 酶只改变化学反应的速率,但不影响化学反应的趋势。(　　)
2. Hess 定律只能适用于等压反应热的计算。(　　)
3. 在绝对零度时,所用放热反应都是自发反应。(　　)
4. ΔH,ΔU 的大小和过程无关,只取决于始终态。(　　)
5. 催化剂加快反应速度的原因是改变了反应途径。(　　)
6. 与 $\Delta_f H_m^{\ominus}$ 和 $\Delta_f G_m^{\ominus}$ 一样,最稳定单质的标准摩尔熵 $S_m^{\ominus}$ 也为零。(　　)
7. 放热反应在任何温度下都能自发进行。(　　)
8. 若实验测得的速率方程式和据质量作用定律直接写出的一致,则该反应一定是元反应。(　　)
9. $\Delta_r H_m^{\ominus}$,$\Delta_r S_m^{\ominus}$ 和 $\Delta_r G_m^{\ominus}$ 的数值与反应方程式的写法有关。(　　)
10. 化学反应的 $\Delta_r G$ 愈负,反应进行的趋势愈大,反应速率就愈大。(　　)

四、计算题

1. 已知 298.15 K 下列热力学常数:

	$\Delta_f H_m^{\ominus}/(kJ \cdot mol^{-1})$	$S_m^{\ominus}/(J \cdot K^{-1} \cdot mol^{-1})$
$I_2(g)$	62.4	260.7
$I_2(s)$	0	116.1

有等温等压碘升华反应:$I_2(s) \longrightarrow I_2(g)$,计算:

(1) 此反应的 Q_p;

(2) 此反应的 Q_V;

(3) 298.15 K 下碘蒸气的饱和蒸气压。

2. 已知 25℃时:

	$\Delta_f H_m^{\ominus}/(kJ \cdot mol^{-1})$	$S_m^{\ominus}/(J \cdot K^{-1} \cdot mol^{-1})$
$H_2O(l)$	−285.8	70.0
$H_2O(g)$	−241.8	188.8

问 25℃、标准状态下,水蒸发的过程是否为自发过程? 如果不是,什么温度下可以自发。

3. 某药物 A 的分解反应为一级反应,测得 A 在 60℃分解的半衰期为 0.21 h,在 30℃的半衰期为 7.13 h。计算此反应的活化能 E_a 和药物 A 保存在 10℃时的半衰期。

4. 某药物 A 在空气中存放可被氧气氧化失效。其氧化速率方程为

$$-\frac{d[A]}{dt} = k[A]p(O_2) \qquad k = 1.6 \times 10^{-3} \text{ kPa}^{-1} \cdot \text{d}^{-1}$$

若 80% 的药物被氧化时被认为是药物失效,请计算:

(1) 药物在空气中 ($p(O_2) = 20$ kPa) 的有效期;

(2) 在药物密封包装中加入铁粉作脱氧封存剂,将发生下列消耗 O_2 反应:

$$4Fe + 3O_2 = 2Fe_2O_3 \qquad \Delta_r G^{\ominus} = -1484.4 \text{ kJ} \cdot \text{mol}^{-1}$$

请计算室温下在包装中的有效期。

5. 已知下列键能

化学键	键能/(kJ·mol^{-1})	化学键	键能/(kJ·mol^{-1})
C—H	413	C—C	346
C—O	357	C—S	272
C—N	305	O=O	495
O—O	146		

和相关的热力学数据

物 质	Fe^{2+}	Fe^{3+}	·O$_2^-$
$\Delta_f G_m^{\ominus}$/(kJ·mol^{-1})	−78.9	−4.7	43.4

现欲设计一个含 C,H,O,N,S 的有机分子,使其能在红光(>600 nm)照射下有一个键发生断裂,成为光诱导的抗癌药物。两种设计思路:一是直接设计这么一个可以光诱导断裂的有机分子,二是使用光诱导生成 ·O$_2^-$ 去氧化这个分子断裂。问:

(1) 有无可能直接设计出这么一个有机分子?

(2) 能否用红光直接诱导 O$_2$ 生成 ·O$_2^-$?

(3) 能否在分子中加入一个 Fe^{2+},用光诱导 Fe^{2+} 氧化产生 ·O$_2^-$?

* *

自测题答案

一、填空题

1. -15.13 kJ·mol^{-1},-2.48 kJ·mol^{-1},-17.61 kJ·mol^{-1},-15.13 kJ·mol^{-1},>,<

2. 一,2.4 h,2.4 h

3. 越慢,降低,增加

4. <

5. 50 kJ·mol^{-1}

6. <,>,<

7. $K_1^{\ominus}/K_2^{\ominus}$,$\Delta_r G_{m,1}^{\ominus} - \Delta_r G_{m,2}^{\ominus}$

8. $kp(H_2)p^2(I)$ 或 $kc(H_2)c^2(I)$,3,1/8

9. (T,V,S,H,G,U);(T,V,S)

10. <,<

11. 逆方向,正方向

12. 1,0

二、选择题

1. D　2. B　3. A　4. D　5. C　6. B　7. B　8. D　9. B　10. B　11. A　12. B　13. D　14. D　15. A　16. D　17. B　18. B　19. B　20. A

三、判断题

1. √　2. ×　3. √　4. √　5. √　6. ×　7. ×　8. ×　9. √　10. ×

四、计算题

1. (1) 62.4 kJ/mol；(2) 59.9 kJ/mol；(3) 0.043 kPa

2. 不能,371K (98℃)

3. 99 kJ/mol,120 h

4. (1) 50 d；(2) 10^{78} d

5. (1) C 的单键中,最弱的是 C—S 键,键能 272 kJ·mol^{-1},相当于波长 $\lambda = hc/E_{光子} = 440$ nm,所以,理论上不能设计出这么一个直接被红光分解的有机分子。

(2) 使 O_2 断裂二重键的能量为 $E(O=O) - E(O—O) = 495 - 146 = 349$ kJ·mol^{-1},约相当于波长 350 nm 的能量,即只能用紫外线激活 O_2,不能用红光诱导。

(3) $Fe^{2+} + O_2 \rightleftharpoons Fe^{3+} + \cdot O_2^-$，$\Delta_r G_m^\ominus = 43.4 + (-4.7) - (-78.9) - 0 = 118 (kJ \cdot mol^{-1})$。不能自发,需用 $E_{光子} \geq 118$ kJ·mol^{-1} 的光子激发,此光子的波长 $\lambda \leq 1000$ nm。所以红光可以诱导。这是金属卟啉光敏抗癌的机制。

第 6 章 溶液化学

6.1 基本要求

1. 分散系的分类,熟悉粗分散系、胶体分散系、真溶液的特点。

分散系是指一种或几种物质的粒子分散在另一种物质里所形成的体系。被分散的物质称为分散相,容纳分散相的物质称为分散介质。按分散相粒子的大小将分散系分为三类:

- 真溶液:分散相粒子的大小<1 nm,溶质分子分布均匀、性质稳定的均相系统。溶液的分散相称为溶质,溶液的分散介质称为溶剂。
- 胶体:分散相粒子的大小在 1～100 nm 之间,颗粒分布均匀的体系。根据分散相颗粒的表面性质不同,胶体溶液的性质稳定性差异很大。缔合溶胶和高分子溶液稳定,而(固体)溶胶往往不稳定。
- 粗分散系:分散相颗粒大小>100 nm。非均相体系,颗粒分布不均匀,分散系性质不稳定。

2. 溶液浓度(摩尔分数、质量摩尔浓度、体积摩尔浓度)及换算。

摩尔分数(x):指溶质 B 的摩尔数与溶液中所有物质的摩尔数之和之比。

$$x_B = \frac{n_B}{\sum n_i}$$

质量摩尔浓度(b,单位 mol·kg^{-1}):指 1 kg 溶剂中溶解了溶质 B 的摩尔数。

$$b_B = \frac{n_B}{m_A}$$

体积摩尔浓度(c,单位 mol·L^{-1},常用简写 M):指 1L 溶液中某溶质 B 的摩尔数。

$$c_B = \frac{n_B}{V}$$

3. 稀溶液依数性概念,有关溶液蒸气压下降、溶液沸点升高、溶液凝固点降低的计算。

当难挥发的溶质形成稀溶液后,溶液的蒸气压降低并带来一系列溶液性质(沸点升高和凝固点降低)的改变,这些改变的大小与溶液中溶质粒子的浓度形成比例关系,而与溶质粒子的本性(如质量大小、溶质分子结构等)无关。上述性质称为稀溶液的依数性。

(1) 溶液的饱和蒸气压下降

蒸气压一般指液体的饱和蒸气压，即在一定温度下，当液体的蒸发和凝聚达到动态平衡，液体上方空间的蒸气压力保持恒定时蒸气的气体压强（简称气压），单位是 Pa 或 kPa。蒸气压与液体的本性和温度有关。

溶有难挥发溶质 B 的稀溶液，其蒸气压 p 小于纯溶剂 A 的蒸气压 $p_A^\ominus$，称为溶液的蒸气压下降。有关计算公式为

$$p = p_A^\ominus \cdot (1-x_B), \quad \Delta p = K \cdot b_B$$

其中，x_B 和 b_B 是溶质 B 溶液中，B 溶解形成的所有溶质粒子的摩尔分数或质量摩尔浓度；K 为与溶剂性质有关的常数。

(2) 溶液的沸点升高和凝固点降低

液体的沸点是指液体的饱和蒸气压与外界气压相等时的温度；凝固点是指液体的蒸气压与其固体的蒸气压相等时的温度。由于溶液的蒸气压低于纯溶剂的蒸气压，所以溶液的沸点要高于纯溶剂的沸点。沸点升高和凝固点降低的表达式为

$$\Delta T_b = K_b b_B, \quad \Delta T_f = K_f b_B$$

4. 溶液的渗透压概念、生理意义及有关计算。

当两份溶液通过一种半透膜相互接触在一起，溶剂分子会通过半透膜从稀溶液向浓溶液方向移动，这种现象称为渗透现象。产生渗透现象的必要条件：一是必须有半透膜的存在。半透膜是允许某些分子（溶剂分子）透过而阻止另外一些分子（溶质分子）通过的特殊的膜。二是半透膜两侧溶质粒子的浓度不相等。

如果要阻止渗透现象，则需要在较浓溶液的一侧加压。

将某溶质 B 的稀溶液和纯溶剂通过半透膜接触时，在溶液一侧需要加入的足以阻止溶剂渗透现象发生的外压为此溶液的渗透压 Π，单位为 kPa，计算公式为

$$\Pi V = n_B RT \quad 或 \quad \Pi = c_B RT$$

其中，n_B 和 c_B 是溶质 B 溶解形成的所有溶质粒子的物质的量（摩尔数）和体积摩尔浓度。

渗透压大小只与溶质的粒子浓度有关，与粒子的本性无关，也是溶液的依数性。渗透浓度是溶液中产生渗透的所有粒子的浓度之和。渗透压在医学上具有重要意义，包括：

- 决定血浆和组织液间的渗透平衡的是生物大分子产生的胶体渗透压。血浆的胶体渗透压不足时，水分将从血液移向组织，形成组织水肿。
- 决定组织液（细胞外液）和细胞液间的渗透平衡的是总渗透压，包括胶体渗透压和晶体渗透压（电解质和小分子物质产生）两个部分。临床上，渗透浓度在 280～320 mmol·L^{-1} 范围内的溶液为等渗溶液。红血球在等渗溶液中形态正常，在低渗溶液发生溶血，在高渗溶液中红血球皱缩。进行静脉注射时，必须使用等渗溶液。

5. 强电解质的生理意义；强电解质溶液的离子强度、离子活度和离子淌度的概念，离子强度的计算。

在溶液中全部或近乎全部解离的是强电解质；在溶液中只有部分解离的是弱电解质。水溶液中重要的弱电解质是酸、碱分子，将在第 7 章专述。

强电解质溶液的主要生理作用包括：① 形成晶体渗透压，维持体液平衡；② 传导电流，形成生理电位。决定强电解质溶液渗透压的是正、负离子的总活度，对稀溶液来说，约等于正、负离子的总渗透浓度。决定溶液导电能力的因素包括离子的活度、电荷数和离子的淌度。

离子的淌度是离子移动能力的一个量度。水合离子半径越小,离子淌度越大;H^+和OH^-离子由于水的氢键网络,其淌度显著高于溶液中其他离子;在正、负离子中,淌度最接近的是K^+和Cl^-,这具有重要的生理意义。

强电解质溶液中,正、负离子间存在相互作用,使溶液中表观的溶质粒子数小于强电解质解离后实际产生的正、负离子的总数。在强电解质溶液中,离子相互作用的强弱程度用离子强度I来衡量:

$$I = \frac{1}{2}\sum_i b_i z_i^2$$

电解质溶液中有效浓度用离子活度a来衡量,离子活度a与浓度c的关系为

$$a_i = r_i \cdot c_i, \quad a_\pm = r_\pm \cdot c$$

其中,溶液中离子平均活度因子$r_\pm$的估算公式为

$$\lg\gamma_\pm = -A|z_+ \cdot z_-|\sqrt{I}$$

当电解质溶液浓度很稀时,$r_\pm$的值近似为1,离子活度可用浓度代替。

6. 胶体溶液(无机固体溶胶、大分子溶液和缔合胶体)的结构、性质和稳定性;凝胶的形成及主要性质。

胶体是分散相粒子的大小在1~100 nm范围内的分散系,分为溶胶、高分子溶液和缔合胶体。

(1) 固体溶胶:分散相粒子是纳米大小的固体颗粒。

溶胶粒子的结构包括固体胶核和表面电荷层,加上电荷扩散层形成一个电中性的胶团。胶粒表面电荷的来源包括固体表面吸附离子、胶粒表面分子解离和晶格离子取代。胶粒由于足够小,可在溶剂中作布朗运动,使胶粒具有一定的扩散能力。

溶胶粒子的结构特点使溶胶体系可以发生:① 溶胶 Tyndall(丁铎尔)效应(胶粒光散射现象);② 胶粒电泳现象;③ 胶粒沉降现象。

溶胶粒子形成的机制:纳米大小的胶核粒子具有很大的表面自由能(或称表面张力),因此可以自发吸附一些离子或发生表面分子解离和离子取代,形成带电粒子。这些表面电荷不仅使胶粒间存在强烈的静电排斥作用,同时可以通过溶剂化形成水合层,从而大大降低溶胶粒子的表面自由能,使溶胶能够在一定时间内可以较稳定存在。

由于溶胶粒子具有较大的表面自由能,使溶胶体系不是热力学稳定系统;溶胶粒子具有自发聚集形成大颗粒沉淀的倾向。当向溶液加入强电解质时,可以破坏胶粒的表面电荷层,引发溶胶粒子的不可逆聚沉现象。

(2) 高分子溶液和凝胶:分散相粒子是分子量大于10^4的分子。

高分子溶液是一个均匀体系,分散介质和分散相之间无明显的界面,光散射作用不明显。高分子溶液在热力学性质上接近真溶液,是均相的稳定体系。

高分子溶液中,溶质粒子的水合作用大、水合层较厚,同时粒子之间的范德华力也强,因此溶液的黏度高,并在一定条件下形成凝胶。

蛋白质是一类两性高分子电解质。蛋白质分子的表面同时存在正、负两种电荷,其表面净电荷的大小取决于溶液的pH。在等于蛋白质等电点pI的pH条件下,蛋白质所带正电荷与负电荷量相等,净电荷为零,在外加电场中不发生泳动,而且此时蛋白质的溶解度较其他pH为最小;在pH<pI时,蛋白质带正净电荷,在外加电场中向阴极泳动;在pH>pI时,蛋白质带

负净电荷,在外加电场中向阳极泳动。

向高分子溶液中加入足够量的强电解质,可以使高分子的水合层脱水,从而导致高分子化合物从溶液中析出,这一现象称为盐析。盐析作用是可逆的,沉淀析出的高分子化合物可以在加水后重新水合而溶解。盐析是制备蛋白质的常用方法,蛋白质盐析时常用的强电解质是硫酸铵。

凝胶是浓胶体溶液的胶粒在一定条件下形成的半固体状凝聚体。凝胶中存在大量的空隙结构,这种特点使凝胶广泛应用于日常生活和生物医学中。凝胶电泳是分离蛋白质和核酸等生物大分子的常用手段。

(3) 缔合胶体:分散相粒子是胶束——表面活性剂分子聚集体。

表面活性剂是能降低油水界面表面张力的两亲物质。表面活性剂分子一般有非极性的疏水"尾"和极性的亲水"头"两个部分。根据亲水头的性质不同,表面活性剂分成阴离子型、阳离子型和非离子型3种。表面活性剂可使油滴形成稳定的乳浊液,所以表面活性剂也是去污剂的主要成分。

在水中表面活性剂的浓度超过临界胶束浓度后,表面活性剂分子可以形成结构各异的缔合胶束。缔合胶束是一种超分子体。细胞膜的主体结构——磷脂双层就是一种缔合胶束。

6.2 要点和难点解析

1. 物质的量和浓度

物质的量的量度有质量 m 和数量 n 两种。质量 m 的基本单位是 kg,但化学中常用的是 g。数量 n 的基本单位是 mol,实际数目为阿伏伽德罗常数 $N_A = 6.022 \times 10^{23}$ 个。溶液中某溶质 B 的浓度表示有 3 种方法:摩尔分数 x_B,质量摩尔浓度 b_B,体积摩尔浓度 c_B。

质量摩尔浓度 b_B 和体积摩尔浓度 c_B 是真正实用的物质浓度。由于溶液最容易进行体积操作,体积摩尔浓度 c_B 是最为常用的浓度表示形式。在稀水溶液中,b_B 和 c_B 的数值是相同的。在稀的水溶液中,3 种浓度的换算关系为

$$b_B = \frac{n_B}{V_A \rho_A} = \frac{n_B}{V_A \cdot 1} \approx \frac{n_B}{V} = c_B$$

$$x_B \approx \frac{n_B}{n_A} = MW_A \frac{n_B}{m_A} = 0.018 b_B$$

在量和浓度的计算中,非常重要的是确定分子的计数单元,以及计数单元的摩尔质量 M_B。由于 M_B 和分子量 MW 两者是等值的,M_B 通常由 MW 换算。

【例题 6-1】 请证明摩尔质量 M_B 或分子量 MW 的等值性。

解答:摩尔质量是 1 mol 分子的质量,即:M_B = 单个分子质量 $\times N_A$

分子量是以原子质量单位为单位的质量数,即:MW = 单个分子质量/m_u

$$N_A \cdot m_u = 6.0221367 \times 10^{23} \times 1.6605402 \times 10^{-27}$$
$$= 1.0000000 \times 10^{-3} (\text{kg} \cdot \text{mol}^{-1}) = 1(\text{g} \cdot \text{mol}^{-1})$$

所以,MW 和以 g 为单位的摩尔质量 M_B 是等值的。

【例题 6-2】 水的实际存在形式是水分子团。不同来源的水分子其水分子团大小不同,矿泉水的水分子团大小为 8 个 H_2O,静止的纯净水水分子团大小为 15 个 H_2O。请计算

矿泉水和纯净水的实际水团浓度。推测哪种水的生物活性可能较高。

解答：矿泉水分子团的 $M_B = 8 \times 18.0 \text{ g} \cdot \text{mol}^{-1} = 144 \text{ g} \cdot \text{mol}^{-1}$

矿泉水团的实际浓度为：$1000 \text{ g} \cdot \text{L}^{-1}/144 \text{ g} \cdot \text{mol}^{-1} = 6.944 \text{ mol} \cdot \text{L}^{-1}$

纯净水分子团的 $M_B = 15 \times 18.0 \text{ g} \cdot \text{mol}^{-1} = 270 \text{ g} \cdot \text{mol}^{-1}$

纯净水团的实际浓度为：$1000 \text{ g} \cdot \text{L}^{-1}/270 \text{ g} \cdot \text{mol}^{-1} = 3.704 \text{ mol} \cdot \text{L}^{-1}$

可见，矿泉水团的浓度较高，因此矿泉水的生物活性较高。

2. 溶质粒子浓度和渗透浓度

对于稀溶液的依数性来说，决定性的因素是溶质粒子的浓度。溶质粒子的浓度等于溶液的渗透浓度 c_{os}。

不同的分子溶解于水时，产生的溶质粒子数目不一定等于溶质的分子数。例如电解质物质，一分子的物质溶于水，可以产生几个离子，溶质粒子的数目是这些解离产生的离子数的总和。

【例题 6-3】 计算 1.0 g 下列物质溶于 1.0 L 水后的渗透浓度：(1) 蔗糖($C_{12}H_{22}O_{11}$)；(2) $Fe(NH_4)_2(SO_4)_2 \cdot 6H_2O$；(3) $NaVO(C_6H_5O_7)$。

解答：(1) 蔗糖($C_{12}H_{22}O_{11}$)：

$n = 1.0 \text{ g}/342.3 \text{ g} \cdot \text{mol}^{-1} = 0.0029 \text{ mol}$，1 分子蔗糖产生 1 分子溶质粒子，故

$c_{os} = 0.0029 \text{ mol} \times 1/1.0 \text{ L} = 0.0029 \text{ mol} \cdot \text{L}^{-1} = 2.9 \text{ mmol} \cdot \text{L}^{-1}$

(2) $Fe(NH_4)_2(SO_4)_2 \cdot 6H_2O$：

$n = 1.0 \text{ g}/392.13 \text{ g} \cdot \text{mol}^{-1} = 0.0026 \text{ mol}$，1 分子 $Fe(NH_4)_2(SO_4)_2$ 产生 5 分子溶质粒子，故

$c_{os} = 0.0026 \text{ mol} \times 5/1.0 \text{ L} = 0.013 \text{ mol} \cdot \text{L}^{-1} = 13 \text{ mmol} \cdot \text{L}^{-1}$

(3) $NaVO(C_6H_5O_7)$：

$n = 1.0 \text{ g}/279 \text{ g} \cdot \text{mol}^{-1} = 0.0036 \text{ mol}$，$NaVO(C_6H_5O_7)$ 在水溶液中形成二聚体，2 分子 $NaVO(C_6H_5O_7)$ 产生 2 个 Na^+ 和 1 个 $[VO(C_6H_5O_7)]_2^{2-}$，即 1 分子 $NaVO(C_6H_5O_7)$ 产生 $(2+1)/2 = 1.5$ 个溶质粒子，故

$c_{os} = 0.0036 \text{ mol} \times 1.5/1.0 \text{ L} = 0.0054 \text{ mol} \cdot \text{L}^{-1} = 5.4 \text{ mmol} \cdot \text{L}^{-1}$

3. 非电解质和电解质稀溶液的依数性计算

对于非电解质，分子溶解后并不解离，其溶液溶质粒子的浓度等于非电解质分子的浓度。可以直接套用稀溶液依数性公式进行计算：

- 蒸气压下降： $\Delta p = p_A^\circ \cdot x_B = K \cdot b_B$
- 沸点升高： $\Delta T_b = K_b \cdot b_B$
- 凝固点降低： $\Delta T_f = K_f \cdot b_B$
- 渗透压： $\Pi = c_B \cdot RT$ 或 $\Pi V = n_B \cdot RT$

【例题 6-4】 1.00 g 尿素 $[CO(NH_2)_2]$ 溶解于 75.0 g 水中，测得其溶液的沸点为 100.114 ℃，已知尿素的分子量为 60.1，求水的 K_b。

解答：$b = \dfrac{1.00 \text{ g}/(60.1 \text{ g} \cdot \text{mol}^{-1})}{75.0 \text{ g}/(1000 \text{ g} \cdot \text{kg}^{-1})} = 0.222 \text{ mol} \cdot \text{kg}^{-1}$

$\Delta T_b = 100.114 \text{℃} - 100 \text{℃} = 0.114 \text{℃}$

$$K_b = \Delta T_b / b_B = 0.114 / 0.222 = 0.514$$

【例题 6-5】 用渗透压测定聚苯乙烯的分子量。在 298.15 K 时,1.000 L 苯中含 5.0 g 聚苯乙烯的溶液,其 $\Pi = 1000$ Pa,试求聚苯乙烯的分子量。

解答:由 $\Pi V = n_B RT$,代入 $n = m_B/M_B$,得聚苯乙烯的分子量为

$$M_B = m_B RT/(\Pi V) = \frac{5.0 \text{ g} \times 8.31 \text{ J} \cdot \text{mol}^{-1} \cdot \text{K}^{-1} \times 298.15 \text{ K}}{1000 \text{ Pa} \times 1.000 \text{ L}} = 1.2 \times 10^4 \text{ g} \cdot \text{mol}^{-1}$$

(此处用到:1 Pa=1 N·m⁻²,1 J=1 N·m,1 m³=1000 L)

对于难挥发的电解质稀溶液,由于电解质解离以及离子活度等问题,需要对依数性公式进行修正:

- 蒸气压下降: $\Delta p = K \cdot i \cdot a_{\pm} = K \cdot i \cdot \gamma_{\pm} \cdot b_B$
- 沸点升高: $\Delta T_b = K_b \cdot i \cdot a_{\pm} = K_b \cdot i \cdot \gamma_{\pm} \cdot b_B$
- 凝固点降低: $\Delta T_f = K_f \cdot i \cdot a_{\pm} = K_f \cdot i \cdot \gamma_{\pm} \cdot b_B$
- 渗透压: $\Pi = i \cdot a_{\pm} \cdot RT = i \cdot \gamma_{\pm} \cdot c_B \cdot RT = \gamma_{\pm} \cdot c_{os} \cdot RT$

  或 $\Pi V = i \cdot \gamma_{\pm} \cdot n_B \cdot RT$

对于较稀的溶液,通常按 $\gamma_{\pm} = 1$ 来计算。

【例题 6-6】 计算 37℃ 时等渗 KCl 溶液的渗透压。

解答:等渗 KCl 的浓度为 $c_{os} = 300 \text{ mmol} \cdot \text{L}^{-1}$,其中,$c(K^+) = c(Cl^-) = 0.150 \text{ mol} \cdot \text{L}^{-1}$

离子强度:$I = [0.150 \times 1^2 + 0.150 \times (-1)^2]/2 = 0.150$

$\lg \gamma_{\pm} = -0.509 |(+1)(-1)| \sqrt{0.150} = -0.197$, $\gamma_{\pm} = 0.635$

$\Pi = \gamma_{\pm} \cdot c_{os} \cdot RT$

$= 0.635 \times 0.300 \text{ mol} \cdot \text{L}^{-1} \times 8.31 \times 10^3 \text{ kJ} \cdot \text{mol}^{-1} \cdot \text{K}^{-1} \times (37+273.15) \text{ K} = 491 \text{ kPa}$

4. 半透膜的性质和渗透压

在渗透现象中,分子透过半透膜的性质决定了是否产生渗透压。例如尿素分子,可以通过细胞膜上的某些水通道的亚型(如 AQP3)自由通过细胞膜,因此在这些细胞膜上,尿素不会产生渗透压;1.9% 尿素溶液虽然与血浆等渗,但红细胞置入其中后立即溶血。半透膜性质不同,渗透现象不一样,这点需要格外注意。

【例题 6-7】 利用教材表 6-3 数据,计算 37℃ 时毛细血管两侧和细胞内外的渗透压差。

解答:(1)毛细血管壁通透性较高,只考虑生物大分子蛋白质产生的渗透压。血浆和组织间液蛋白质浓度差别为

$$\Delta c_{os} = (1.2 - 0.2) \text{ mmol} \cdot \text{L}^{-1} = 1.0 \text{ mmol} \cdot \text{L}^{-1}$$

血浆一侧的渗透压差为

$\Delta \Pi = \Delta c_{os} RT$

$= 1.0 \times 10^{-3} \text{ mol} \cdot \text{L}^{-1} \times 8.31 \text{ J} \cdot \text{mol}^{-1} \cdot \text{K}^{-1} \times (37+273.15) \text{ K}$

$= 2.6 \text{ kPa} = 20 \text{ mmHg}$

(2)细胞膜通透性限制严格,小分子和大分子均不能自由通过。细胞内外的总渗透浓度差别为

$$\Delta c_{os} = (302.2 - 302.2) \text{ mmol} \cdot \text{L}^{-1} = 0.0 \text{ mmol} \cdot \text{L}^{-1}$$

所以细胞内外的渗透压差别为零。

5. 典型无机溶胶粒子的结构

无机溶胶是结构较为简单的溶胶体系。无机溶胶胶团结构的通式是

$$[(胶核)_m \cdot n 主要吸附层离子 \cdot (n-x) 吸附层反离子]^{x\pm} \cdot x 扩散层反离子$$

首先,需要确定的是胶核的结构。无机溶胶的胶核通常是简单的难溶盐沉淀和无机单质固体。胶核为中性,不带电荷。其次,确定主要吸附离子。胶核倾向于吸附溶液中与胶核组分相同或有较强吸引力的离子,例如 AgI 吸附 I^- 或 Ag^+,而不是 K^+ 和 NO_3^-。若无上述离子,则优先吸附水合能力较弱的负离子。再次,确定进入吸附层的反离子,溶液中所有反离子都有可能。到此,可以写出胶体粒子的范围和表面净电荷,胶粒的 ζ 电位正是表面净电荷的反映。最后,写出扩散层反离子。扩散层反离子一般和进入吸附层的反粒子是相同的,注意保持胶团的电中性。

【例题 6-8】 向 pH = 7.4 的磷酸盐中加入过量 $CaCl_2$ 混合,制备云雾状磷酸钙溶液,用于细胞基因转染。请写出云雾状磷酸钙的胶团结构,并说明此磷酸钙胶粒为什么可以吸附 DNA。

解答:在 pH = 7.4,磷酸根和 Ca^{2+} 形成 $Ca_8H_2(PO_4)_6$ 沉淀,胶核是磷酸八钙微粒;由于 Ca^{2+} 过量存在,所以胶核将优先吸附 Ca^{2+},带正电荷;溶液中反离子主要是 Cl^-,将部分进入吸附层;扩散层是 Cl^-。胶团的结构为

$$[(Ca_8H_2(PO_4)_6)_m \cdot nCa^{2+} \cdot (2n-x)Cl^-]^{x+} \cdot xCl^-$$

由于磷酸钙胶粒带正电荷,而 DNA 带负电荷,因此胶粒可以吸附 DNA。

6. 表面张力和表面吸附

胶粒形成的关键是胶核表面吸附电荷。胶核表面为何能够自发吸附电荷,其原因是微粒状态具有较大的比表面,因此存在很大的表面张力,表面吸附可以降低表面张力。

表面张力的实质是表面自由能。将物质分散成微粒、比表面积增加时,需要外界对体系做功。在等温等压下,外界使体系表面积增加 dA 所做的非体积功 δW 等于体系表面 Gibbs 自由能的增加,即

$$-\delta W = dG_s = \sigma \, dA + A \, d\sigma$$

从热力学原理,溶胶颗粒有两种趋势:一种是自发的聚集的趋势;另一种是胶粒表面主动吸附一些和胶粒结构相容的离子,从而降低胶粒的表面张力。

【例题 6-9】 (1) 请计算标准压力和室温下,直径分别为 1 mm、1 μm 和 10 nm 的水滴的表面蒸汽压是多少;(2) AgI 由于结构和冰的结构类似,所以可以成为水的凝结核心。请问用 10 nm 和 10 μm 直径的 AgI 颗粒,哪个催化水凝结的效果好?(已知水的表面张力为 7.3×10^{-4} N·m^{-2})

解答:(1) 水滴蒸发过程和宏观水蒸发过程的热力学关系如下右图所示。可知:

$$\Delta G_2 = \Delta G_0 - \Delta G_1$$

其中,ΔG_0 为 25℃时水蒸发的自由能变化:$\Delta G_0 = 8.5$ kJ·mol^{-1};ΔG_1 是水变成水滴时的表面自由能变化。

当 1 mol 水($M = 18$ g,$V = 18$ cm^3) 为 1 滴时,表面积为

$$A_0 = 4\pi (3 \times 18 \text{ cm}^3/4\pi)^{2/3} = 33.20 \text{ cm}^2$$

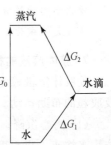

当 1 mol 水为半径 r 的小滴时,表面积为

$$A_r = 4\pi r^2 \times 水滴的数目 = 4\pi r^2 \times \frac{18}{\frac{4}{3}\pi r^3} = 54/r_{(cm)} \text{ cm}^2$$

$$\Delta A = A_r - A_0 = 54/r_{(cm)} - 33.20 \text{ cm}^2$$

$$\Delta G_1 = \sigma \Delta A = 0.073 \text{ N} \cdot \text{m}^{-2} \times (54/r_{(cm)} - 33.20 \text{ cm}^2) \times 10^{-4} \text{ m}^2 \cdot \text{cm}^{-2}$$
$$= 7.3 \times 10^{-6} \times (54/r_{(cm)} - 33.20) \text{ J} \cdot \text{mol}^{-1}$$

当 $r = 1$ mm 时,$\Delta G_1 = 7.3 \times 10^{-6}$ N·cm^{-2} × (54/0.1 − 33.20) cm^2 = 3.7 × 10^{-3} J·mol^{-1}

同理,当 $r = 1$ μm 时,$\Delta G_1 = 4.0$ J·mol^{-1}

当 $r = 10$ nm 时,$\Delta G_1 = 400$ J·mol^{-1}

可知,$\Delta G_2 = \Delta G_0 - \Delta G_1 = (8500 - 3.7 \times 10^{-3})$ J·mol^{-1} = 8500 J·mol^{-1} ($r = 1$ mm)

同理,$\Delta G_2 = 8500$ J·mol^{-1} ($r = 1$ μm)

$\Delta G_2 = 8100$ J·mol^{-1} ($r = 10$ nm)

故 $p = p^{\ominus} e^{(-\Delta G/RT)} = 100 \text{ kPa} \times \exp[-8500/(8.31 \times 298.15)] = 3.2$ kPa ($r = 1$ mm)

同理,$p = 3.2$ kPa ($r = 1$ μm)

$p = 3.8$ kPa ($r = 10$ nm)

(2) 从上述计算可知,在微米以上水滴的蒸汽压和宏观水体基本一样,选用 10 μm 的 AgI 为凝结核,过饱和的水汽可以立刻凝结。如使用 10 nm 的 AgI 凝结核,这时凝结核上的水滴的蒸汽压明显高于饱和蒸汽压,此时需要水汽的过饱和度 $s = (3.8/3.2) \times 100\%$ = 120% 很大,必须较大幅度降低气温才能凝结。因此,应当选用 10 μm 的 AgI 为催化水凝结剂。如下图所示,水滴半径在小于 100 nm 后,饱和蒸汽压才迅速增加。

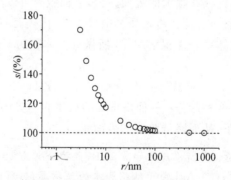

在实际应用中,从人工增雨的研究发现,直径小于 50 nm 的 AgI 颗粒助凝结效果不好。目前我国使用较普遍的飞机-高射炮人工增雨-雪系统,一般采用的是在云层中燃烧碘化银的丙酮溶液,溶液燃烧时温度达 1000℃ 左右,碘化银先升华成为蒸气,蒸气冷却凝华成大量碘化银微粒,尺度一般为 0.5~15 μm。

7. 胶体溶液的析出和破坏

使胶体溶液稳定的主要原因有三,包括胶粒的静电排斥作用、吸附层的溶剂化保护作用以及胶粒的布朗运动。胶体在一定条件下可以可逆地析出或不可逆地被破坏:

(1) 离心沉降。胶体溶液放置足够长时间都能使胶粒沉降析出,这一过程可以通过离心作用来加速。离心机可以产生 100000×g 以上重力加速度的力场,使胶体颗粒在几小时内沉

降下来;离心分离是制备细胞器和生物大分子等的重要手段。

(2) 盐析。盐析是针对热力学稳定的高分子溶液。通过加入足够量的强电解质,使高分子的水合层脱水,从而导致高分子化合物溶解度下降,从溶液中沉淀析出。而析出的高分子化合物可以在加水后重新水合而溶解。

盐析是制备蛋白质的常用方法,蛋白质盐析时常用的强电解质是硫酸铵。在等电点时,蛋白质分子没有净电荷,此时盐析的效果更为显著。

使蛋白质分子水合物脱水的方式除了加入高浓度电解质外,还可以用加入一定量的低介电常数的有机溶剂,如乙醇和丙酮等。有机溶剂的好处是容易蒸发除去,不过有机溶剂容易导致蛋白质变性沉淀,使用时需要慎重。

(3) 聚沉。聚沉是胶体溶液特别指溶胶的不可逆沉淀过程。通过在溶胶体系中加入聚沉剂电解质,增加了体系中离子的浓度,将有较多的反离子"挤入"吸附层,从而减少甚至完全中和了胶粒所带电荷,使粒子的 ζ 电位降低以至消失,导致胶粒聚集并从溶胶中聚沉下来。

不同离子"挤入"吸附层的能力不同、中和电荷的能力不同,因此,不同电解质对溶胶的聚沉能力是不同的。影响电解质聚沉能力的因素按重要性依次为:

- 疏水性离子比亲水性离子聚沉能力强;反离子疏水性越大,聚沉能力越强。
- 对于亲水性离子,反离子的价数越高,聚沉能力越强;在价数相同时,反离子的水合半径越小,聚沉能力越强。

【例题 6-10】 豆腐是大豆蛋白聚沉形成的凝胶?点浆常用的电解质包括 $MgCl_2$,$CaCl_2$,$CaSO_4$ 以及 $CaSO_4$ + 葡萄糖酸内酯。请分析上述各种点浆方法的特点。对于喜欢吃嫩豆腐的人,应当选择哪种方式点浆?

解答:豆浆制备前通常用水或碱水($NaHCO_3$)浸泡软化,因此豆浆的 pH 为中性或弱碱性,其中蛋白质带有负电荷。因此,聚沉需要用高价的阳离子如 Mg^{2+} 和 Ca^{2+}。

使用 $MgCl_2$ 点浆时,聚沉离子为 Mg^{2+},可以迅速将蛋白质沉淀下来,这样制备的豆腐含盐量大,较紧密,有韧劲,是常说的"老豆腐"。

使用 $CaCl_2$ 点浆时,聚沉离子为 Ca^{2+},Ca^{2+} 的水合离子半径较 Mg^{2+} 小,聚沉能力更强。因此,这样制备的豆腐同样是有韧劲的"老豆腐",但点浆时 $CaCl_2$ 盐的用量较 $MgCl_2$ 少。

使用 $CaSO_4$ 点浆时,聚沉离子为 Ca^{2+},但 SO_4^{2-} 使盐溶液的离子强度大大提高,溶液中 Ca^{2+} 的活度较低,因此大豆蛋白的凝结速度慢,凝胶中含水量会大大增加。因此,此豆腐松软滑润,是常说的"嫩豆腐"。

使用 $CaSO_4$ + 葡萄糖酸内酯点浆制成的豆腐常称做内酯豆腐或日本豆腐。其聚沉离子仍为活度较小的 Ca^{2+},大豆蛋白的凝结速度慢。此外,葡萄糖酸内酯可以缓慢水解降低溶液的 pH,使溶液酸度逐渐接近大豆蛋白的 pI 值(4.5~5.5)。这样蛋白质的凝结更加充分,而且凝胶的空隙结构更完善、含盐量很少。因此,内酯豆腐不仅口感滑嫩,而且可以在空隙中保存各种蔬菜的液汁,使豆腐具有各种颜色和更丰富的营养。喜欢吃嫩豆腐的人,可以选择这种方式生产的豆腐。

6.3 思考题选解

6-2 400 g 水中,加入 95%(质量分数,g/g)的 H_2SO_4 100 g,测得该溶液的密度为 $1.13\ kg\cdot L^{-1}$,

试计算H_2SO_4溶液的物质的量浓度、质量摩尔浓度、摩尔分数各为多少。

解答：H_2SO_4的实际质量

$m = 100 \times 95\% = 95(g)$

$c = n/V = (m/M)/(w/\rho) = (95/98)/[(400+100) \times 10^{-3}/1.13] = 2.19 (mol \cdot L^{-1})$

$b = n/m_A = (95/98)/\{[400+100 \times (100\%-95\%)] \times 10^{-3}\}$
$\qquad = (95/98)/0.405 = 2.39 (mol \cdot kg^{-1})$

$x = n/(n+n_A) = (95/98)/(95/98+405/18) = 0.0413$

6-4 某患者需补充Na^+ 4.0 g，如用生理盐水补充[$\rho(NaCl) = 9.0\ g \cdot L^{-1}$]，应需多少毫升的生理盐水？

解答：NaCl中Na^+含量为：$23/(23+35.5) = 39.32\%$

所以，4.0 g Na^+需要溶液：$4.0/(9.0 \times 39.32\%) = 1.1(L)$

6-5 对淀粉、蛋白质等高分子溶于水形成的分散系，为什么有时称其为溶液，有时又称其为胶体？

解答：由于聚合度的不同，胶粒的大小也就不同。直径小于1 nm的分散系称为溶液，直径在1~100 nm之间的分散系就称为胶体。

6-6 溶胶与高分子溶液具有稳定性的原因是哪些？用什么方法可以破坏它们的稳定性？

解答：溶胶稳定性原因包括：胶粒的静电排斥作用；胶粒表面水合膜(或其他溶剂化膜)的保护作用；胶粒的布朗运动。高分子溶液稳定性原因为水合膜的保护作用和高分子的布朗运动。

破坏方法是加入电解质溶液，以破坏胶粒的电荷和水合膜。

6-7 试解释浮在海面上的冰山的含盐量非常低的原因。

解答：结冰时只有溶剂水凝固，而不形成水-盐共结晶，因此冰山中基本是纯净的水。

6-8 $0.1\ mol \cdot kg^{-1}$的糖水、盐水以及酒精的沸点是否相同？说明理由。

解答：乙醇是比水更易挥发的物质，因此含酒精的水沸点降低。糖不挥发，因此糖水的沸点比纯水高。盐水的沸点也比水高，而盐是电解质，同样浓度的盐溶于水后会解离产生2倍的溶质粒子，因此沸点升高更多。三者沸点的顺序：盐水＞糖水＞酒精。

6-11 烟草的有害成分尼古丁的实验式为C_5H_7N，现称取4.96 g尼古丁溶于100 g水中，测得该溶液在标准大气压下的沸点为100.17℃，试写出尼古丁的化学式。

解答：$b = \Delta T_b/K_b = (100.17-100)/0.512 = 0.33 (mol \cdot kg^{-1})$

$M = m/(m_A b) = 4.96/(100 \times 0.33 \times 10^{-3}) = 150 (g \cdot mol^{-1})$

$MW(C_5H_7N) = 5 \times 12+7 \times 1+14 = 81$，实测分子量约为此计算值的2倍，所以尼古丁的化学式为$C_{10}H_{14}N_2$。

6-13 将101 mg胰岛素溶于10.0 mL水，该溶液在25.0℃时的渗透压是4.34 kPa，求：

(1) 胰岛素的摩尔质量；

(2) 溶液蒸气压下降Δp(已知在25℃水的饱和蒸气压是3.17 kPa)。

解答：(1) $\Pi V = nRT = (m/M)RT$

$M = mRT/\Pi V = 101 \times 10^{-3} \times 8.31 \times 298.15/[4.34 \times (10 \times 10^{-3})]$
$\qquad = 5.8 \times 10^3 (g \cdot mol^{-1})$

(2) $\Delta p = p_A^{\ominus} \cdot x = 0.018\ p_A^{\ominus} \cdot b$

$$= 0.018 \times 3.17 \times [101 \times 10^{-3}/(5.8 \times 10^3)] \times (10^3/10)$$
$$= 1.0 \times 10^{-4} (\text{kPa}) = 0.10(\text{Pa})$$

6-14 木苏糖是一种多聚糖,水解时可生成单糖($C_6H_{12}O_6$)。298.15 K 时测得浓度为 10 g·L^{-1} 的木苏糖水溶液的渗透压为 37.2 kPa,求木苏糖的摩尔质量并判断它为几聚糖。

解答:$\Pi V = nRT = (m/M)RT$
$M = mRT/\Pi V = 10 \times 8.31 \times 298.15/(37.2 \times 1) = 665 (\text{g·mol}^{-1})$

$MW(C_6H_{12}O_6) = 6 \times 12 + 12 \times 1 + 6 \times 16 = 180$,单糖缩合时要脱去 1 分子水,即每加一个糖,需减去 18,而 $180 \times 4 - 3 \times 18 = 666$,所以木苏糖的聚合度为 4。

6-15 人体正常体温为 37 ℃,测得血浆的凝固点为 −0.501 ℃,计算人体血液的渗透压。

解答:$b = \Delta T_f / K_f = 0.501/1.86 = 0.269 (\text{mol·kg}^{-1})$
$\Pi = cRT \approx bRT = 0.269 \times 8.31 \times 310.15 = 694 (\text{kPa})$

6-17 密闭钟罩内有两杯溶液,甲杯中含 1.68 g 蔗糖($C_{12}H_{22}O_{11}$)和 20.00 g 水,乙杯中含 2.45 g 某非电解质和 20.00 g 水。在恒温下放置足够长的时间达到动态平衡,甲杯水溶液总质量变为 24.90 g。求该非电解质的摩尔质量。

解答:乙杯中向甲杯转移了 $24.90 − 1.68 − 20.00 = 3.22 (\text{g})$

甲杯中溶液的渗透浓度为
$$b_{\text{suc}} = (1.68/342)/[(24.90 − 1.68) \times 10^{-3}] = 0.212 (\text{mol·kg}^{-1})$$

乙杯中平衡时
$$b_B = b_{\text{suc}} = 0.212 \text{ mol·kg}^{-1} = (2.45/M)/[(20.00 − 3.22)/1000]$$

所以 $M = 2.45 \times 10^3 /[0.212 \times (20.00 − 3.22)] = 690 (\text{g·mol}^{-1})$

6-20 人的血浆渗透压为 7.78×10^5 Pa(37 ℃),今需要配制与人体血浆渗透压相等的葡萄糖-盐水溶液供病人静脉注射,若上述 500 mL 葡萄糖-盐水溶液中含 11 g 葡萄糖,问其中食盐为多少克?

解答:
$c_{\text{os}} = \Pi/RT = 7.78 \times 10^5 \times 10^{-3}/(8.31 \times 310.15) = 0.302 (\text{mol·L}^{-1})$
$c_{\text{glu}} = (11/180)/(500 \times 10^{-3}) = 0.122 (\text{mol·L}^{-1})$
$c_{\text{NaCl}} = (0.302 − 0.122)/2 = 0.090 (\text{mol·L}^{-1})$

即需要 NaCl:$0.090 \times 58.5 \times (500 \times 10^{-3}) = 2.6 (\text{g})$

6-22 25 ℃时将半径为 1 mm 的水滴分散成半径为 10^{-3} mm 的小水滴,此时水的表面张力为 72.8×10^{-3} N·m^{-1}。问:比表面增加了多少倍?表面能增加了多少?完成该变化时,环境至少需要做功多少?

解答:$r = 1$ mm 的水滴的表面积为
$$S_1 = 4\pi r^2 = 4 \times 3.1416 \times 1.000^2 = 12.57 (\text{mm}^2) = 1.257 \times 10^{-5} (\text{m}^2)$$

水滴的体积为
$$V = 4\pi r^3/3 = 4.19 (\text{mm}^3) = 4.19 \times 10^{-3} (\text{mL})$$

$r = 10^{-3}$ mm 的水滴的表面积为
$$S_2 = 4\pi r^2 = 4 \times 3.1416 \times (1.000 \times 10^{-3})^2 = 1.257 \times 10^{-11} (\text{m}^2)$$

水滴的体积为
$$V = 4\pi (r/10^3)^3/3 = (4\pi r^3/3)/10^9$$

即1滴$r=1$ mm的水滴可分散成10^9滴$r=10^{-3}$ mm的小水滴。

此时总面积为$S_3=10^9\times1.257\times10^{-11}=1.257\times10^{-2}$(m²),面积增加1000倍。

$\Delta G=\sigma\Delta S=\sigma(S_3-S_1)\approx\sigma S_3=72.8\times10^{-3}\times1.257\times10^{-2}=9.151\times10^{-4}$(J)

1 mol水含$18/(4.19\times10^{-3})=4.30\times10^3$,所以1 mm的水滴分散成半径为$10^{-3}$ mm的小水滴时表面能增加了:$4.30\times10^3\times9.151\times10^{-4}=3.93$(J·mol^{-1}),即需要环境做功3.93 J·mol^{-1}。

6-25 将人血清蛋白(pI=4.64)和血红蛋白(pI=6.90)溶于一缓冲溶液(组成:0.05 mol·L^{-1} KH$_2$PO$_4$和0.02 mol·L^{-1} Na$_2$HPO$_4$)中,在电场中进行电泳,试确定两种蛋白的电泳方向。

解答:缓冲溶液的

$$pH=pK_a+\lg(c_B/c_A)=7.21+\lg(0.02/0.05)=6.81$$

所以,人血清蛋白在此条件下带负电荷,向阳极泳动;血红蛋白带正电,向阴极泳动。

章节自测

一、填空题

1. 5%的葡萄糖和5%蔗糖比较,葡萄糖溶液的冰点比蔗糖溶液_____;0.15 mol·L^{-1}的葡萄糖和相同浓度的食盐溶液比较,葡萄糖溶液的沸点比较_____、渗透压比较_____。

2. 产生渗透现象的必备条件是_____和_____。溶剂分子的渗透方向是_____。

3. 医学上等渗溶液的浓度为_____。

4. 胶体渗透压是由_____产生的,晶体渗透压是由_____产生的。

5. 在360 g·L^{-1}葡萄糖溶液中,人体红细胞会发生_____现象;在2 g·L^{-1} NaCl溶液中,红细胞会发生_____现象;在0.5 mol·L^{-1}的尿素溶液中,红细胞会发生_____现象。

6. 在正、负离子中,淌度最接近的是_____和_____;水溶液中,离子移动能力最大的是_____。

7. 以KI和AgNO$_3$为原料制备AgI溶胶时,如果KI过量,则制得的AgI胶团结构式为:_____;若AgNO$_3$过量,则制得的AgI胶团结构式为_____。

8. 蛋白质在等电点时,分子净电荷为_____,在外加电场中会_____。

9. 肌红蛋白的pI=7.0,在pH<6并外加电场,肌红蛋白向_____极泳动。

二、选择题

1. 下列关于分散系概念的描述,错误的是( )
   A. 分散系由分散相和分散介质组成 B. 分散系包括均相体系和多相体系
   C. 溶液属于分子分散系 D. 胶体分散系都是多相体系

2. 将11.1 g CaCl$_2$溶于水,配制成250 mL溶液,则Cl$^-$的摩尔浓度是( )
   A. 0.1 mol·L^{-1} B. 0.2 mol·L^{-1} C. 0.4 mol·L^{-1} D. 0.8 mol·L^{-1}

3. 稀溶液依数性的核心是( )
   A. 渗透压 B. 沸点升高 C. 蒸气压降低 D. 凝固点降低

4. 1 L 下列 4 种溶质质量相同的溶液中,渗透压最大的是( )
   A. 葡萄糖溶液（$M = 180$）　　　　　B. NaCl 溶液（$M = 58.5$）
   C. 蔗糖溶液（$M = 342$）　　　　　　D. $CaCl_2$ 溶液（$M = 111$）

5. 渗透压相等的溶液应是( )
   A. 同一温度下,蒸气压下降值相等的两溶液　B. 物质的量浓度相等的两溶液
   C. 物质的量相等的两溶液　　　　　　　　D. 浓度相等的两溶液

6. 100 g 水中溶解 2 g 非电解质,该溶液的冰点为－0.62℃,该溶质的摩尔质量为( )
   A. 60 g·mol^{-1}　　　B. 120 g·mol^{-1}　　　C. 80 g·mol^{-1}　　　D. 160 g·mol^{-1}

7. 下列溶液中会引起溶血现象的是( )
   A. 0.15 mol·L^{-1} NaCl 溶液　　　　　B. 10% 葡萄糖溶液
   B. 0.15 mol·L^{-1} NaCl＋5% 葡萄糖溶液　D. 0.84% 的 $NaHCO_3$ 溶液

8. 会使红细胞发生皱缩的溶液是( )
   A. 11.2 g·L^{-1} 乳酸钠（$M = 80$）　　B. 10.0 g·L^{-1} NaCl（$M = 58.5$）
   C. 50 g·L^{-1} 葡萄糖（$M = 180$）　　D. 12.5 g·L^{-1} $NaHCO_3$（$M = 84$）

9. 氢氧化铁胶体稳定存在的主要原因是( )
   A. 胶粒直径小于 1 nm　　　　　　　　B. 胶粒作布朗运动
   C. 胶粒带有电荷　　　　　　　　　　D. 胶粒不能通过半透膜

10. 现有蔗糖（$C_{12}H_{22}O_{11}$）、氯化钠、氯化钙 3 种溶液,它们的浓度均为 0.08 mol·L^{-1},则渗透压由低到高的顺序是( )
    A. $CaCl_2$＜NaCl＜$C_{12}H_{22}O_{11}$　　　B. $C_{12}H_{22}O_{11}$＜NaCl＜$CaCl_2$
    C. NaCl＜$C_{12}H_{22}O_{11}$＜$CaCl_2$　　　D. $C_{12}H_{22}O_{11}$＜$CaCl_2$＜NaCl

11. 今有下列 4 种溶液：(1) 0.5 mol·L^{-1} NaCl,(2) 0.5 mol·L^{-1} $C_6H_{12}O_6$,(3) 0.5 mol·L^{-1} H_2SO_4,(4) 0.05 mol·L^{-1} $CaCl_2$。其沸点由高到低的排列顺序是( )
    A. (1)＞(2)＞(3)＞(4)　　　　　　　B. (3)＞(2)＞(1)＞(4)
    C. (3)＞(1)＞(2)＞(4)　　　　　　　D. (4)＞(3)＞(1)＞(2)

12. 人体血液中平均每 100 mL 中含有 19 mg K$^+$（$M = 39$）,则血液中 K$^+$ 的浓度是( )
    A. 0.49 mol·L^{-1}　　　　　　　　B. 4.9 mol·L^{-1}
    C. 4.9×10^{-3} mol·L^{-1}　　　　　D. 4.9×10^{-3} mmol·L^{-1}

13. 欲使被半透膜隔开的两种溶液间不发生渗透现象,其条件是( )
    A. 两溶液的渗透浓度相同　　　　　　B. 两溶液体积相同
    C. 两溶液质量相同　　　　　　　　　D. 两溶液的物质的量浓度相同

14. 维持毛细血管内外水平衡( )
    A. 晶体渗透压　　　　　　　　　　　B. 胶体渗透压
    C. 氯化钠产生的渗透压　　　　　　　D. 电解质分子产生的渗透压

15. 溶液中含 0.1 mol·L^{-1} Na_2HPO_4 和 0.1 mol·L^{-1} NaH_2PO_4,该溶液的离子强度为( )
    A. 0.1 mol·L^{-1}　　B. 0.2 mol·L^{-1}　　C. 0.3 mol·L^{-1}　　D. 0.4 mol·L^{-1}

16. 下列电解质溶液中,离子强度最大的是( )
    A. 0.01 mol·L^{-1} NaCl　　　　　　B. 0.01 mol·L^{-1} $CaCl_2$
    C. 0.01 mol·L^{-1} $LaCl_3$　　　　　D. 0.01 mol·L^{-1} $CuSO_4$

17. 将高分子溶液作为胶体体系来研究,因为它( )
    A. 是多相体系　　　　　　　　　　　B. 热力学不稳定体系
    C. 对电解质很敏感　　　　　　　　　D. 粒子大小在胶体范围内

18. 鉴别高分子溶液与溶胶可借助于( )
    A. 布朗运动　　　　B. 丁铎尔效应　　　　C. 电泳　　　　D. 电渗

19. 下列关于溶胶和高分子溶液的叙述,正确的是( )
    A. 都属胶体分散系
    B. 都是多相不稳定体系
    C. 都可产生明显的丁铎尔现象
    D. 都是以分子聚集体为其分散相

20. 将含 $0.012 \text{ mol} \cdot \text{L}^{-1}$ NaCl 和 $0.02 \text{ mol} \cdot \text{L}^{-1}$ KCl 的 10 L 溶液和 100 L $0.005 \text{ mol} \cdot \text{L}^{-1}$ 的 $AgNO_3$ 溶液混合制备的溶胶,其胶粒在外电场的作用下电泳的方向是( )
    A. 向阳极移动
    B. 向阴极移动
    C. 不作定向运动
    D. 静止不动

21. 在电泳实验中,观察到分散相向阳极移动,表明( )
    A. 胶粒带正电
    B. 胶粒带负电
    C. 胶粒为电中性
    D. 胶粒为两性

22. 由过量 KBr 与 $AgNO_3$ 溶液混合可制得溶胶,以下说法正确的是( )
    A. 吸附离子是 Ag^+
    B. 反离子是 NO_3^-
    C. 胶粒带正电
    D. 它是负溶胶

23. 如聚沉 As_2S_3 溶胶(负溶胶),下列电解质中聚沉能力最大的是( )
    A. K_2SO_4　　　　B. $AlCl_3$　　　　C. $CaCl_2$　　　　D. K_3PO_4

24. 对于有过量 KI 存在的 AgI 溶液,电解质聚沉能力最强的是( )
    A. $K_3[Fe(CN)_6]$　　　　B. $MgSO_4$　　　　C. $FeCl_3$　　　　D. NaCl

25. 蛋白质发生盐析的主要原因是( )
    A. 电解质离子强烈的水化作用使大分子去水化
    B. 蛋白质所带的电荷发生了变化
    C. 由于电解质的加入,使大分子溶液处于等电点
    D. 蛋白质上基团的解离情况发生了变化

26. 在新生成的 $Fe(OH)_3$ 沉淀中,加入少量的稀 $FeCl_3$ 溶液,可使沉淀溶解,这种现象是( )
    A. 敏化作用　　　　B. 乳化作用　　　　C. 加溶作用　　　　D. 胶溶作用

27. 下列诸分散体系中,丁铎尔效应最强的是( )
    A. 纯净空气　　　　B. 蔗糖溶液　　　　C. 大分子溶液　　　　D. 金溶胶

28. 外加直流电场于胶体溶液,向某一电极作定向运动的是( )
    A. 胶核　　　　B. 胶粒　　　　C. 胶团　　　　D. 紧密层

29. α-球蛋白等电点为 4.8,将其置于 pH 为 6.5 的缓冲溶液中,α-球蛋白应该是( )
    A. 电中性　　　　B. 带正电　　　　C. 带负电　　　　D. 无法知道

30. 某蛋白质的等电点 pI = 5.6,欲使该蛋白在电场中向阳极移动,则电泳液的 pH 应( )
    A. 低于 5.6　　　　B. 高于 5.6　　　　C. 等于 5.6　　　　D. 无法知道

三、判断题

1. 冰点相同的两份稀的水溶液,其渗透压一定相同。( )
2. 溶液的离子强度越高,离子的活度系数越大。( )
3. 如果要阻止渗透现象,则需要在渗透压高的溶液的一侧加压。( )
4. 用半透膜将两种不同浓度的溶液隔开,溶剂分子总是由低浓度一侧向高浓度一侧渗透。( )

5. 通过原子力显微镜可以看到胶体粒子的形状和大小。（ ）
6. Li^+ 比 K^+ 半径小得多，因此 Li^+ 的淌度比 K^+ 大。（ ）
7. 有无丁铎尔效应是溶胶和高分子溶液的主要区别之一。（ ）
8. 表面活性剂可以增加物体的表面自由能。（ ）
9. 在外加直流电场中，AgI 正溶胶胶粒向负电极移动，而其扩散层向正电极移动。（ ）
10. 盐析沉淀的蛋白质可以加水重新溶解。（ ）

四、计算和问答题

1. 0.24 g Na_2SO_4 溶于水制成 50.00 mL 溶液，计算：
（1）Na^+ 的摩尔分数、物质的量浓度，以及质量摩尔浓度；
（2）溶液的离子强度。

2. 将某非电解质药物 3.00 g 溶于 400 g 水中，测得溶液的冰点为 −0.230 ℃，求：
（1）此药物的摩尔质量；
（2）此溶液在 37℃ 的渗透压；
（3）需要加入多少克 NaCl 才能使溶液等渗？

3. 某多糖的平均聚合度为 50（即由 50 个葡萄糖脱水缩合而成），溶解此多糖 1.0 g 到 100.0 mL 水中，加入微量淀粉酶（量忽略不计）在 37℃ 保温水解。假定水解反应是一级反应，反应的半衰期是 3 h，计算反应 0,1,3,12 h 时溶液的渗透压。

4. 将 $ZnSO_4$ 溶液和 Na_2S 溶液（过量）混合，得到 ZnS 溶胶。向沸水中滴加 $FeCl_3$，得到氢氧化铁溶胶。
（1）写出 ZnS 和氢氧化铁溶胶的胶团结构；
（2）将两者混合后会发生什么？解释原因。

* *

自测题答案

一、填空题
1. 低，低，低
2. 半透膜，两侧溶液浓度不同，稀溶液→浓溶液
3. 280～320 mmol·L^{-1}
4. 生物大分子，小分子和无机盐
5. 皱缩，溶血，溶血
6. K^+，Cl^-，H^+
7. $[(AgI)_m \cdot nI^- \cdot (n-x)K^+]^{x-} \cdot xK^+$，$[(AgI)_m \cdot nAg^+ \cdot (n-x)NO_3^-]^{x+} \cdot xNO_3^-$
8. 零，不移动
9. 阴

二、选择题
1. D 2. D 3. C 4. B 5. A 6. A 7. D 8. B 9. C 10. B 11. C 12. C 13. A 14. B 15. D 16. C 17. D 18. B 19. A 20. B 21. B 22. B 23. B 24. C 25. A 26. A 27. D 28. B 29. C 30. B

三、判断题
1. √ 2. × 3. √ 4. × 5. √ 6. × 7. √ 8. × 9. √ 10. √

四、计算和问答题

1. (1) 0.0012,0.068 mol/L,0.068 mol/kg;(2) 0.102 mol/kg
2. (1) 60.7 g/mol;(2) 318 kPa;(3) 2.06 g
3. 3.2 kPa,34 kPa,81 kPa,160 kPa
4. (1) $[(ZnS)_m \cdot nS^{2-} \cdot (2n-x)Na^+]^{x-} \cdot xNa^+$,$\{[Fe(OH)_3]_m \cdot nFeO^+ \cdot (n-x)Cl^-\}^{x+} \cdot xCl^-$

(2) 两种胶体的电荷相反,所以会发生电荷中和而聚沉。

第 7 章
酸碱反应——质子转移的反应

7.1 基本要求

1. 酸碱质子理论

酸碱质子理论对溶液中最重要的溶质之一——质子的存在和化学变化进行了几乎完美的描述,它的完备性和实用性使我们几乎不再需要其他任何酸碱理论。

质子酸碱理论的核心是质子,质子在溶液中不能独立存在,总是和某个分子结合。酸碱都是质子的载体。凡是能接受质子的分子或离子都是碱,碱是空的质子载体,因此也是质子的受体;反过来,酸是质子的给体,是装载了质子并能够释放出质子的分子。所以,酸和碱构成一种共轭关系:

$$共轭酸 \rightleftharpoons 质子 + 共轭碱$$

共轭酸碱相互转化。一个分子是酸是碱,取决于其装载和释放质子的情况。

酸碱反应的本质是质子在两种不同分子间的传递和转移。根据热力学原理,酸碱反应中,较强的酸失去质子、生成较弱的共轭碱,而另一个较强的碱得到质子、生成较弱的这个碱的共轭酸,即

$$HA + B \rightleftharpoons A + HB$$

2. 水溶液中质子传递的热力学和动力学

在水溶液中,溶剂水分子是一种两性分子,既可以接受质子,也可以释放质子:

$$H_2O + H^+ \rightleftharpoons H_3O^+$$
$$H_2O \rightleftharpoons H^+ + OH^-$$

在第 6 章中,我们已经知道,由于水中氢键网的存在,水中 H_3O^+ 和 OH^- 的移动速度是很快的。在水溶液中的质子转移反应,都是经过溶剂水分子进行传递,而且反应速率很快,所以酸碱反应,不用考虑化学反应的动力学问题。

由于溶剂水对酸碱反应的介导,水溶液中酸碱反应的热力学都可以归结成下列 3 个反应多重平衡的联立:

- 酸解离平衡: $HA + H_2O \rightleftharpoons H_3O^+ (简写成 H^+) + A^-$ $\quad K_a = \dfrac{[H^+][A^-]}{[HA]}$

- 酸解离平衡： $B^- + H_2O \rightleftharpoons HB + OH^-$ $\qquad K_b = \dfrac{[OH^-][HB]}{[B^-]}$
- 中和反应

$$H^+ + OH^- \rightleftharpoons H_2O$$

其逆反应称为溶剂水分子质子自递平衡：

$$H_2O \rightleftharpoons H^+ + OH^-$$

$$K_w = [H^+][OH^-] = 10^{-14} \quad (25℃)$$

因此，水溶液中酸碱反应热力学最主要的问题是溶液的氢离子浓度，即 pH：

$$pH = -\lg a_{H^+} \approx -\lg[H^+]$$

3. 弱酸、碱溶液的 pH 计算

掌握溶液 pH 的定性判断和定量估算，这是本章的核心教学内容，在下一节"要点和难点解析"中详述。

4. 缓冲溶液及其生理意义

缓冲溶液由一定浓度的弱酸（HB）和它的共轭碱（B^-）构成。当加入外来酸时，解离形成的 H^+ 将与 B^- 结合；而遇外来碱解离形成的 OH^- 时，HB 则增加解离抵消中和反应消耗的 H^+。因此，溶液的 pH 能够基本保持不变或改变较小。

缓冲溶液的基本参数包括：

缓冲范围：$pK_a - 1 \sim pK_a + 1$

缓冲容量 β：

$$\beta = \frac{\delta c_{B\ or\ A}}{\delta pH} = \frac{2.303[HB][B]}{[HB]+[B]} = \frac{2.303[HB][B]}{c_\text{总}} = 2.303 \cdot c_\text{总} \cdot \frac{r}{(r+1)^2}$$

其中，r 称为缓冲比：

$$r = [HB]/[B] \quad \text{或} \quad r = [B]/[HB]$$

缓冲比 $r = 1$ 时，缓冲容量达到最大值：$\beta_{\max} = 0.576 c_\text{总}$。

在生命过程中，生物体内的 pH 需要被严格地控制。血液的 pH 维持在 7.35～7.45 的狭小范围内。严重的酸中毒和碱中毒都会危及生命。生物体内的 pH 维持都是通过各种缓冲溶液实现的，在医药实践和生物化学研究中，缓冲溶液是基本的条件之一。因此，配制缓冲溶液是必须掌握的一个基本技能。

5. 酸碱滴定的方法设计和应用

需要从两个方面掌握酸碱滴定：首先，作为一种常见的常规分析手段，必须了解酸碱滴定的应用范围、滴定计算和方法弱点，能够熟练应用简单的酸碱滴定解决一些实际问题；其次，通过酸碱滴定这样一个典型的例子，了解滴定分析的原理和分析方法设计。

酸碱滴定分析应用的关键是要弄清作为标准物质的酸碱和待测物质之间的当量关系。酸碱滴定的局限是不能区分待测酸碱的物种差别，例如凯氏定氮法测定蛋白质含量时，并不能区分氮元素的分子来源。正是这个原因，给了黑心商家向奶粉和饲料中添加三聚氰胺去蒙蔽检验的机会。同其他滴定分析一样，滴定曲线是酸碱滴定设计的关键。一切滴定条件都以滴定曲线为依据。

7.2 要点和难点解析

1. 酸碱强弱的比较

在水溶液中,某酸 HA 的解离常数 K_a 是该酸强弱的标度。酸的 K_a 值越大,该酸的酸性越强。水溶液中最强的酸是 H_3O^+,因为比 H_3O^+ 更强的酸,其质子将全部解离,生成 H_3O^+。同样,K_b 是水溶液中碱强弱的标度;水溶液中最强的碱是 OH^-。

对于一对共轭酸碱来说,$K_a \cdot K_b = K_w$。某酸的酸性越强,则其共轭碱的碱性越弱;反之,某碱的碱性越强,则其共轭酸的酸性越弱。

根据该物质的酸碱解离常数,可以判断一种物质的水溶液的酸碱性:

- 对于弱酸,水溶液显酸性,pH<7;弱酸 K_a 越大,溶液 pH 越低。
- 对于弱碱,水溶液显碱性,pH>7;弱碱 K_b 越大(或其共轭酸 K_a 越小),溶液 pH 越高。
- 对于两性物质,比较此物质作为酸的 K_a 和作为碱的 K_b 的大小。如果 $K_a > K_b$,则溶液显酸性;如果 $K_a < K_b$,则溶液显碱性。
- 碱金属和碱土金属离子、卤素离子(除 F^- 外)、硝酸根为中性,pH = 7.0。

【**例题 7-1**】利用教材附录表 3-1 和表 3-2,将下列各组物质的水溶液(相同浓度)按 pH 大小排序:

(1) H_3PO_4,HAc,CCl_3COOH,$NH_3 \cdot H_2O$,H_2O_2,H_3BO_3;

(2) NaCl,$NaHSO_4$,$NaNO_3$,NaOH,NaH_2PO_4,NaF;

(3) NH_4HCO_3,NH_4Cl,NH_4Ac,NH_4HSO_4,NH_4OH,$(CH_3)_4NOH$。

解答:(1) $NH_3 \cdot H_2O$ 是碱,其他是酸,其 K_a 大小的顺序是:$CCl_3COOH > H_3PO_4 > HAc > H_3BO_3 > H_2O_2$,所以溶液 pH 顺序为:$CCl_3COOH < H_3PO_4 < HAc < H_3BO_3 < H_2O_2 < NH_3 \cdot H_2O$。

(2) Na^+ 为中性离子,溶液的酸碱性取决于阴离子的酸碱性。Cl^-,NO_3^- 是中性;HSO_4^- 是中强酸;OH^- 是最强碱;F^- 是弱碱;$H_2PO_4^-$ 是两性离子,其酸 $K_{a_2} = 6.2 \times 10^{-8}$,其碱 $K_b = K_w/K_{a_1} = 10^{-14}/(6.9 \times 10^{-3}) = 1.4 \times 10^{-12}$,离子的酸性更强。综合结果,溶液 pH 顺序为:$NaHSO_4 < NaH_2PO_4 < NaCl = NaNO_3 < NaF < NaOH$。

(3) NH_4OH 即氨水,是弱碱;$(CH_3)_4NOH$ 完全解离生成 $(CH_3)_4N^+$ 和 OH^-,是强碱;NH_4HSO_4 中,HSO_4^- 是中强酸;NH_4Cl,Cl^- 是中性,而 NH_4^+ 为弱酸;NH_4Ac 中,NH_4^+ 为弱酸($K_a = 5.6 \times 10^{-10}$),$Ac^-$ 为弱碱($K_b = K_w/K_a = 10^{-14}/(1.8 \times 10^{-5}) = 5.6 \times 10^{-10}$),$K_a$ 和 K_b 相当,因此溶液为中性;NH_4HCO_3 中,HCO_3^- 为两性离子,其酸 $K_{a_2} = 5.6 \times 10^{-11}$,其碱 $K_b = K_w/K_{a_1} = 10^{-14}/(4.2 \times 10^{-7}) = 2.4 \times 10^{-8}$,其碱性比其酸性以及 NH_4^+ 的酸性($K_a = 5.6 \times 10^{-10}$)都强,因此 NH_4HCO_3 为弱碱性溶液,但碱性比氨水($K_b = 1.8 \times 10^{-5}$)要弱。

综合起来,溶液 pH 顺序为:$NH_4HSO_4 < NH_4Cl < NH_4Ac < NH_4HCO_3 < NH_4OH < (CH_3)_4NOH^-$。

2. 不同水溶液 pH 的估算

按溶质性质分成以下几类计算方法:

(1) 强酸强碱溶液

强酸、碱在水溶液中完全解离,即一元强酸、碱溶液中

$$[H^+] = c_{HA} \quad 或 \quad [OH^-] = c_B$$

(2) 弱酸弱碱

对一元弱酸碱,计算简式为

$$[H^+] = \sqrt{K_a c} \quad 或 \quad [OH^-] = \sqrt{K_b c}$$

解离度 α 计算简式为

$$\alpha = \sqrt{\frac{K_a}{c}} \quad 或 \quad \alpha = \sqrt{\frac{K_b}{c}}$$

如果实际解离度 $\alpha > 5\%$,则需按下精确式计算:

$$[H^+] = \frac{-K_a + \sqrt{K_a^2 + 4K_a c}}{2} \quad 或 \quad [OH^-] = \frac{-K_b + \sqrt{K_b^2 + 4K_b c}}{2}$$

多元弱酸碱只需考虑第一步解离,即当做一元弱酸碱处理。

(3) 两性物质

对于两性离子溶液、弱酸弱碱盐或氨基酸型两性物质都有

$$[H^+] = \sqrt{K_{a_1} K_{a_2}}, \quad pH = \frac{1}{2}(pK_{a_1} + pK_{a_2})$$

其中,K_{a_1} 为两性物质中酸型物质的酸解离平衡常数,K_{a_2} 为两性物质中碱型物质的共轭酸的解离平衡常数,即①两性物质 HA⁻:

$$H_2A \rightleftharpoons H^+ + HA^- \quad K_{a_1}$$

$$HA^- \rightleftharpoons H^+ + A^{2-} \quad K_{a_2}$$

或②弱酸弱碱盐 BH^+A^-:

$$BH^+ \rightleftharpoons H^+ + B \quad K_{a_1}$$

$$HA \rightleftharpoons H^+ + A^- \quad K_{a_2}$$

(4) 弱酸及其共轭碱体系(及缓冲溶液体系)

$$pH = pK_a - \lg\frac{[HB]}{[B]} = pK_a + \lg\frac{[B]}{[HB]} = pK_a + \lg\frac{c_{碱}}{c_{酸}}$$

【例题 7-2】 计算下列溶液的 pH:

(1) $0.10 \text{ mol} \cdot L^{-1}$ 盐酸和 $0.10 \text{ mol} \cdot L^{-1}$ $NH_3 \cdot H_2O$ 等体积混合;

(2) $0.10 \text{ mol} \cdot L^{-1}$ 甲酸和 $0.10 \text{ mol} \cdot L^{-1}$ $NH_3 \cdot H_2O$ 等体积混合;

(3) $0.10 \text{ mol} \cdot L^{-1}$ 草酸和 $0.10 \text{ mol} \cdot L^{-1}$ $NH_3 \cdot H_2O$ 等体积混合;

(4) $0.10 \text{ mol} \cdot L^{-1}$ 乙酸和 $0.20 \text{ mol} \cdot L^{-1}$ $NH_3 \cdot H_2O$ 等体积混合。

解答:(1) 反应产生 $0.050 \text{ mol} \cdot L^{-1}$ NH_4Cl,则

$$[H^+] = (K_a c)^{1/2} = (5.6 \times 10^{-10} \times 0.050)^{1/2} = 5.3 \times 10^{-6} \text{ mol} \cdot L^{-1}$$

$$pH = -\lg(5.3 \times 10^{-6}) = 5.28$$

(2) 反应产生 $0.050 \text{ mol} \cdot L^{-1}$ $HCOONH_4$,为弱酸弱碱盐,即

$$HCOOH \rightleftharpoons H^+ + HCOO^- \quad pK_{a_1} = 3.74$$

$$NH_4^+ \rightleftharpoons H^+ + NH_3 \quad pK_{a_2} = 9.25$$

所以 $\text{pH} = (pK_{a_1} + pK_{a_2})/2 = (9.25 + 3.74)/2 = 6.50$

(3) 反应产生 $0.050 \text{ mol} \cdot \text{L}^{-1}$ NH_4HOx，为两性弱酸的弱碱盐

$$H_2Ox \rightleftharpoons H^+ + HOx^- \quad pK_{a_1} = 1.22$$

$$HOx^- \rightleftharpoons H^+ + Ox^{2-} \quad pK_{a_2} = 4.19$$

$$NH_4^+ \rightleftharpoons H^+ + NH_3 \quad pK_{a_2} = 9.25$$

由于 HOx^- 的酸性要明显强于 NH_4^+，可以忽略 NH_4^+ 的解离，所以

$$\text{pH} = (1.22 + 4.19)/2 = 2.70$$

(4) 反应产生 $0.050 \text{ mol} \cdot \text{L}^{-1}$ NH_4Ac 并剩余 $0.050 \text{ mol} \cdot \text{L}^{-1}$ NH_3，相对于 NH_3 的碱性，Ac^- 的碱性可以忽略，NH_4^+-NH_3 是一对共轭酸碱对，构成缓冲溶液，所以

$$\text{pH} = pK_a + \lg([NH_3]/[NH_4^+]) = 9.25 + \lg(0.05/0.05) = 9.25$$

3. 缓冲溶液的配制方法及其应用

教材 7.3.4 小节详细地说明了缓冲溶液的配制步骤，要点强调如下：

(1) 根据需要缓冲溶液的 pH，选择合适的缓冲系。缓冲溶液的 pH 应该在所选缓冲对的缓冲范围之内，并尽量接近弱酸的 pK_a，以使配制的缓冲溶液有较大的缓冲容量；同时，缓冲系对于所要研究的化学体系或化学反应来说要呈现化学惰性。

(2) 根据 Henderson-Hasselbalch 公式计算缓冲比，一般无需进行教材 7.3.2 小节中提到的精确计算校正，然后：

- 根据需要的缓冲容量和缓冲比，计算缓冲溶液的最低总浓度。一般在大于最低总浓度下，选择一个方便配制的浓度（一般在 $0.05 \sim 0.2 \text{ mol} \cdot \text{L}^{-1}$）。
- 根据缓冲比和总浓度，计算所需缓冲物质的量。

(3) 计算缓冲溶液中其他物质的量，例如 NaCl 等维持溶液的渗透压等所需的其他成分的量。

(4) 配制溶液并进行校正。称取（或量取）根据计算所需量的弱酸、共轭碱和其他物质，溶于体积为 80%~90% 终体积的水中，定容之前，在 pH 计监测下，加入酸（碱）调节溶液 pH 到需要的值，然后定容。

【例题 7-3】 请计算血液的碳酸盐缓冲体系在开放和不开放条件下的缓冲容量。

解答：血液中溶解 CO_2 和 HCO_3^- 构成一对表观缓冲体系，其 pH 方程式为

$$\text{pH} = 6.10 + \lg([HCO_3^-]/[CO_2(aq)])$$

其中，血液中缓冲物质的一般浓度为：$[HCO_3^-] = 0.024 \text{ mol} \cdot \text{L}^{-1}$，$[CO_2(aq)] = 0.0012 \text{ mol} \cdot \text{L}^{-1}$。

如果血液不是开放体系，则缓冲容量为

$$\beta = 2.303[CO_2(aq)][HCO_3^-]/([HCO_3^-]+[CO_2(aq)])$$

$$= 2.303 \times [0.024 \times 0.0012/(0.0012+0.024)] \text{ mol} \cdot \text{L}^{-1} \cdot \text{pH}^{-1}$$

$$= 0.0026 \text{ mol} \cdot \text{L}^{-1} \cdot \text{pH}^{-1}$$

而如果血液是开放体系，则 $CO_2(aq)$ 由于和大气 CO_2 平衡，从而浓度可以维持恒定，即

$$\text{pH} = 6.10 + \lg([HCO_3^-]/[CO_2(aq)]) = 6.10 + \lg[HCO_3^-] - \lg 0.0012$$

$$= 9.02 + \lg[HCO_3^-]$$

可见，开放的人体，其缓冲容量完全取决于血液碱储 $[HCO_3^-]$，即

$$\beta = \delta c/\delta \text{pH} = 2.303[\text{HCO}_3^-] = 0.055 \text{ mol} \cdot \text{L}^{-1} \cdot \text{pH}^{-1}$$

上述缓冲能力几乎是约 $0.1 \text{ mol} \cdot \text{L}^{-1}$ 磷酸盐缓冲液的最大缓冲容量。所以,人体是否开放决定了体内的缓冲能力差别达到 21 倍以上。

【例题 7-4】 为 ELISA 分析配制 100 mL 抗体包被液。已知抗体 γ-球蛋白的 pI ≈ 7.5,包被时需要 99% 以上的抗体带负电荷。要求缓冲容量 β 不少于 $0.01 \text{ mol} \cdot \text{L}^{-1} \cdot \text{pH}^{-1}$ 的缓冲溶液。问如何用从实验室现有储备液中选择并配制所需要包被液。现有储备液:NaH_2PO_4,Na_2HPO_4,NaHCO_3,Na_2CO_3,Tris,HCl,浓度均为 $0.200 \text{ mol} \cdot \text{L}^{-1}$。

解答: γ-球蛋白解离方程为

$$\text{Ab} \rightleftharpoons \text{H}^+ + \text{Ab}^- \qquad K_a = \frac{[\text{H}^+][\text{Ab}^-]}{[\text{Ab}]}$$

有 $[\text{Ab}^-]/[\text{Ab}] = K_a/[\text{H}^+]$。若要抗体完全去质子化,即 $[\text{Ab}^-]/[\text{Ab}] > 100$,则 $[\text{H}^+] < 100 K_a$。根据这个原理,若要 99% 以上的抗体带负电荷,溶液的 pH 应当比抗体的等电点 pI 高 2 个 pH 单位,即缓冲溶液的 pH 应当至少为 pH = 9.5。由于 pH 过高会导致蛋白质变性,所以选择配制缓冲溶液 pH = 9.50。

在储备液中,NaH_2PO_4-Na_2HPO_4 体系的缓冲范围为 7.21 ± 1,NaHCO_3-Na_2CO_3 体系的缓冲范围为 10.25 ± 1,Tris-HCl 体系的缓冲范围为 8.08 ± 1。所以,应当选择 NaHCO_3-Na_2CO_3 体系。

$$\text{pH} = \text{p}K_a + \lg([\text{CO}_3^{2-}]/[\text{HCO}_3^-])$$

$$\lg([\text{CO}_3^{2-}]/[\text{HCO}_3^-]) = \text{pH} - \text{p}K_a = 9.50 - 10.25 = -0.75$$

$$[\text{CO}_3^{2-}]/[\text{HCO}_3^-] = 0.18$$

$$c_{\min} = \beta \times (0.18+1)^2/(2.303 \times 0.18) = 0.034 \text{ mol} \cdot \text{L}^{-1}$$

因此,可以选择配制 $0.050 \text{ mol} \cdot \text{L}^{-1}$。

Na_2CO_3 用量:$\dfrac{100 \text{ mL} \times 0.050 \text{ mol} \cdot \text{L}^{-1} \times 0.18}{(0.18+1) \times 0.200 \text{ mol} \cdot \text{L}^{-1}} = 3.8 \text{ mL}$

NaHCO_3 用量:$\dfrac{100 \text{ mL} \times 0.050 \text{ mol} \cdot \text{L}^{-1} \times 1}{(0.18+1) \times 0.200 \text{ mol} \cdot \text{L}^{-1}} = 21.2 \text{ mL}$

配制方法:取 21.2 mL NaHCO_3 储备液和 3.8 mL Na_2CO_3 储备液混合,加入去离子水到约 90 mL,在 pH 计上调节到 pH = 9.5,然后用水稀释到 100 mL。

4. 酸碱滴定曲线和滴定条件的选择

酸碱滴定曲线是将溶液的 pH 对加入的标准溶液的体积作图所得到的曲线。酸碱滴定曲线是一切滴定条件的选择基础。其中几个值得强调的要点是:

(1) 根据滴定突跃范围大小判断滴定准确性

- 强酸强碱间的滴定:被滴定的酸(或碱)的浓度 $\geqslant 10^{-4} \text{ mol} \cdot \text{L}^{-1}$ 时,才有明显的滴定突跃,实现准确滴定;
- 强酸(或强碱)滴定一元弱碱(或弱酸):当 $K_a c$(或 $K_b c$)$\geqslant 10^{-8}$ 时,有明显的滴定突跃,弱碱(或弱酸)可被准确滴定;
- 强酸(或强碱)滴定多元弱碱(或弱酸):首先,判断能否分步滴定,弱碱(或弱酸)两步解离之间 $\Delta \text{p}K_b > 4$(或 $\Delta \text{p}K_a > 4$),即 $K_{b(n)}/K_{b(n+1)} > 10^4$(或 $K_{a(n)}/K_{a(n+1)} > 10^4$)时,可以进行分步滴定;其次,如果能进行分步滴定,则满足 $K_b c$(或 $K_a c$)$\geqslant 10^{-8}$ 条件的任何

一步都可被准确滴定;最后,如果不能进行分步滴定,若最后一步解离有 $K_a c$(或 $K_b c$)$\geqslant 10^{-8}$,则此多元弱酸(或弱碱)可一次被准确滴定,否则无法进行准确滴定。

(2) 根据滴定突跃范围选择酸碱指示剂

酸碱指示剂的理论变色点是 $pH = pK_{HIn}$,$pH = pK_{HIn} \pm 1$ 为指示剂的理论变色范围。选择指示剂时,指示剂的理论变色范围应当在滴定突跃的范围。

在 $pH < pK_{HIn} - 1$ 时,溶液显酸式色;$pH > pK_{HIn} + 1$ 时,溶液显碱式色。对于常用的指示剂来说,其应用范围和颜色变化为:

- 酚酞:碱性终点用指示剂,变色点 9.1。酸→碱颜色变化:无色(粉色)红色。
- 甲基红:近中性终点用指示剂,变色点 5.0。酸→碱颜色变化:红色(橙色)黄色。
- 甲基橙:酸性终点用指示剂,变色点 3.7。酸→碱颜色变化:红色(橙色)黄色。

【例题 7-5】某一有机酸(H_2A)的 $pK_{a_1} = 4.19$,$pK_{a_2} = 10.75$,称取该酸纯固体样品 2.9120 g,配制 100.00 mL 溶液。取此溶液 25.00 mL,用 0.1012 mol·L^{-1} NaOH 的滴定,消耗 24.36 mL,计算该有机酸的摩尔质量。本次滴定分析应当选用什么为指示剂?

解答:H_2A 二元酸两步解离之间 $pK_a > 4$,第二步的 $pK_{a_2} = 10.75$,$K_a c$ 一定小于 10^{-8},因此第二步不能准确滴定,只能滴定第一步,滴定突越在 pH 5~10 之间,因此可以用甲基红或酚酞指示。

因为只滴定一步,所以滴定剂和有机酸的定量关系为 1:1。

$n = (100.00 \text{ mL}/25.00 \text{ mL}) \times 0.1012 \text{ mol·L}^{-1} \times 24.36 \text{ mL} = 9.861 \text{ mmol}$

$M = 10^3 \times 2.9120 \text{ g}/9.861 \text{ mmol} = 295.3 \text{ g·mol}^{-1}$

7.3 思考题选解

7-1 酸碱质子理论对酸碱是如何定义的?酸或碱的强度由哪些因素决定?

解答:能够给出质子的分子和离子是酸,能够接受质子的分子和离子是碱。酸(或碱)的强度由 K_a(或 K_b)决定,会受到浓度、温度和溶剂的影响。

7-3 25℃时测得 0.500 mol·L^{-1} HCOOH 的解离度为 1.88%,计算 HCOOH 的 K_a。

解答: HCOOH ⇌ HCOO$^-$ + H$^+$

初始浓度(mol·L^{-1}):   0.500   0   0

平衡浓度(mol·L^{-1}):0.500(1−1.88%)   0.500×1.88%   0.500×1.88%

$$K_a = \frac{[\text{HCOO}^-][\text{H}^+]}{[\text{HCOOH}]} = \frac{0.500 \times 1.88\% \times 0.500 \times 1.88\%}{0.500 \times (1-1.88\%)} = 1.80 \times 10^{-4}$$

7-4 将 0.10 mol·L^{-1} HAc 稀释至 0.010 mol·L^{-1},计算稀释前后溶液的 pH 和解离度 α,利用计算结果说明浓度变化对弱酸 pH 和解离度的影响是什么?

解答:稀释前:$[\text{H}^+] = (K_a c)^{1/2} = (1.8 \times 10^{-5} \times 0.10)^{1/2} = 1.3 \times 10^{-3} (\text{mol·L}^{-1})$

     $pH = -\lg[\text{H}^+] = 2.89$, $\alpha = [\text{H}^+]/c = 1.3 \times 10^{-3}/0.10 = 1.3\%$

稀释后:$[\text{H}^+] = (K_a c)^{1/2} = (1.8 \times 10^{-5} \times 0.010)^{1/2} = 4.2 \times 10^{-4} (\text{mol·L}^{-1})$

     $pH = -\lg[\text{H}^+] = 3.38$, $\alpha = [\text{H}^+]/c = 4.2 \times 10^{-4}/0.010 = 4.2\%$

通过计算可知:弱酸 pH 和解离度随浓度的减小而增大。

7-5 某一弱电解质 HA 溶液,其质量摩尔浓度 $b(\text{HA})$ 为 0.10 mol·kg^{-1},测得此溶液的冰点为$-0.21℃$,求该物质的解离度和K_a。

解答：查表：$K_f(H_2O) = 1.86\ K \cdot kg \cdot mol^{-1}$。

	HA	⇌	A$^-$	+	H$^+$
初始浓度(mol·L^{-1})	0.10		0		0
平衡浓度(mol·L^{-1})	0.10(1−α)		0.10α		0.10α

$$\Delta T_f = K_f \cdot b_{s.p.} = K_f \times ([HA]+[A^-]+[H^+])$$
$$= 1.86 \times [0.10(1-\alpha)+0.10\alpha+0.10\alpha] = 0.21$$

解得：$\alpha = 13\%$。则

$$K_a = \frac{[A^-][H^+]}{[HA]} = \frac{0.10 \times \alpha \times 0.10 \times \alpha}{0.10 \times (1-\alpha)} = 1.9 \times 10^{-3}$$

7-6 巴豆酸是一元弱酸,$K_a = 3.9 \times 10^{-5}$。

(1) 计算$0.20\ mol \cdot L^{-1}$巴豆酸溶液的pH；

(2) 若向该溶液中加入等体积的$0.20\ mol \cdot L^{-1}$ NaOH,pH又是多少？

解答：(1) $[H^+] = \sqrt{K_a c} = \sqrt{3.9 \times 10^{-5} \times 0.20} = 2.8 \times 10^{-3}(mol \cdot L^{-1})$

$pH = -lg[H^+] = 2.55$

(2) 产物是$0.10\ mol \cdot L^{-1}$巴豆酸钠：

$$K_b = \frac{K_w}{K_a} = \frac{1.0 \times 10^{-14}}{3.9 \times 10^{-5}} = 2.6 \times 10^{-10}$$

$[OH^-] = \sqrt{K_b c} = \sqrt{2.6 \times 10^{-10} \times 0.10} = 5.1 \times 10^{-6}(mol \cdot L^{-1})$

$pOH = -lg[OH^-] = 5.29$，$pH = 8.71$

7-8 HCN的$K_a = 4.9 \times 10^{-11}$,计算$0.10\ mol \cdot L^{-1}$ HCN溶液的pH。如果向$1.0\ L$该溶液中加入NaCN固体$4.9\ g$,溶液的pH变为多少？若改为加入$58.5\ g$ NaCl,溶液的pH是多少？

解答：(1) $[H^+] = \sqrt{K_a c} = \sqrt{4.9 \times 10^{-11} \times 0.10} = 2.2 \times 10^{-6}(mol \cdot L^{-1})$

$pH = -lg[H^+] = 5.66$

(2) 加入NaCN后，

$$[CN^-] \approx c(NaCN) = \frac{m(NaCN)}{M(NaCN) \cdot V(NaCN)} = \frac{4.9}{49 \times 1} = 0.10(mol \cdot L^{-1})$$

由于同离子效应的影响：

$$[H^+] = K_a \cdot \frac{[HCN]}{[CN^-]} \approx K_a \cdot \frac{c(HCN)}{c(NaCN)} = \frac{4.9 \times 10^{-11} \times 0.10}{0.10} = 4.9 \times 10^{-11}(mol \cdot L^{-1})$$

$pH = -lg[H^+] = 10.31$

(3) 加入NaCl会增加溶液的离子强度

$$I = \tfrac{1}{2} \sum_i c_i z_i^2 = \tfrac{1}{2} \times [1 \times 1^2 + 1 \times (-1)^2] = 1$$

$lg\gamma_\pm = -0.509 \times |z_+ \cdot z_-| \sqrt{I} = -0.509 \times |1 \times (-1)| \times \sqrt{1} = -0.509$, $\gamma_\pm = 0.310$

$a(H^+) = \sqrt{K_a \cdot c \cdot \gamma_\pm} = \sqrt{4.9 \times 10^{-11} \times 0.10 \times 0.310} = 1.2 \times 10^{-6}(mol \cdot L^{-1})$

$pH = -lg a_{H^+} = 5.92$

7-10 不计算比较 0.10 mol·L^{-1}下列溶液的 pH 大小：NaAc,NaCN,H$_3$PO$_4$,(NH$_4$)$_2$SO$_4$, NH$_4$Ac。

解答：H$_3$PO$_4$,(NH$_4$)$_2$SO$_4$ 是酸,NaAc,NaCN 是碱,NH$_4$Ac 是两性物质。

H$_3$PO$_4$ 与(NH$_4$)$_2$SO$_4$ 比较,H$_3$PO$_4$ 是强酸,酸性 H$_3$PO$_4$>(NH$_4$)$_2$SO$_4$；

NaAc 与 NaCN 比较,二者均为一元弱碱,pK_b(Ac$^-$)<pK_b(CN$^-$),因此碱性 NaCN>NaAc；

NH$_4$Ac 的 pK_a(NH$_4^+$)和 pK_b(Ac$^-$)相等,其水溶液呈中性；

可知,上述溶液的 pH 顺序为：H$_3$PO$_4$<(NH$_4$)$_2$SO$_4$<NH$_4$Ac<NaAc<NaCN。

7-11 计算下列溶液的 pH：

(1) 0.20 mol·L^{-1} HCl 溶液与 0.20 mol·L^{-1} NH$_3$·H$_2$O 等体积混合；

(2) 0.20 mol·L^{-1} HAc 溶液与 0.20 mol·L^{-1} NH$_3$·H$_2$O 等体积混合；

(3) 0.20 mol·L^{-1} HCl 溶液与 0.20 mol·L^{-1} Na$_2$CO$_3$ 溶液等体积混合；

(4) 0.20 mol·L^{-1} NaOH 溶液与 0.20 mol·L^{-1} NaH$_2$PO$_4$ 溶液等体积混合。

解答：(1) 产物是 0.10 mol·L^{-1} NH$_4$Cl,查表：pK_a(NH$_4^+$)=9.26,K_a(NH$_4^+$)=5.5×10^{-10}。

$$[H^+] = \sqrt{K_a c} = \sqrt{5.5 \times 10^{-10} \times 0.10} = 7.4 \times 10^{-6} (\text{mol} \cdot \text{L}^{-1}), \text{pH} = -\lg[H^+] = 5.13$$

(2) 产物是 0.10 mol·L^{-1} NH$_4$Ac。

$$\text{pH} = \frac{1}{2}[\text{p}K_a(\text{NH}_4^+) + \text{p}K_a(\text{HAc})] = \frac{1}{2} \times (9.26 + 4.74) = 7.00$$

(3) 产物是 0.10 mol·L^{-1} NaHCO$_3$。

$$\text{pH} = \frac{1}{2}[\text{p}K_{a_1}(\text{H}_2\text{CO}_3) + \text{p}K_{a_2}(\text{H}_2\text{CO}_3)] = \frac{1}{2} \times (6.38 + 10.25) = 8.32$$

(4) 产物是 0.10 mol·L^{-1} Na$_2$HPO$_4$。

$$\text{pH} = \frac{1}{2}[\text{p}K_{a_2}(\text{H}_3\text{PO}_4) + \text{p}K_{a_3}(\text{H}_3\text{PO}_4)] = \frac{1}{2} \times (7.21 + 12.32) = 9.76$$

7-12 缓冲溶液为什么能够抵抗外来酸碱对 pH 的改变？决定缓冲容量的因素有哪些？

解答：缓冲溶液可通过抗酸成分 B$^-$ 与 H$^+$ 结合成弱电解质 HB 来抵抗外来酸的影响；遇到外来碱时,缓冲溶液中的 H$^+$ 与外来碱结合成弱电解质,同时 HB 解离以补充消耗的 H$^+$。决定缓冲容量的因素有：缓冲比和总浓度。

7-13 下列各组物质中哪些组合可能形成缓冲对？

(1) Na$_2$CO$_3$+NaOH；　　(2) H$_3$PO$_4$+NaH$_2$PO$_4$；　　(3) Tris+HCl；

(4) NaAc+HCl；　　(5) KCN+NaHS；　　(6) Na$_2$SO$_4$+NaHSO$_4$。

解答：(2),(3),(4),(6)可形成缓冲对。

7-14 配制 pH = 5.00 的缓冲溶液 1.00 L,需 0.10 mol·L^{-1} HAc 和 0.10 mol·L^{-1} NaAc 溶液的体积各为多少毫升[已知 pK_a(HAc) = 4.74]？

解答：

$$\text{pH} = \text{p}K_a(\text{HAc}) + \lg\frac{[\text{Ac}^-]}{[\text{HAc}]} = \text{p}K_a(\text{HAc}) + \lg\frac{V(\text{Ac}^-)}{V(\text{HAc})} = 4.74 + \lg\frac{V(\text{Ac}^-)}{V(\text{HAc})} = 5.00$$

$$\frac{V(\text{Ac}^-)}{V(\text{HAc})} = 1.8$$

$$V(\text{HAc}) = 1.00 \times \frac{1}{1+1.8} = 357(\text{mL}), \quad V(\text{HAc}) = 1.00 \times \frac{1.8}{1+1.8} = 643(\text{mL})$$

7-15 37℃时需 pH = 7.40 的 0.0500 mol·L^{-1} Tris·HCl-Tris 缓冲溶液 500 mL，应取 0.100 mol·L^{-1} Tris 溶液和 0.100 mol·L^{-1} HCl 溶液各多少毫升[已知 pK_a(Tris·HCl) = 7.85]？

解答： $\text{Tris} + \text{HCl} \rightleftharpoons \text{Tris} \cdot \text{HCl}$

$$\text{pH} = \text{p}K_a(\text{Tris} \cdot \text{HCl}) + \lg\frac{[\text{Tris}]}{[\text{Tris} \cdot \text{HCl}]} = 7.85 + \lg\frac{[\text{Tris}]}{[\text{Tris} \cdot \text{HCl}]} = 7.40$$

$$\frac{[\text{Tris}]}{[\text{Tris} \cdot \text{HCl}]} = 0.36$$

$$V_{\text{Tris}} = \frac{c_{总} \times V_{总}}{c_{\text{Tris}}} = \frac{0.0500 \times 500 \times 10^{-3}}{0.100} = 250(\text{mL})$$

$$V_{\text{HCl}} = \frac{c_{\text{Tris} \cdot \text{HCl}} \times V_{总}}{c_{\text{HCl}}} = \frac{0.0500 \times \frac{1}{1+0.36} \times 500 \times 10^{-3}}{0.100} = 185(\text{mL})$$

7-16 配制 pH = 10.00 的缓冲溶液，需要向 100 mL 0.050 mol·L^{-1} 的 $\text{NH}_3 \cdot \text{H}_2\text{O}$ 加入多少克固体 NH_4Cl？此缓冲溶液的缓冲容量 β 是多少？

解答：

(1) $\text{pH} = \text{p}K_a(\text{NH}_4^+) + \lg\frac{[\text{NH}_3 \cdot \text{H}_2\text{O}]}{[\text{NH}_4^+]} = 9.26 + \lg\frac{[\text{NH}_3 \cdot \text{H}_2\text{O}]}{[\text{NH}_4^+]} = 10.00$

$$\frac{[\text{NH}_3 \cdot \text{H}_2\text{O}]}{[\text{NH}_4^+]} = 5.5$$

$[\text{NH}_3 \cdot \text{H}_2\text{O}] = c = 0.050 \text{ mol} \cdot \text{L}^{-1}$

$[\text{NH}_4^+] = \dfrac{[\text{NH}_3 \cdot \text{H}_2\text{O}]}{5.5} = 9.1 \times 10^{-3} (\text{mol} \cdot \text{L}^{-1})$

$m(\text{NH}_4\text{Cl}) = c(\text{NH}_4^+) \times V_{总} \times M(\text{NH}_4\text{Cl})$
$= 9.1 \times 10^{-3} \times (100 \times 10^{-3}) \times 53.5 = 0.048(\text{g})$

(2) $\beta = 2.303 \times c_{总} \times \dfrac{r}{(1+r)^2}$

$= 2.303 \times (0.050 + 9.1 \times 10^{-3}) \times \dfrac{5.5}{(1+5.5)^2} = 1.8 \times 10^{-2} (\text{mol} \cdot \text{L}^{-1} \cdot \text{pH}^{-1})$

7-17 为研究 Ca^{2+} 与钙调蛋白的作用，需要配制 pH = 8.50、缓冲容量 β 不少于 0.020 mol·L^{-1}·pH^{-1} 的缓冲溶液 200 mL。实验室中现有储备液包括：NaH_2PO_4，Na_2HPO_4，NaHCO_3，Na_2CO_3，Tris，NaOH，HCl，浓度均为 0.200 mol·L^{-1}。问如何配制所需要的缓冲溶液？

解答：上述储备液中符合目的 pH 要求的缓冲对有：NaH_2PO_4-Na_2HPO_4，Tris-Tris·HCl。由于 NaH_2PO_4-Na_2HPO_4 能和 Ca^{2+} 形成沉淀，不能使用，因此使用 Tris-Tris·HCl 体系。

$$\text{pH} = \text{p}K_a(\text{Tris} \cdot \text{HCl}) + \lg\frac{[\text{Tris}]}{[\text{Tris} \cdot \text{HCl}]} = 7.85 + \lg\frac{[\text{Tris}]}{[\text{Tris} \cdot \text{HCl}]} = 8.50$$

$$\frac{[\text{Tris}]}{[\text{Tris} \cdot \text{HCl}]} = 4.5$$

$$\beta = 2.303 \times c_{总} \times \frac{r}{(1+r)^2} = 2.303 \times c_{总} \times \frac{4.5}{(1+4.5)^2} = 0.020$$

最小缓冲浓度 $c_{\min} = 0.058 \text{ mol} \cdot \text{L}^{-1}$,所以配制 $0.10 \text{ mol} \cdot \text{L}^{-1}$ 溶液。

$V_{\text{Tris}} = 0.10 \times 200/0.200 = 100 \text{(mL)}$, $V_{\text{HCl}} = 100 \times 1/(4.5+1) = 18 \text{(mL)}$

配制方法:取 100 mL Tris 和 18 mL 盐酸,加入去离子水至约 180 mL,在 pH 计上调节至 8.50,定容。

7-18 现有 $0.20 \text{ mol} \cdot \text{L}^{-1}$ 的 H_3PO_4 溶液和 $0.10 \text{ mol} \cdot \text{L}^{-1}$ 的 NaOH 溶液,欲用上述溶液混合配制下列缓冲溶液各 1 L,需上述两种溶液各多少毫升?(1) pH = 3.00 的缓冲溶液;(2) pH = 7.00 的缓冲溶液。

解答:(1) pH = 3.00 的缓冲溶液,查表:$pK_{a_1}(H_3PO_4) = 2.12$,因此选择 H_3PO_4-$H_2PO_4^-$ 作为缓冲对。

$$V_{H_3PO_4} = 0.070 \times 1.00/0.20 = 350 \text{(mL)}$$

$$pH = pK_{a_1}(H_3PO_4) + \lg \frac{[H_2PO_4^-]}{[H_3PO_4]} = pK_{a_1}(H_3PO_4) + \lg \frac{n_{H_2PO_4^-}}{n_{H_3PO_4}}$$

$$\lg \frac{n_{H_2PO_4^-}}{n_{H_3PO_4}} = pH - pK_{a_1} = 3.00 - 2.12 = 0.88, \quad \frac{n_{H_2PO_4^-}}{n_{H_3PO_4}} = 7.6$$

$$V_{\text{NaOH}} = 0.070 \times 1.00 \times 7.6/[(1+7.6) \times 1.0] = 0.062 \text{(L)} = 62 \text{(mL)}$$

(2) pH = 7.00 的缓冲溶液,查表:$pK_{a_2}(H_3PO_4) = 7.21$,因此选择 $H_2PO_4^-$-HPO_4^{2-} 作为缓冲对。

$$pH = pK_{a_2}(H_3PO_4) + \lg \frac{[HPO_4^{2-}]}{[H_2PO_4^-]} = pK_{a_2}(H_3PO_4) + \lg \frac{n_{HPO_4^{2-}}}{n_{H_2PO_4^-}}$$

$$\lg \frac{n_{HPO_4^{2-}}}{n_{H_2PO_4^-}} = pH - pK_{a_2} = 7.00 - 7.21 = -0.21, \quad \frac{n_{HPO_4^{2-}}}{n_{H_2PO_4^-}} = 0.62$$

$$V_{H_3PO_4} = 0.050 \times 1.00/0.20 = 250 \text{(mL)}$$

$$V_{\text{NaOH}} = 0.050 \times 1.00/1.0 + 0.050 \times 1.00 \times 0.62/[(1+0.62) \times 1.0]$$
$$= 0.050 + 0.020 = 0.070 \text{(L)} = 70 \text{(mL)}$$

7-19 说明化学计量点和滴定终点的关系。

解答:化学计量点是滴定反应按照化学反应方程式刚好进行完全的那一点,而滴定终点是指示剂发生颜色改变的那一点。理想情况下,化学计量点应与滴定终点重合以达到滴定的零误差。但二者往往不能重合,化学计量点与滴定终点之间的差异称为滴定误差。

7-22 柠檬酸的三级解离平衡常数分别为:$pK_{a_1} = 3.14$,$pK_{a_2} = 4.77$ 和 $pK_{a_3} = 6.39$。若用 $0.1000 \text{ mol} \cdot \text{L}^{-1}$ NaOH 溶液滴定 $0.1000 \text{ mol} \cdot \text{L}^{-1}$ 的柠檬酸溶液,会有几个滴定突跃?应选取何种指示剂?

解答:由于 K_{a_1}/K_{a_2}(以及 K_{a_2}/K_{a_3})$< 10^4$,因此 3 个 H^+ 不可分步滴定,而 $cK_{a_3} > 10^{-8}$,所以柠檬酸分子中的 3 个 H^+ 可以一次被准确滴定,滴定时柠檬酸与 NaOH 物质的量之比为 1:3。化学计量点时柠檬酸的存在形式为 Na_3Cit,化学计量点时的 pH:

$$[OH^-] = \sqrt{K_b c} = \sqrt{10^{-(14-6.39)} \times 0.1000} = 5.0 \times 10^{-5} (mol \cdot L^{-1})$$
$$pH = 14 - pOH = 14 - 4.30 = 9.70$$

百里酚酞(变色范围 9.4~10.6)和酚酞(变色范围 8.0~9.6)都可以作为指示剂。

7-23 称取混合碱试样(可能含 $NaOH$,Na_2CO_3,$NaHCO_3$ 中的 1~2 种)1.2960 g,溶解并定容于 250 mL 容量瓶中,用 25 mL 移液管移取 2 份,用 0.05000 mol·L^{-1} HCl 滴定。一份以酚酞为指示剂,消耗 10.34 mL;另一份以甲基橙为指示剂,消耗 28.15 mL。问该试样的组成是什么?

解答:$NaOH$ 和 $NaHCO_3$ 不能共存,因此混合物的可能组合方式有两种:$NaOH$ 和 Na_2CO_3,或者 Na_2CO_3 和 $NaHCO_3$。由于 V_{HCl}(甲基橙为指示剂)$>2V_{HCl}$(酚酞为指示剂),所以混合物只能是 Na_2CO_3 和 $NaHCO_3$。

$m(Na_2CO_3) = V_{HCl}$(酚酞为指示剂)$\times c(HCl) \times MW(Na_2CO_3) \times$ 稀释倍数
$= 10.34 \times 10^{-3} \times 0.05000 \times 106 \times 10 = 0.5480(g)$

$m(NaHCO_3) = [V_{HCl}$(甲基橙为指示剂)$-2V_{HCl}$(酚酞为指示剂)$] \times c(HCl) \times$
$\quad MW(NaHCO_3) \times$ 稀释倍数
$= [28.15 - 2 \times 10.34] \times 10^{-3} \times 0.05000 \times 84 \times 10$
$= 7.47 \times 10^{-3} \times 0.05000 \times 84 \times 10$
$= 0.3137(g)$

所以组成为:24.20% $NaHCO_3$ 和 42.28% Na_2CO_3,其余为惰性杂质。

7-24 花生中含有 28%的蛋白质成分。某花生食品由花生添加食物纤维制成。取此食品 0.5000 g,经过浓硫酸/$CuSO_4$ 消化,$NaOH$ 处理蒸馏后,所产生的 NH_3 用 25.00 mL 0.1000 mol·L^{-1} 的 HCl 溶液吸收,然后用 0.1000 mol·L^{-1} 的 $NaOH$ 溶液滴定剩余 HCl,至终点时消耗 $NaOH$ 的体积为 10.05 mL。请计算此食品中花生的含量。

解答:
$n(NH_3) = 25.00 \times 0.1000 - 10.05 \times 0.1000 = 1.495(mmol)$

$N\% = \dfrac{n(NH_3) \times MW(NH_3)}{m(样品)} = \dfrac{1.495 \times 14.01}{0.5000} = 4.198\%$

蛋白质% = N% $\times$ 5.46 = 22.87%

花生% = 蛋白质%/28% = 22.87%/28% = 82%

章节自测

一、填空题

1. 某酸共轭碱的 $pK_b = 4.62$,则该酸的 $pK_a =$ _____。
2. $[Fe(H_2O)_5OH]^{2+}$,CH_3COONa,NH_4Ac 三种物质中:_____ 是酸,其共轭碱为 _____;_____ 是碱,其共轭酸为 _____;_____ 是两性物质。
3. 0.20 mol·L^{-1} $NH_3 \cdot H_2O$ ($pK_b = 4.74$) 溶液的 pH = _____;向其中加入固体 NH_4Cl 使 $[NH_4^+] = 0.20$ mol·L^{-1},溶液的 pH = _____;若改为加入等体积的 0.20 mol·

L^{-1} HCN($pK_a = 9.21$),溶液的 pH = _____。

4. H_3AsO_4(砷酸)是三元弱酸,已知:$K_{a_1}(H_3AsO_4) = 6.3 \times 10^{-3}$,$K_{a_2}(H_3AsO_4) = 1.0 \times 10^{-7}$,$K_{a_3}(H_3AsO_4) = 3.2 \times 10^{-12}$。298.15 K,0.10 mol·$L^{-1}$ H_3AsO_4 溶液中的$[H^+]$ = _____,$[OH^-]$ = _____,$[H_3AsO_4]$ = _____,$[H_2AsO_4^-]$ = _____,$[HAsO_4^{2-}]$ = _____,$[AsO_4^{3-}]$ = _____。

5. 决定缓冲容量 β 大小的因素是_____和_____。

6. 0.10 mol·L^{-1} HAc-NaAc($pK_a = 4.74$)缓冲溶液的抗酸成分是_____,有效缓冲范围是_____。

7. 用酸碱滴定法作定量分析时,指示剂的变色范围为_____。

二、选择题

1. 不能构成共轭酸碱对的一组物质是(　　)
   A. HCN,NaCN　　　　　　　B. $NaHCO_3$,Na_2CO_3
   C. Na_2SO_4,H_2SO_4　　　　D. NaH_2PO_4,Na_2HPO_4

2. 将浓度均为 0.10 mol·L^{-1} 的下列各溶液稀释 1 倍后,pH 变化最小的是(　　)
   A. H_2SO_4　　B. HCOOH　　C. HCl　　D. NaOH

3. pH = 2.00 和 pH = 4.00 的强酸溶液等体积混合,溶液的 pH 为(　　)
   A. 2.30　　B. 3.00　　C. 2.80　　D. 3.20

4. 浓度相同的下列物质的水溶液,pH 最大的是(　　)
   A. NaCl　　B. NH_4Cl　　C. NaAc　　D. NaCN

5. 若使 HAc 在水中的解离度增大,可采取的方法有(　　)
   A. 加入 NaAc　　B. 加入 HBr　　C. 降温　　D. 加入 $NH_3·H_2O$

6. 相同浓度的 NaA,NaB,NaC 和 NaD 水溶液的 pH 从左至右依次增大,则同浓度的下列各酸解离度最小的是(　　)
   A. HA　　B. HB　　C. HC　　D. HD

7. 0.02 mol·L^{-1} 抗坏血酸溶液的 K_w 为(　　)
   A. 1×10^{-13}　　B. 1×10^{-14}　　C. 0.10　　D. 1×10^{-7}

8. 0.10 mol·L^{-1} H_3PO_3($K_{a_1} = 5.0 \times 10^{-2}$,$K_{a_2} = 2.5 \times 10^{-7}$)溶液的 pH 为(　　)
   A. 1.15　　B. 1.30　　C. 1.45　　D. 1.60

9. 现有 $NaHCO_3$ 溶液,需配制 pH = 10.50 的缓冲液,应加入下列哪种物质?(　　)
   A. HCl　　B. NaCl　　C. NaOH　　D. H_2O

10. pH = 7.00 的 NaH_2PO_4-Na_2HPO_4 缓冲溶液的缓冲比 r 为(　　)
    A. 1.7　　B. 1.0　　C. 0.62　　D. 1.62

11. 由 HAc 和 NaAc 组成的缓冲溶液中,如果[HAc]<[NaAc],则下列说法正确的是(　　)
    A. 抗酸能力＞抗碱能力　　　　B. 抗碱能力＞抗酸能力
    C. 抗酸抗碱能力相等　　　　　D. 根据总浓度大小决定

12. 用 Na_2CO_3 标定 HCl 溶液时,若 Na_2CO_3 已受潮,那么标定结果(　　)
    A. 偏大　　B. 偏小　　C. 不受影响　　D. 无法判断

13. 某一弱酸型指示剂的 $pK(HIn) = 3.9$,其理论变色范围是(　　)
    A. 3.9~4.9　　B. 4.9~5.9　　C. 2.9~4.9　　D. 3.9~5.9

14. 关于一级标准物质,下列说法不正确的是(　　)
    A. 纯度高(99.9%以上)　　　　B. 化学性质稳定
    C. 可被准确滴定　　　　　　　D. 不能含结晶水

15. 用 $0.1000\ mol\cdot L^{-1}$ HCl 溶液滴定 $NH_3\cdot H_2O$ 待测液同体积 2 份,分别用酚酞和甲基橙作指示剂,消耗 HCl 溶液的体积分别 V_1 和 V_2,则下列关系式正确的是( )

A. $V_1=V_2$ B. $V_1<V_2$ C. $V_1>V_2$ D. $V_1=2V_2$

三、判断题

1. H_2O 的共轭碱是 OH^-。( )
2. HF ($K_a = 6.6\times 10^{-4}$)的酸性比 HAc ($K_a = 1.8\times 10^{-5}$)强,因此 F^- 的碱性比 Ac^- 弱。( )
3. $0.30\ mol\cdot L^{-1}$ HCOOH 溶液中的 $[H^+]$ 是 $0.10\ mol\cdot L^{-1}$ HCOOH 溶液中的 $[H^+]$ 的 3 倍。( )
4. 人体血液中$[HCO_3^-]/[CO_2] = 20/1$,已超出缓冲范围,因此无缓冲作用。( )
5. $0.10\ mol\cdot L^{-1}$ NaOH 和 $0.10\ mol\cdot L^{-1}$ $NH_3\cdot H_2O$ 溶液中的 $[OH^-]$ 相等。( )
6. 浓度均为 $0.010\ mol\cdot L^{-1}$ 的苯甲酸和氢氧化钠等体积混合,反应按计量比完全中和,因此溶液为中性。( )
7. 溶液中$[H^+]$ 和 $[OH^-]$ 相等时,酸碱指示剂显其中间色。( )
8. 用 NaOH 滴定 HAc 时,应选择酚酞作指示剂而不是甲基橙。( )
9. 当滴定剂的浓度固定时,待测酸(或碱)的浓度越高,滴定突跃越大。( )
10. 滴定分析过程中,指示剂的颜色恰好发生变化时,标志着化学计量点的到达。( )

四、计算题

1. 盐酸硫胺素(维生素 B_1)是一元弱酸,$K_a = 3.4\times 10^{-7}$,求 $0.10\ mol\cdot L^{-1}$ 硫胺素溶液的 pH。

2. 298.15 K 时,柠檬酸(H_3Cit)的 $pK_{a_1} = 3.14$,$pK_{a_2} = 4.77$,$pK_{a_3} = 6.39$,求下列情况溶液的 pH:

(1) $0.10\ mol\cdot L^{-1}$ H_3Cit 25 mL 和 $0.10\ mol\cdot L^{-1}$ NaOH 25 mL 混合;

(2) $0.10\ mol\cdot L^{-1}$ H_3Cit 25 mL 和 $0.10\ mol\cdot L^{-1}$ NaOH 35 mL 混合;

(3) $0.10\ mol\cdot L^{-1}$ H_3Cit 25 mL 和 $0.10\ mol\cdot L^{-1}$ NaOH 50 mL 混合;

(4) $0.10\ mol\cdot L^{-1}$ H_3Cit 25 mL 和 $0.10\ mol\cdot L^{-1}$ NaOH 75 mL 混合。

3. 用 $1.0\ mol\cdot L^{-1}$ NaOH 和 $1.0\ mol\cdot L^{-1}$ 琥珀酸($HOOCCH_2CH_2COOH$,$pK_{a_1} = 4.21$,$pK_{a_2} = 5.64$)配制 pH = 4.00 且总浓度为 $0.10\ mol\cdot L^{-1}$ 的缓冲溶液 500 mL,如何配制?

4. 某病人血浆样品,用 pH 计测定溶液的 pH = 7.20。取 5.00 mL 血浆加入 1.000 mL $0.100\ mol\cdot L^{-1}$ 的 H_2SO_4,加热除去产生的 CO_2。然后用 $0.0200\ mol\cdot L^{-1}$ 的 NaOH 溶液滴定,至终点时消耗 NaOH 的体积为 3.600 mL。请判断病人是否酸碱中毒及其原因。

5. 测定某奎宁制剂中奎宁药物($C_{20}H_{24}O_2N_2$,$K_{b_1} = 3.3\times 10^{-6}$,$K_{b_2} = 1.35\times 10^{-10}$)的含量。取 1.000 g 药物,溶于 100.00 mL 水中。取 25.00 mL 奎宁的水溶液,用 $0.02000\ mol\cdot L^{-1}$ HCl 溶液滴定至酚酞变色,滴定管读数 $V_初 = 0.50\ mL$,$V_终 = 24.85\ mL$。奎宁的含量是多少?

* *

自测题答案

一、填空题

1. 9.38

2. $[Fe(H_2O)_5OH]^{2+}$,$[Fe(H_2O)_6]^{3+}$；CH_3COONa,CH_3COOH；NH_4Ac

3. 11.28,9.26,9.24

4. $2.5×10^{-2}$ mol·L^{-1},$4.0×10^{-13}$ mol·L^{-1},$7.5×10^{-2}$ mol·L^{-1},$2.5×10^{-2}$ mol·L^{-1},$1.0×10^{-7}$ mol·L^{-1},$1.3×10^{-17}$ mol·L^{-1}

5. 缓冲系总浓度,缓冲比

6. Ac^-,3.74～5.74

7. $pK_{HIn}±1$

二、选择题

1. C 2. B 3. A 4. D 5. D 6. D 7. B 8. A 9. C 10. C 11. A 12. A 13. C 14. D 15. B

三、判断题

1. √ 2. √ 3. × 4. × 5. × 6. × 7. × 8. √ 9. √ 10. ×

四、计算题

1. 9.73

2. (1) 3.96；(2) 4.59；(3) 5.58；(4) 9.39

3. 50 mL 琥珀酸与 19 mL NaOH 混合,用去离子水定容至 500 mL。

4. 碱储 25.6 mmol·L^{-1},在正常值 24～27 mmol·L^{-1}范围内,所以为呼吸性酸中毒。

5. 63.12%

第8章 沉淀反应

8.1 基本要求

1. 沉淀反应的热力学平衡和溶度积规则

沉淀反应是形成难溶盐的反应。难溶盐是强电解质,盐溶解后全部电离形成离子。但由于难溶盐晶体的晶格能较大,因此其溶解度很小。难溶盐的溶解在溶解离子和盐固相之间形成平衡:

$$A_aB_b(s) \rightleftharpoons aA^{n+}(aq) + bB^{m-}(aq)$$

沉淀平衡常数称为溶度积常数:

$$K_{sp} = [A^{n+}]^a[B^{m-}]^b$$

K_{sp} 在本质上反映了难溶电解质溶解能力,因此可以从 K_{sp} 的大小和溶液条件计算难溶电解质的溶解度。

离子积 IP 是溶液中可形成难溶盐沉淀的离子,按照 K_{sp} 方程计算得到的离子浓度乘积:

$$IP = c^a(A^{n+})c^b(B^{m-})$$

它本质上是沉淀反应此时的反应商。

比较溶度积 K_{sp} 和离子积 IP,可以判断离子在溶液中能否形成难溶盐沉淀,称为溶度积规则:

- $IP > K_{sp}$,表示溶液中离子浓度过饱和,将有沉淀析出;
- $IP = K_{sp}$,表示溶液中离子浓度正好处于饱和平衡状态,将无沉淀析出或溶解;
- $IP < K_{sp}$,表示溶液中离子浓度尚处于不饱和状态,可以继续溶解沉淀。

通常,溶液中剩余离子浓度小于原料浓度的 0.1% 或离子浓度 $< 10^{-6}$ mol·L^{-1},就认为已经沉淀完全。

2. 沉淀过程的动力学性质

沉淀形成过程,经历了晶核形成、晶粒生长和后续变化过程。

晶核的形成需要克服成核过程的活化能。由于晶核很小,具有较大的比表面自由能,因此成核过程的活化能主要取决于晶核的颗粒大小和溶液的过饱和度。

- 晶核越小,成核的活化能越大,越难形成沉淀。因此,向溶液中加入晶种或结晶中心,可以促进沉淀形成。用玻璃棒摩擦试管壁可以促进沉淀形成,正是这个道理。
- 溶液的过饱和度越大,成核的活化能越小,成核速率越快。

晶粒生长速率也和溶液的过饱和度有关,过饱和度越大,晶粒生长速度越快。控制过饱和度,可以控制晶体的生长。由于成核速率随过饱和度增长更快,因此,若要形成大的晶粒,需要控制溶液处于较小的过饱和度。相反,较大的过饱和度有利于形成晶粒较小的沉淀颗粒。

晶粒形成后,不同的后续变化,使沉淀导向主要 3 种类型:晶形沉淀,无定形沉淀和凝乳状沉淀。

3. 生命过程中的重要沉淀反应

生物体内有许多矿物,其形成过程称为生物矿化。教材中介绍了生理性的骨骼和病理性的尿结石形成的热力学、动力学和结构因素。这些化学原理有助于有关的临床医学应用。

8.2 要点和难点解析

1. 溶解度计算

溶解度(s)和溶度积(K_{sp})都能表示难溶电解质在水中的溶解趋势。但两者并不相同:K_{sp}是热力学平衡常数,而 s 随溶液的条件而改变。因此,通过 K_{sp} 计算溶解度需要根据溶液的条件不同而不同。

(1) 纯水中的溶解度:按表 8-1 根据沉淀的化学组成类型不同。

表 8-1 纯水中难溶电解质溶度积(K_{sp})与溶解度(s)的转换关系

沉淀类型	K_{sp} 表达式	K_{sp} 与 s 的关系	实例
AB	$K_{sp}=[A][B]$	$s=[A]=[B]=\sqrt{K_{sp}}$	$AgCl, BaSO_4$
A_2B 或 AB_2	$K_{sp}=[A]^2[B]$ 或 $K_{sp}=[A][B]^2$	$s=\sqrt[3]{\dfrac{K_{sp}}{4}}$	Ag_2CrO_4, PbI_2, CaF_2

(2) 同离子存在下的溶解度:同离子效应大大降低难溶盐的溶解度。此时,难溶盐的溶解度取决于同离子的浓度(表 8-2)。

表 8-2 同离子 B 存在下难溶电解质溶度积(K_{sp})与溶解度(s)的转换关系

沉淀类型	K_{sp} 表达式	K_{sp} 与 s 的关系
AB	$K_{sp}=[A][B]$	$s=[A]=K_{sp}/[B]$
A_2B	$K_{sp}=[A]^2[B]$	$s=\dfrac{[A]}{2}=\dfrac{\sqrt{K_{sp}/[B]}}{2}$
AB_2	$K_{sp}=[A][B]^2$	$s=[A]=K_{sp}/[B]^2$

(3) 盐效应:盐效应会降低离子的活度,从而使沉淀的溶解度增加。

【例题 8-1】 计算 $CaCO_3$ 在纯水和 $0.10\ mol\cdot L^{-1}\ Na_2CO_3$ 溶液中的溶解度。

解答:在纯水中
$$s=(K_{sp})^{1/2}=(5\times10^{-9})^{1/2}=7\times10^{-5}(mol\cdot L^{-1})$$

在 $0.10\ mol\cdot L^{-1}\ Na_2CO_3$ 溶液中
$$s=K_{sp}/[CO_3^{2-}]=5\times10^{-9}/0.10=5\times10^{-8}(mol\cdot L^{-1})$$

此类涉及平衡常数 K 或反应商 Q 的计算题中单位换算方法参见本书第 49 页的解释,本处仅直接在最后给出单位。

2. 分步沉淀

利用沉淀溶解度相差较大,通过控制沉淀剂浓度而达到分离称为分步沉淀。对于同一类型的难溶电解质,当离子浓度相同时,可直接由 K_{sp} 的大小判断沉淀次序,K_{sp} 小的先沉淀;若溶液中离子浓度不同,或沉淀类型不同时,不能直接由 K_{sp} 的大小判断,需根据溶度积规则由计算判断。

【例题 8-2】 硫化物沉淀是分离金属的常用方法。向含有 $0.10\ mol\cdot L^{-1}$ 的 Cu^{2+} 和 Zn^{2+} 的溶液中通入 H_2S 气体(饱和时浓度为 $0.10\ mol\cdot L^{-1}$),计算说明能否成功通过分步沉淀分离两种离子。

解答: 查表 $K_{sp}(CuS) = 1.27\times 10^{-36}$;$K_{sp}(ZnS) = 2.39\times 10^{-25}$;$H_2S$:$K_{a_1} = 1.3\times 10^{-7}$,$K_{a_2} = 7.1\times 10^{-15}$。所以,CuS 首先沉淀下来。

当 CuS 开始沉淀时,

$$[S^{2-}] = K_{sp}(CuS)/[Cu^{2+}] = 1.27\times 10^{-36}/0.10 = 1.3\times 10^{-35}\ (mol\cdot L^{-1})$$

当 CuS 完全沉淀,即 $[Cu^{2+}] < 10^{-6}\ mol\cdot L^{-1}$ 时,由于

$$Cu^{2+} + H_2S \rightleftharpoons 2H^+ + CuS\downarrow$$

此时 $[H^+] = 2\times 0.10 = 0.20\ (mol\cdot L^{-1})$

$$[S^{2-}] = K_{sp}(CuS)/[Cu^{2+}] = 1.27\times 10^{-36}/10^{-6} = 1.3\times 10^{-30}\ (mol\cdot L^{-1})$$

而 $[H^+] = 0.20\ mol\cdot L^{-1}$ 时,H_2S 饱和溶液可能达到的 S^{2-} 浓度为

$$[S^{2-}]_{max} = K_{a_1}K_{a_2}[H_2S]/[H^+]^2 = 1.3\times 10^{-7}\times 7.1\times 10^{-15}\times 0.10/0.20^2$$
$$= 2.3\times 10^{-21}\ (mol\cdot L^{-1})$$

可见,通入 H_2S 可以保证 Cu^{2+} 完全沉淀。

当 CuS 完全沉淀时,

$$IP(ZnS) = 0.10\times 1.3\times 10^{-30} = 2.3\times 10^{-31} < K_{sp}(ZnS)$$

ZnS 尚未开始沉淀;而当 ZnS 开始沉淀时,

$$[S^{2-}] = K_{sp}(ZnS)/[Zn^{2+}] = 2.39\times 10^{-25}/0.10 = 2.4\times 10^{-24}\ (mol\cdot L^{-1})$$

此时,溶液中 Cu^{2+} 浓度为

$$[Cu^{2+}] = K_{sp}(CuS)/[S^{2-}] = 1.27\times 10^{-36}/(2.4\times 10^{-24}) = 5.3\times 10^{-13}\ (mol\cdot L^{-1})$$

此 Cu^{2+} 浓度基本上已经检测不到。

当 ZnS 沉淀时,由于

$$[S^{2-}]_{max} = K_{a_1}K_{a_2}[H_2S]/[H^+]^2 = 2.3\times 10^{-21}\ (mol\cdot L^{-1})$$

此浓度使沉淀后溶液的 Zn^{2+} 浓度为

$$[Zn^{2+}] = K_{sp}(ZnS)/[S^{2-}] = 2.39\times 10^{-25}/(2.3\times 10^{-21})$$
$$= 1\times 10^{-4}\ (mol\cdot L^{-1}) > 10^{-6}\ (mol\cdot L^{-1})(完全沉淀要求)$$

因此,需要首先加入 NaAc,调节溶液 $pH\approx 5$,才能使 ZnS 沉淀完全。

3. 沉淀多重平衡

沉淀平衡中,金属离子可能发生氧化还原反应,也可以同其配体形成配合物;而酸根离子可以质子化或发生氧化还原反应等。这些反应都将导致沉淀平衡的移动、沉淀的溶解或者沉淀发生转化等等。

同所有多重平衡计算一样,在处理多重平衡计算时,需要把握三点:① 列出所有单个平衡的平衡常数表达式;② 写出物料平衡表达式;③ 写出电荷平衡表达式。对上述数学关系式

联立方程。

【例题 8-3】 计算 $0.1\ mol \cdot L^{-1}$ HAc 中 CaC_2O_4 的溶解度。

解答：溶解反应为
$$CaC_2O_4 \rightleftharpoons Ca^{2+} + C_2O_4^{2-}$$
$$K_{sp}(CaC_2O_4) = [Ca^{2+}][C_2O_4^{2-}] = 2.32 \times 10^{-9}$$

相关反应为
$$C_2O_4^{2-} + H^+ \rightleftharpoons HC_2O_4^-$$
$$K = 1/K_{a_2}(H_2C_2O_4) = [HC_2O_4^-]/([H^+][C_2O_4^{2-}]) = 1/(6.4 \times 10^{-5})$$
$$HAc \rightleftharpoons Ac^- + H^+ \quad K_a(HAc) = 1.8 \times 10^{-5}$$

物料平衡为
$$s = [Ca^{2+}]$$
$$s = [HC_2O_4^-] + [C_2O_4^{2-}]$$
$$c_{HAc} = [Ac^-] + [HAc]$$

电荷平衡为
$$[Ac^-] = [H^+] + [HC_2O_4^-]$$

解之得
$$s = 2.2 \times 10^{-4}\ (mol \cdot L^{-1})$$

【例题 8-4】 计算羟基磷灰石在 pH = 7 和 pH = 4 时的溶解度，两者差别是多少？

解答：溶解反应为 $Ca_{10}(OH)_2(PO_4)_6 \rightleftharpoons 10Ca^{2+} + 6PO_4^{3-} + 2OH^-$
$$K_{sp} = [PO_4^{3-}]^6[Ca^{2+}]^{10}[OH^-]^2 = 10^{-117}$$

相关反应为
$$H^+ + PO_4^{3-} \rightleftharpoons HPO_4^{2-}$$
$$K_{a_3} = [PO_4^{3-}][H^+]/[HPO_4^{2-}] = 4.8 \times 10^{-13}$$
$$H^+ + HPO_4^{2-} \rightleftharpoons H_2PO_4^-$$
$$K_{a_2} = [HPO_4^{2-}][H^+]/[H_2PO_4^-] = 6.2 \times 10^{-8}$$

而 $[OH^-] = K_w/[H^+]$，$[H^+] = 10^{-pH}$，$10s = [Ca^{2+}]$，则
$$6s = [PO_4^{3-}] + [HPO_4^{2-}] + [H_2PO_4^-] = [PO_4^{3-}](1 + [H^+]/K_{a_3} + [H^+]^2/K_{a_2}K_{a_3})$$

解之得
$$s = 1 \times 10^{-7}\ mol \cdot L^{-1} \quad (pH = 7)$$
$$s = 6 \times 10^{-7}\ mol \cdot L^{-1} \quad (pH = 4)$$

8.3 思考题选解

8-1 回答下列问题：

(1) 溶解度和溶度积都能表示难溶电解质在水中的溶解趋势，两者有何异同？

(2) 在含 AgCl 固体的饱和溶液中，分别加入下列物质，对 AgCl 的溶解度有什么影响？并解释之：
① 盐酸；② $AgNO_3$；③ KNO$_3$；④ 氨水。

(3) 在 $ZnSO_4$ 溶液中通入 H_2S，为了使 ZnS 沉淀完全，往往先在溶液中加入 NaAc，为什么？

(4) 利用 $BaCl_2$ 与 Na_2SO_4 反应制备 $BaSO_4$ 沉淀，要得到易于过滤的晶形沉淀，操作过程中应注意什么？

(5) 怎样才算达到沉淀完全？为什么沉淀完全时溶液中被沉淀离子的浓度不等于零？

解答：(1) 溶解度直接表示溶解于溶液的难溶电解质的浓度，溶解度随溶液的同离子浓度、pH 等溶液条件的变化而变化，不是一个常量。相反，溶度积是一个常数，但不直

接表示难溶电解质的溶解度,还需要结合溶液条件才能算得溶解度的大小。

(2) ① 加入盐酸,产生同离子效应,AgCl 的溶解度减小。② 加入 $AgNO_3$,产生同离子效应,AgCl 的溶解度减小。③ 加入 KNO_3,产生盐效应,AgCl 的溶解度增大。④ 加入氨水,形成 $[Ag(NH_3)_2]Cl$ 配合物,AgCl 的溶解度增大。

(3) 往 $ZnSO_4$ 溶液中通入 H_2S,生成 ZnS 沉淀,在沉淀过程中,由于不断产生 H^+,溶液的 pH 发生变化。先在溶液中加入 NaAc,就会和沉淀生成过程中产生的 H^+ 部分结合生成 HAc-NaAc 缓冲溶液从而维持溶液的 pH≈5。

(4) 调节晶体大小需要有效地控制溶液的过饱和度,使成核速率小于成长速率。一般,大颗粒的沉淀需要较小的过饱和度。$BaSO_4$ 沉淀需要小的过饱和度,因此可以:① 沉淀应在较稀的溶液中进行,沉淀剂应在不断搅拌下,慢慢加入;② 沉淀应在热溶液中进行;③ 沉淀可与母液一起放置陈化。

(5) 通常,溶液中剩余离子浓度小于原来浓度的 0.1% 或离子浓度 $<10^{-6}$ mol·L^{-1},就认为已经沉淀完全。沉淀后,离子浓度受溶度积平衡关系的制约,因此不管沉淀剂的加入量有多大,沉淀离子始终维持一定浓度。

8-2 判断下列说法是否正确:

(1) 难溶电解质的溶解度均可由其溶度积计算得到;

(2) 溶解度大的沉淀可以转化为溶解度小的沉淀,而溶解度小的沉淀不可能转化为溶解度大的沉淀;

(3) 在分步沉淀中,K_{sp} 小的物质总是比 K_{sp} 大的物质先沉淀;

(4) 同离子效应可以使沉淀的溶解度降低,因此,在溶液中加入与沉淀含有相同离子的强电解质越多,该沉淀的溶解度越小;

(5) 氢硫酸是很弱的二元酸,因此其硫化物均可溶于强酸中;

(6) 与同离子效应相比,盐效应往往较小,因此可不必考虑盐效应;

(7) 难溶性强电解质在水中的溶解度大于乙醇中的溶解度;

(8) AgCl 水溶液的导电性很弱,所以 AgCl 为弱电解质。

解答:(1) ×,计算溶解度需要溶度积和溶液条件两个因素。

(2) ×,沉淀平衡的依据是溶度积不是溶解度。

(3) ×,先沉淀的是 IP > K_{sp} 者。

(4) √,在不考虑其他化学反应效应时是正确的。

(5) ×,需要根据 K_{sp} 判定,HgS 的 K_{sp} 很小,不溶于任何非氧化性的酸。

(6) √,在一般离子强度的溶液中是正确的。

(7) √,水的介电常数较大,水中离子不容易相结合沉淀。

(8) ×,AgCl 水溶液的导电性很弱的原因是离子浓度太小。

8-3 写出难溶电解质 $PbCl_2$,AgBr,$Ba_3(PO_4)_2$,Ag_2S 的溶度积表达式。

解答:

难溶电解质	K_{sp}
$PbCl_2$	$[Pb^{2+}][Cl^-]^2$
AgBr	$[Ag^+][Br^-]$
$Ba_3(PO_4)_2$	$[Ba^{2+}]^3[PO_4^{3-}]^2$
Ag_2S	$[Ag^+]^2[S^{2-}]$

8-6 通过计算说明下列情况有无沉淀生成？

(1) $0.010\ \mathrm{mol\cdot L^{-1}}\ SrCl_2$ 溶液 2 mL 和 $0.10\ \mathrm{mol\cdot L^{-1}}\ K_2SO_4$ 溶液 3 mL 混合[已知 $K_{sp}(SrSO_4) = 3.81\times10^{-7}$]；

(2) 1 滴 $0.001\ \mathrm{mol\cdot L^{-1}}\ AgNO_3$ 溶液与 2 滴 $0.0006\ \mathrm{mol\cdot L^{-1}}\ K_2CrO_4$ 溶液混合[1 滴按 0.05 mL 计算，已知 $K_{sp}(Ag_2CrO_4) = 1.12\times10^{-12}$]；

(3) 在 $0.010\ \mathrm{mol\cdot L^{-1}}\ Pb(NO_3)_2$ 溶液 100 mL 中，加入 1 g 固体 NaCl[忽略体积改变，$K_{sp}(PbCl_2) = 1.17\times10^{-5}$]。

解答：(1) 混合后 $c(Sr^{2+}) = 0.010\times2/(2+3) = 0.004\ (\mathrm{mol\cdot L^{-1}})$

$c(SO_4^{2-}) = 0.10\times3/(2+3) = 0.06\ (\mathrm{mol\cdot L^{-1}})$

则 $IP = 0.004\times0.06 = 2.4\times10^{-4} > K_{sp}(SrSO_4)$，因此有 $SrSO_4$ 沉淀生成。

(2) 混合后 $c(Ag^+) = 0.05\times0.001/(0.05+0.1) = 3.33\times10^{-4}(\mathrm{mol\cdot L^{-1}})$

$c(CrO_4^{2-}) = 0.1\times0.0006/(0.05+0.1) = 4.0\times10^{-4}(\mathrm{mol\cdot L^{-1}})$

则 $IP = (3.33\times10^{-4})^2\times4.0\times10^{-4} = 4.4\times10^{-11} > K_{sp}(Ag_2CrO_4)$，因此有 Ag_2CrO_4 沉淀生成。

(3) 混合后 $c(Pb^{2+}) = 0.01\ (\mathrm{mol\cdot L^{-1}})$

$c(Cl^-) = 1\times10^3/(58.48\times100) = 0.17\ (\mathrm{mol\cdot L^{-1}})$

则 $IP = 0.01\times(0.17)^2 = 2.92\times10^{-4} > K_{sp}(PbCl_2)$，因此有 $PbCl_2$ 沉淀生成。

8-7 在含 Mn^{2+} 的溶液中加入 Na_2S，直至其浓度为 $0.10\ \mathrm{mol\cdot L^{-1}}$，问首先沉淀的是 MnS 还是 $Mn(OH)_2$？

解答：查表可知，$K_{sp}(MnS) = 4.65\times10^{-14}$，$K_{sp}(Mn(OH)_2) = 2.0\times10^{-13}$；$H_2S$：$K_{a_1} = 9.1\times10^{-8}$，$K_{a_2} = 1.1\times10^{-12}$。

MnS 开始沉淀所需：

$[S^{2-}] = K_{sp}(MnS)/[Mn^{2+}] = 4.65\times10^{-14}/0.10 = 4.7\times10^{-13}(\mathrm{mol\cdot L^{-1}})$

当 MnS 开始沉淀，溶液的 $[OH^-]$ 为

$[OH^-] \approx (K_b[S^{2-}])^{1/2} = (K_w[S^{2-}]/K_{a_2})^{1/2}$
$= [10^{-14}\times4.7\times10^{-13}/(1.1\times10^{-12})]^{1/2} = 6.6\times10^{-8}(\mathrm{mol\cdot L^{-1}})$

$Mn(OH)_2$ 开始沉淀所需：

$[OH^-] = \{K_{sp}(Mn(OH)_2)/[Mn^{2+}]\}^{1/2} = (2.0\times10^{-13}/0.10)^{1/2} = 1.4\times10^{-6}(\mathrm{mol\cdot L^{-1}})$

所以，MnS 开始沉淀时，$Mn(OH)_2$ 尚未达到溶度积浓度。

8-8 在 Cl^- 和 CrO_4^{2-} 离子浓度都是 $0.100\ \mathrm{mol\cdot L^{-1}}$ 的混合溶液中逐滴加入 $AgNO_3$ 溶液(忽略体积改变)时，问 AgCl 和 Ag_2CrO_4 哪一种先沉淀？当 Ag_2CrO_4 开始沉淀时，溶液中 Cl^- 离子浓度是多少？

解答：查表可知，$K_{sp}(AgCl) = 1.56\times10^{-10}$，$K_{sp}(Ag_2CrO_4) = 9.0\times10^{-12}$。

AgCl 开始沉淀所需：

$[Ag^+] = K_{sp}(AgCl)/[Cl^-] = 1.56\times10^{-10}/0.100 = 1.56\times10^{-9}(\mathrm{mol\cdot L^{-1}})$

Ag_2CrO_4 开始沉淀所需：

$[Ag^+] = \{K_{sp}(Ag_2CrO_4)/[CrO_4^{2-}]\}^{1/2} = (9.0\times10^{-12}/0.100)^{1/2} = 9.5\times10^{-6}(\mathrm{mol\cdot L^{-1}})$

因此，首先满足溶度积的 AgCl 先沉淀。

当 Ag_2CrO_4 开始沉淀时,

$$[Cl^-] = K_{sp}(AgCl)/[Ag^+] = 1.56\times10^{-10}/(9.5\times10^{-6}) = 1.64\times10^{-5}(\text{mol}\cdot\text{L}^{-1})$$

8-9 已知 $K_{sp}(PbS) = 9.04\times10^{-29}$, $K_{sp}(CuS) = 1.27\times10^{-36}$, $K_a(HAc) = 1.76\times10^{-5}$; H_2S 的 $K_{a_1} = 9.1\times10^{-8}$, $K_{a_2} = 1.1\times10^{-12}$。计算下列反应的平衡常数,并估计反应的方向:

(1) $PbS + 2HAc \rightleftharpoons Pb^{2+} + H_2S + 2Ac^-$;

(2) $Cu^{2+} + H_2S \rightleftharpoons CuS(s) + 2H^+$。

解答:(1) 反应 $PbS + 2HAc \rightleftharpoons Pb^{2+} + H_2S + 2Ac^-$

$$K = \frac{[Pb^{2+}][H_2S][Ac^-]^2}{[HAc]^2} = \frac{[Pb^{2+}][H_2S][Ac^-]^2[H^+]^2[S^{2-}]}{[HAc]^2[H^+]^2[S^{2-}]}$$

$$= \frac{K_{sp}(PbS)\cdot K_a^2(HAc)}{K_{a_1}K_{a_2}} = \frac{9.04\times10^{-29}\times(1.76\times10^{-5})^2}{9.1\times10^{-8}\times1.1\times10^{-12}} = 2.8\times10^{-19}$$

因为 K 很小,所以反应逆向进行的程度较大。

(2) 反应 $Cu^{2+} + H_2S \rightleftharpoons CuS + 2H^+$

$$K = \frac{[H^+]^2}{[Cu^{2+}][H_2S]} = \frac{[H^+]^2[S^{2-}]}{[Cu^{2+}][H_2S][S^{2-}]} = \frac{K_{a_1}K_{a_2}}{K_{sp}(CuS)}$$

$$= \frac{9.1\times10^{-8}\times1.1\times10^{-12}}{1.27\times10^{-36}} = 7.88\times10^{16}$$

因为 K 很大,所以反应正向进行的程度较大。

8-10 100 mL 溶液中含有 1.0×10^{-3} mol NaI、2.0×10^{-3} mol NaBr 及 3.0×10^{-3} mol NaCl,若将 4.0×10^{-3} mol 的 $AgNO_3$ 加入其中,最后溶液中残留的 I^- 离子浓度为多少?(提示:加入的 $AgNO_3$ 溶液 1.0×10^{-3} mol 与 I^- 作用,2.0×10^{-3} mol 与 Br^- 作用,1.0×10^{-3} mol 与 Cl^- 作用,计算溶液中剩余 Cl^- 浓度,溶液中同时存在 AgI,AgBr,AgCl 的沉淀溶解平衡)

解答:查表可知,$K_{sp}(AgCl) = 1.56\times10^{-10}$,$K_{sp}(AgBr) = 5.35\times10^{-13}$,$K_{sp}(AgI) = 8.51\times10^{-17}$。

因为 $K_{sp}(AgCl) > K_{sp}(AgBr) > K_{sp}(AgI)$,沉淀顺序为 AgI,AgBr,AgCl。加入的 $AgNO_3$ 溶液 1.0×10^{-2} mol·L^{-1} 与 I^- 作用生成 AgI,2.0×10^{-2} mol·L^{-1} 与 Br^- 作用生成 AgBr,1.0×10^{-2} mol·L^{-1} 与 Cl^- 作用生成 AgCl,剩余:$[Cl^-] = 2.0\times10^{-2}$ mol·L^{-1}。

因此,溶液中 Ag^+ 含量为

$$[Ag^+] = K_{sp}(AgCl)/[Cl^-] = 1.56\times10^{-10}/(2.0\times10^{-2}) = 7.8\times10^{-9}(\text{mol}\cdot\text{L}^{-1})$$

溶液中 I^- 含量为

$$[I^-] = K_{sp}(AgI)/[Ag^+] = 8.51\times10^{-17}/(7.8\times10^{-9}) = 1.1\times10^{-8}(\text{mol}\cdot\text{L}^{-1})$$

8-11 大约 50% 的肾结石是由 $Ca_3(PO_4)_2$ 组成的。正常人每天排尿量为 1.4 L,其中约含 0.10 g Ca^{2+}。为了不使尿中形成 $Ca_3(PO_4)_2$ 沉淀,其中 PO_4^{3-} 离子最高浓度为多少?对肾结石病人来说,医生总是让他多喝水,试简单说明原因。

解答:查表可知,$K_{sp}(Ca_3(PO_4)_2) = 2.07\times10^{-33}$。

$$c(Ca^{2+}) = 0.10/(40\times1.4) = 1.78\times10^{-3}(\text{mol}\cdot\text{L}^{-1})$$

若要不形成 $Ca_3(PO_4)_2$ 沉淀,则 $IP = c^2(PO_4^{3-})\,c^3(Ca^{2+}) < K_{sp}$。故

$$c_{max}(PO_4^{3-}) < [K_{sp}/c^3(Ca^{2+})]^{1/2} = [2.07 \times 10^{-33} / (1.78 \times 10^{-3})^3]^{1/2}$$
$$= 6 \times 10^{-13} (\text{mol} \cdot \text{L}^{-1})$$

对肾结石病人来说,医生总是让他多喝水,是为了增加尿量,冲稀尿液中 PO_4^{3-} 的含量。

8-12 人的牙齿表面有一层釉质,其组成为羟基磷灰石 $[Ca_{10}(OH)_2(PO_4)_6]$($K_{sp} = 6.8 \times 10^{-37}$)。为了防止龋齿,人们常用加氟牙膏,牙膏中的氟化物可以使羟基磷灰石转化为氟磷灰石 $[Ca_{10}(PO_4)_6F_2]$($K_{sp} = 1.0 \times 10^{-60}$)。请写出羟基磷灰石转化为氟磷灰石的离子方程式,并计算出该转化反应的标准平衡常数。

解答: $Ca_{10}(OH)_2(PO_4)_6 \rightleftharpoons 10Ca^{2+} + 6PO_4^{3-} + 2OH^-$ ① $K_{sp1} = 6.8 \times 10^{-37}$

(-) $Ca_{10}(PO_4)_6F_2 \rightleftharpoons 10Ca^{2+} + 6PO_4^{3-} + 2F^-$ ② $K_{sp2} = 1.0 \times 10^{-60}$

$Ca_{10}(OH)_2(PO_4)_6 + F^- \rightleftharpoons Ca_{10}(PO_4)_6F_2 + 2OH^-$ ③ K

由于 ① - ② = ③,

$$K = K_{sp1}/K_{sp2} = 6.8 \times 10^{-37} / (1.0 \times 10^{-60}) = 6.8 \times 10^{23}$$

章节自测

一、填空题

1. 溶度积常数和一切平衡常数一样,同温度_____关系,与离子浓度_____关系。

2. $PbSO_4$ 和为 1.8×10^{-8},在纯水中其溶解度为_____ $\text{mol} \cdot \text{L}^{-1}$;在浓度为 1.0×10^{-2} $\text{mol} \cdot \text{L}^{-1}$ 的 Na_2SO_4 溶液中达到饱和时其溶解度为_____ $\text{mol} \cdot \text{L}^{-1}$。

3. 欲得到较大的晶粒,需要控制较_____的过饱和度。

4. $BaCO_3$($K_{sp} = 2.58 \times 10^{-9}$),$AgCl$($K_{sp} = 1.77 \times 10^{-10}$),$CaF_2$($K_{sp} = 1.46 \times 10^{-10}$) 溶解度从大到小的顺序是_____。

5. 沉淀生成的条件是 IP _____ K_{sp};而沉淀溶解的条件是 IP _____ K_{sp}。

6. 同离子效应使难溶电解质的溶解度_____;盐效应使难溶电解质的溶解度_____。

7. 在 $BaSO_4$ 沉淀平衡系统中加入 $BaCl_2$ 溶液,主要是_____效应,$BaSO_4$ 溶解度_____;如果加入 $NaCl$ 溶液,主要是_____,$BaSO_4$ 溶解度_____。

8. 已知 $K_{sp}(AgCl) = 1.77 \times 10^{-10}$,$K_{sp}(Ag_2CrO_4) = 1.12 \times 10^{-12}$,$K_{sp}(AgI) = 8.52 \times 10^{-17}$。在含有 Cl^-,CrO_4^{2-},I^- 的混合溶液中,它们的浓度均为 0.10 $\text{mol} \cdot \text{L}^{-1}$,当向此混合液中逐滴加入 $AgNO_3$ 溶液时,首先析出的沉淀是_____,最后沉淀析出的是_____;当 AgCl 开始沉淀析出之时,溶液中的 Ag^+,CrO_4^{2-},I^- 的浓度分别是_____,_____,_____。

9. 已知: $CaCO_3(s) \rightleftharpoons Ca^{2+}(aq) + CO_3^{2-}(aq)$
   $\Delta_f G_m^{\ominus}(\text{kJ} \cdot \text{mol}^{-1})$ -1128.80 -553.54 -527.90
   则 $CaCO_3$ 的 $K_{sp} = $ _____。

二、选择题

1. 下列关于 K_{sp} 的叙述正确的是(   )
   A. K_{sp} 是热力学平衡常数
   B. K_{sp} 表示难溶强电解质在水溶液中的溶解度

C. K_{sp} 与温度和浓度有关　　　　　　D. K_{sp} 愈大,难溶电解质的溶解度愈大

2. 难溶电解质 AB_2 的 $s = 1.0 \times 10^{-3}$ mol·L^{-1},其 K_{sp} 是( )
   A. 1.0×10^{-6}　　B. 1.0×10^{-9}　　C. 4.0×10^{-6}　　D. 4.0×10^{-9}

3. 某难溶电解质的 s 和 K_{sp} 的关系是 $K_{sp} = 4s^3$,它的分子式可能是( )
   A. AB　　　　B. A_2B_3　　　　C. A_3B_2　　　　D. A_2B

4. CaF_2 沉淀在 pH = 3 的溶液中的溶解度较 pH = 5 溶液中的溶解度( )
   A. 小　　　　B. 大　　　　C. 相等　　　　D. 可能大也可能小

5. Ag_2CrO_4 在 0.0010 mol·L^{-1} $AgNO_3$ 溶液中的溶解度较在 0.0010 mol·L^{-1} K_2CrO_4 中的( )
   A. 小　　　　B. 相等　　　　C. 可能大也可能小　　D. 大

6. $Mg(OH)_2$($M = 58.32$)沉淀在水中的溶解为 8.5×10^{-4} g/100g,则 $Mg(OH)_2$ 的溶度积为( )
   A. 1.2×10^{-12}　　B. 1.2×10^{-11}　　C. 2.4×10^{-12}　　D. 2.4×10^{-11}

7. 在含有 $Mg(OH)_2$ 沉淀的饱和溶液中加入固体 NH_4Cl 后,则 $Mg(OH)_2$ 沉淀( )
   A. 溶解　　　　B. 增多　　　　C. 不变　　　　D. 无法判断

8. 在饱和的 $BaSO_4$ 溶液中,加入适量的 NaCl,则 $BaSO_4$ 的溶解度( )
   A. 增大　　　　B. 不变　　　　C. 减小　　　　D. 无法确定

9. 下列哪种原因可减少沉淀的溶解度( )
   A. 酸效应　　　　B. 盐效应　　　　C. 同离子效应　　　　D. 络合效应

10. 下列难溶盐的饱和溶液中,Ag^+ 浓度最大的是( )
    A. AgCl($K_{sp} \approx 10^{-10}$)　　　　　　B. Ag_2CO_3($K_{sp} \approx 10^{-11}$)
    C. Ag_2CrO_4($K_{sp} \approx 10^{-12}$)　　　D. AgBr($K_{sp} \approx 10^{-12}$)

11. 某溶液中含有 $AgNO_3$,$Sr(NO_3)_2$,$Pb(NO_3)_2$ 和 $Ba(NO_3)_2$ 四种物质,浓度均为 0.010 mol·L^{-1},向该溶液中逐滴加入 K_2CrO_4 溶液时,沉淀的先后顺序是( )
    [注:$K_{sp}(Ag_2CrO_4) \approx 10^{-12}$;$K_{sp}(PbCrO_4) \approx 10^{-14}$;$K_{sp}(SrCrO_4) \approx 10^{-5}$;$K_{sp}(BaCrO_4) \approx 10^{-10}$]
    A. Ag_2CrO_4,$PbCrO_4$,$SrCrO_4$,$BaCrO_4$　　B. $PbCrO_4$,Ag_2CrO_4,$SrCrO_4$,$BaCrO_4$
    C. $SrCrO_4$,$PbCrO_4$,Ag_2CrO_4,$BaCrO_4$　　D. $PbCrO_4$,Ag_2CrO_4,$BaCrO_4$,$SrCrO_4$

12. 向含有 0.1 mol·L^{-1} HCl,$MnCl_2$,$PbCl_2$ 溶液中通入 H_2S,此时发生( )
    [注:$K_{sp}(MnS) \approx 10^{-14}$;$K_{sp}(PbS) \approx 10^{-28}$;$H_2S$:$K_{a_1} \approx 10^{-7}$,$K_{a_2} \approx 10^{-14}$]
    A. Pb^{2+} 沉淀,Mn^{2+} 不沉淀　　　　B. Mn^{2+} 沉淀,Pb^{2+} 不沉淀
    C. 两种离子均沉淀　　　　　　　　　　D. 溶液澄清

13. 用少量 $AgNO_3$ 处理[$FeCl(H_2O)$]Br 溶液,将产生沉淀,沉淀的主要成分是( )
    A. AgBr　　　　B. AgCl　　　　C. AgCl 和 AgBr　　　　D. $Fe(OH)_2$

14. 在 Ag_2CrO_4 的饱和溶液中加入 HNO_3 溶液,则( )
    A. 沉淀增加　　　　B. 沉淀溶解　　　　C. 无现象发生　　　　D. 无法判断

15. 若溶液中含有杂质 Fe^{2+} 和 Fe^{3+},采用沉淀方式最好的是( )
    A. $FeCO_3$　　　　B. $Fe(OH)_2$　　　　C. $Fe(OH)_3$　　　　D. FeS

16. 在 CaF_2($K_{sp} = 5.3 \times 10^{-9}$)与 $CaSO_4$($K_{sp} = 9.1 \times 10^{-6}$)混合的饱和溶液中,测得 F$^-$ 浓度为 1.8×10^{-3} mol·L^{-1},则溶液中 SO_4^{2-} 的浓度为( )

A. $3.0×10^{-3}$ B. $5.7×10^{-3}$ C. $1.6×10^{-3}$ D. $9.0×10^{-4}$

17. 难溶电解质 AgBr,AgCl,ZnS,BaSO$_4$,溶解度与溶液 pH 有关的是(　　)

    A. AgBr   B. AgCl   C. ZnS   D. BaSO$_4$

18. 下列有关分步沉淀的叙述,正确的是(　　)

    A. 溶解度小的物质先沉淀   B. 浓度积先达到 K_{sp} 的先沉淀

    C. 溶解度小的物质先沉淀   D. 被沉淀离子浓度大的先沉淀

19. 在一混合溶液中含有 KCl,KBr,K$_2$CrO$_4$,其浓度均为 $0.01\ mol·L^{-1}$,向溶液中逐滴加入 $0.01\ mol·L^{-1}$ AgNO$_3$ 溶液时,最先和最后沉淀的物质是(　　)

    [注:$K_{sp}(AgCl)≈10^{-10}$,$K_{sp}(AgBr)≈10^{-12}$,$K_{sp}(Ag_2CrO_4)≈10^{-12}$]

    A. AgBr,AgCl   B. Ag$_2$CrO$_4$,AgCl

    C. AgBr,Ag$_2$CrO$_4$ D. 同时沉淀

20. 已知 $K_{sp}(CuS)≈10^{-36}$。在某溶液中 Cu^{2+} 的浓度为 $0.10\ mol·L^{-1}$,通入 H$_2$S 气体至饱和,使 CuS 沉淀完全,溶液的 pH 为(　　)

    A. 1.0   B. 0.69   C. 3.94   D. 10.05

三、判断题

1. 一定温度下,AgCl 的饱和水溶液中,[Ag$^+$][Cl$^-$]的乘积是一个常数。(　　)
2. 任何 AgCl 溶液中,[Ag$^+$]和[Cl$^-$]的乘积都等于 $K_{sp}(AgCl)$。(　　)
3. Ag$_2$CrO$_4$ 的标准溶度积常数表达式为 $K_{sp}(Ag_2CrO_4)=2[Ag^+][CrO_4^{2-}]$。(　　)
4. 难溶电解质的 K_{sp} 是温度和离子浓度的函数。(　　)
5. 已知 $K_{sp}(ZnCO_3)=1.4×10^{-11}$,$K_{sp}(Zn(OH)_2)=1.2×10^{-17}$,则在 Zn(OH)$_2$ 饱和溶液中的[Zn^{2+}]小于 ZnCO$_3$ 饱和溶液中的[Zn^{2+}]。(　　)

四、计算题

1. 已知:$K_{sp}(AgI)=8.52×10^{-17}$,计算:

   (1) AgI 在纯水中的溶解度(g·L^{-1});

   (2) 在 $0.0010\ mol·L^{-1}$ KI 溶液中 AgI 的溶解度(g·L^{-1});

   (3) 在 $0.010\ mol·L^{-1}$ AgNO$_3$ 溶液中 AgI 的溶解度(g·L^{-1})。

2. 欲使 $0.05\ mol\ PbF_2(K_{sp}=7.1×10^{-7})$ 完全溶于 1 L HCl,所用盐酸最低浓度为多少?[$K_a(HF)=3.5×10^{-4}$]

3. 于 100 mL 含 0.1000 g Ba^{2+} 的溶液中,加入 50 mL $0.010\ mol·L^{-1}$ H$_2$SO$_4$ 溶液,问溶液中还剩多少克 Ba^{2+}?如沉淀用 100 mL 纯水洗涤,问损失 BaSO$_4$ 多少克?

4. 欲除去 $0.1\ mol·L^{-1}$ Fe^{2+} 溶液中含有的杂质 Fe^{3+}。控制 pH 在什么范围内,可使 Fe^{3+} 以 Fe(OH)$_3$ 形式沉淀完全,而 Fe^{2+} 不产生沉淀。已知:$K_{sp}(Fe(OH)_3)≈10^{-38}$,$K_{sp}(Fe(OH)_2)≈10^{-15}$。(提示:当 Fe^{3+} 的浓度小于 $1×10^{-5}\ mol·L^{-1}$ 时,可认为沉淀完全)

5. 向 $0.10\ mol·L^{-1}$ 的 ZnCl$_2$ 溶液中通 H$_2$S 至饱和(约 $0.1\ mol·L^{-1}$),有 ZnS 沉淀生成。求沉淀平衡时溶液的 pH 和溶液中的 Zn^{2+} 浓度。已知:$K_{sp}(ZnS)=1.1×10^{-21}$;H$_2$S:$K_{a_1}=1.3×10^{-7}$,$K_{a_2}=7.1×10^{-15}$。

* *

自测题答案

一、填空题

1. 有,无
2. 1.3×10^{-4}, 2.68
3. 小
4. $BaCO_3 > AgCl > CaF_2$
5. 大于,小于
6. 降低,增大
7. 同离子,减小,盐效应,增大
8. AgI, Ag_2CrO_4, 1.8×10^{-9}, 0.10, 4.8×10^{-8} mol·L^{-1}
9. 5×10^{-9}

二、选择题

1. A 2. D 3. D 4. B 5. A 6. B 7. A 8. A 9. C 10. B 11. D 12. A 13. A 14. B 15. C 16. B 17. C 18. B 19. C 20. B

三、判断题

1. √ 2. × 3. × 4. × 5. √

四、计算题

1. (1) 2.17×10^{-6}; (2) 2.00×10^{-11}; (3) 2.00×10^{-12}
2. 0.11 mol·L^{-1}
3. 31 mg, 0.241 mg
4. pH 3~7
5. pH = 1.14, 0.064 mol·L^{-1}

第 9 章 氧化还原反应

9.1 基本要求

1. 氧化还原反应基本概念和氧化还原反应方程式的配平

氧化还原反应是任何发生了电子转移的反应。其标志是元素的氧化数在反应前后发生变化。其特点是电子可以通过导线引出去做有用功。理论上,可以将任何氧化还原反应设计成相应的原电池,从而将化学能转化为电能。

几个重要概念总结在表 9-1 中;氧化数的确定在教材第 259 页有较详尽的说明。

表 9-1 氧化还原反应基本概念及其关系

	氧化数	氧化状态	作为试剂	作为电极
概念	原子的表观电荷数,假设把每个化学键的电子指定给电负性较大的原子而求得	氧化数的变化趋势	—	—
关系	在未来氧化还原反应中升高	失去电子,被氧化	还原剂或还原型	负极
	在未来氧化还原反应中降低	得到电子,被还原	氧化剂或氧化型	正极

任何一个完整的氧化还原反应都可以拆分成两个半反应:氧化半反应和还原半反应。用离子-电子法配平氧化还原反应方程式的方法是:
- 将反应物和产物以离子或分子的形式列出(难溶物、弱电解质和气体均以分子式表示);
- 将反应式分成两个半反应;
- 分别配平两个半反应(关键步骤),关键点是:① 每个半反应两边的原子数相等,电荷数与电子数的代数和相等。② 正确添加介质:在酸性介质中,去氧加 H^+,添氧加 H_2O;在碱性介质中,去氧加 H_2O,添氧加 OH^-;
- 根据氧化还原反应中得失电子数必须相等,求最小公倍数,并将两个半反应乘以相应的系数,消去电子,合并成一个配平的离子方程式。

2. 电极和原电池

原电池(Galvanic cell)是通过导线传递电子、连接氧化还原反应的两个半反应,从而将化学能转变成电能的基本装置，原电池由正极和负极组成。原电池的逆过程是电解池。

电极有金属电极、气体电极、金属难溶盐电极、普通氧化还原电极等。电极（如氯化银电极）的书写要点为：

- 电极反应：Ox$+ne \longrightarrow$ Red（如：AgCl$+e \longrightarrow$ Ag$+$Cl$^-$）
- 电极符号：金属导体，非溶液相｜溶液相1，溶液相2……（如：Ag，AgCl｜Cl$^-$）
  注意：必要时非溶液相标出物质状态，溶液相标出物质的浓度。[如：Ag，AgCl(s)｜Cl$^-$(1.0 mol·L^{-1})]
- 电极电势：φ(Ox/Red) 或 $\varphi_{Ox/Red}$[如：φ(AgCl/Ag)]

电池由任意两个电极组成。电池（以银锌电池为例）的书写要点为：

- 电池反应，如：$2Ag^+ + Zn \rightleftharpoons Zn^{2+} + 2Ag$
  正极，如：Ag｜Ag$^+$（正极反应：Ag$^+ + e \longrightarrow$ Ag）
  负极，如：Zn｜Zn^{2+}（负极反应：Zn$^{2+} + 2e \longrightarrow$ Zn）
- 盐桥：如果正、负极的电极液性质不一样，需要用合适的盐桥连接，如：KCl 盐桥。盐桥的符号为：‖。
- 电池符号：($-$)负极‖正极($+$)，如：($-$)Zn｜Zn^{2+}‖Ag$^+$｜Ag($+$)
- 电池电动势：$E = \varphi_{(+)} - \varphi_{(-)}$，如：$E = \varphi(Ag^+/Ag) - \varphi(Zn^{2+}/Zn)$

3. 氧化还原-电子转移反应的热力学

对于在等温等压下进行的氧化还原反应来说，反应的热力学问题包括：

- 反应的平衡常数 $K^\ominus$。决定 $K^\ominus$ 大小的是反应的 $\Delta_r G_m^\ominus$ 或电池的 $E^\ominus$。三者之间的数学关系为

$$\Delta_r G_m^\ominus = -nFE^\ominus = -RT\ln K^\ominus$$
$$\lg K^\ominus = nE^\ominus/0.0591 \quad (25℃)$$

- 实际可输出最大电功，即反应的 $\Delta_r G_m$ 或电池的 E。有关数学关系为

$$\Delta_r G_m = W_{max} = -nFE$$
$$E = E^\ominus - \frac{RT}{nF}\ln Q \quad 或 \quad E = E^\ominus - \frac{0.0591}{n}\lg Q \quad (25℃)$$

其中 Q 为反应商，对电池反应：$aOx_1 + bRed_2 \rightleftharpoons dRed_1 + eOx_2$

$$Q = \frac{(c_{Red_1})^d (c_{Ox_2})^e}{(c_{Ox_1})^a (c_{Red_2})^b}$$

可以根据 E 代替 $\Delta_r G_m$ 判断反应的自发进行方向：

- $\Delta_r G_m < 0$，$E > 0$，反应正向自发进行；
- $\Delta_r G_m > 0$，$E < 0$，反应逆向自发进行；
- $\Delta_r G_m = 0$，$E = 0$，反应达到平衡。

4. 电极电势和标准电极电势

(1) 零电极电势和电极电势定义

在 298.15 K 时，标准氢电极[电极 $c(H^+) = 1$ mol·L^{-1}，$p(H_2) = 100$ kPa] 的电极电势定义为零，即

$$\varphi^\ominus(H^+/H_2) = 0.000 \text{ V}$$

其他电极和标准氢电极组成电池，此电池以标准氢电极为负极的电池电动势（即该电极与

标准氢电极之间的电势差)为此电极的电极电势,即
$$E = \varphi - \varphi^{\ominus}(H^+/H_2) = \varphi$$

(2) 标准电极电势

在 298.15 K 时,参与电极反应的所有溶液物质浓度为标准浓度,即 $c = 1\ \text{mol}\cdot\text{L}^{-1}$,所有气体的压力为 100 kPa,此时的电极电势称为标准电极电势 $\varphi^{\ominus}(\text{Ox}/\text{Red})$。标准电极电势可以查表获得(教材附录 5)。

标准电极电势具有以下主要应用:

① 判断氧化剂、还原剂的相对强弱:$\varphi^{\ominus}$ 数值的大小表示电对中氧化型物质得电子能力(或还原型物质失电子能力)的强弱。$\varphi^{\ominus}$ 越正,氧化型物质得电子能力越强;$\varphi^{\ominus}$ 越负,还原型物质失电子能力越强。

② 判断标准状态下氧化还原反应的自发进行方向。

③ 计算电池的标准电池电动势 $E^{\ominus}$ 以及电池反应的平衡常数 $K^{\ominus}$:
$$E^{\ominus} = \varphi^{\ominus}_{(+)} - \varphi^{\ominus}_{(-)}$$
$$\lg K^{\ominus} = nE^{\ominus}/0.0591 = n(\varphi^{\ominus}_{(+)} - \varphi^{\ominus}_{(-)})/0.0591 \quad (25℃)$$

应用电极的能斯特(Nernst)方程式计算非标准状态下的电极电势 φ:

电极反应: $p\text{Ox} + ne \longrightarrow q\text{Red}$

$$\varphi = \varphi^{\ominus} + \frac{RT}{nF}\lg\frac{(c_{\text{Ox}})^p}{(c_{\text{Red}})^q} \quad \text{或} \quad \varphi = \varphi^{\ominus} + \frac{0.0591}{n}\lg\frac{(c_{\text{Ox}})^p}{(c_{\text{Red}})^q} \quad (25℃)$$

几点注意:
- 方程式中氧化型、还原型物质浓度的指数是电极反应式中相应的系数;
- 电极反应式中的纯固体、纯液体或溶剂水的浓度不列入方程式中;
- 气体物质 B 的浓度要用分压($p_B/p^{\ominus}$)来表示。

5. 氧化还原反应速率和超电势概念

在氧化还原反应中,电池电动势 E 和平衡常数 $K^{\ominus}$ 的大小只能表示反应进行的程度。一个电池反应的速率即是电路中通过的电流 I 的大小:

$$I = \frac{E - \eta}{R}$$

所以,氧化还原反应速率取决于电池电动势 E、超电势 η 和回路的电阻 R。只有当 $E > \eta$ 时,电路中才会有电流,氧化还原反应才能实际发生。

在本质上,η 是氧化还原反应活化能的一种表现形式。η 越高,则反应的活化能越大,反应速度越慢。η 的大小和电极金属的性质有关。

溶液中 H^+ 在许多金属电极上具有很大的超电势,因此在电镀时,电解池的阴极上主要发生金属离子还原的反应,很少产生氢气。

6. 浓差电池和膜电势

(1) 浓差电池

相同电极种类具有相同的标准电极电势 $\varphi^{\ominus}$,但当电极物质浓度不同时,其 φ 则不同。因此,将两个电极物质浓度不同的同种电极连接起来时,可以构成浓差电池。浓差电池的电动势取决于两侧电极溶液的浓度或气体压力的差别。

对于某种电极($p\text{Ox} + ne \longrightarrow q\text{Red}$)组成的浓差电池,有

$$E = \frac{RT}{nF}\lg\frac{(c_{2,\text{Ox}}/c_{1,\text{Ox}})^p}{(c_{2,\text{Red}}/c_{1,\text{Red}})^q}$$

(2) 膜电势及其应用

当存在一个离子选择通透性膜,膜两侧的离子浓度不同,那么,浓度高(c_2)的一侧离子将向浓度低(c_1)的一侧扩散,导致该离子选择性膜的两侧会出现跨膜浓差电势 φ:

$$\varphi = (RT/zF)\ln(c_2/c_1)$$

其中,z 为该离子的电荷。

形成跨膜电势的过程称为膜的极化,细胞膜是一个极化的膜。离子选择电极是膜电势原理的重要应用。

7. pH 计的测量原理

离子选择电极的一个最广泛而意义重大的应用就是 pH 计(pH meter),它使溶液酸度的测量成为一件十分简单的实验室常规操作。pH 计的核心部件就是 pH 敏感的玻璃电极。

玻璃电极的组成式为

$$\text{Ag, AgCl(s)} \mid \text{HCl}(0.1\ \text{mol}\cdot\text{L}^{-1}) \mid \text{玻璃膜} \mid \text{pH 待测溶液}$$

其中,AgCl/Cl⁻ 电极为内参比电极;而玻璃膜是对 H^+ 敏感的选择膜,其膜电位取决于两侧 $[H^+]$ 的差别。玻璃膜有很高的电阻,有利于膜电位的测定。

实际测定时,玻璃电极和一个外参比电极——饱和甘汞电极同时置于待测溶液中组成如下电池:

$$\text{Ag, AgCl(s)} \mid \text{Cl}^-(0.1\ \text{mol}\cdot\text{L}^{-1}), H^+(0.1\ \text{mol}\cdot\text{L}^{-1}) \mid \text{玻璃膜} \mid \text{待测溶液} \parallel \text{KCl(饱和)} \mid \text{Hg}_2\text{Cl}_2(\text{s}), \text{Hg(l)}$$

其中,饱和甘汞电极作为参比电极,其电极电势为 $\varphi^\ominus_{\text{SCE}} = 0.2412\ \text{V}$。

通常我们先测量一已知 $\text{pH} = \text{pH}_s$ 的标准缓冲溶液的电池电动势 E_s,然后,测量待测 pH_x 溶液的电池电动势为 E_x,则有 pH 的操作定义:

$$\text{pH}_x = \text{pH}_s + \frac{(E_x - E_s)F}{2.303RT} \quad \text{或} \quad \text{pH}_x = \text{pH}_s + \frac{E_x - E_s}{0.0591} \quad (25℃)$$

在 pH 测量中,标准缓冲溶液应当选用接近待测溶液的 pH,下表列出常用的几种。

缓冲液种类	组 成	pH(温度)
酸性 pH 标准缓冲溶液	$0.050\ \text{mol}\cdot\text{L}^{-1}$ 邻苯二甲酸氢钾($\text{KHC}_8\text{H}_4\text{O}_4$)	pH = 4.00(25℃)
中性 pH 标准缓冲溶液	$0.050\ \text{mol}\cdot\text{L}^{-1}\ \text{KH}_2\text{PO}_4\text{-Na}_2\text{HPO}_4$	pH = 6.86(25℃)
碱性 pH 标准缓冲溶液	$0.010\ \text{mol}\cdot\text{L}^{-1}$ 硼砂溶液	pH = 9.18(25℃)
	$0.010\ \text{mol}\cdot\text{L}^{-1}$ 硼酸盐-硼酸溶液	pH = 10.00(25℃)

9.2 要点和难点解析

1. 根据氧化还原反应设计原电池

将任何一个氧化还原反应设计成原电池,其要点如下:

(1) 确定该氧化还原反应中,谁被氧化和谁被还原。找到两个氧化还原电对。

(2) 将此反应拆分成一个氧化半反应和一个还原半反应,并确立好每一个半反应的溶液条件;将每一个半反应设计成相应的电极。

(3) 将两个电极用合适的盐桥连接起来。

【例题 9-1】 请将反应 $Fe^{3+} + Li \rightleftharpoons Li^+ + Fe^{2+}$ 设计成电池。

解答：① 反应中 Fe^{3+} 被还原成 Fe^{2+}，Li 被氧化成 Li^+。

② 两个半反应是：$Fe^{3+} + e \longrightarrow Fe^{2+}$　（氧化反应，应当做电池的正极）

$Li - e \longrightarrow Li^+$　（还原反应，应当做电池的负极）

③ 将两个电极用盐桥连接成电池：$(-) Li | Li^+ \| Fe^{3+}, Fe^{2+} | Pt (+)$

从做习题的角度，上述电池已经设计成功了。但是，实用的铁锂电池不能这样，原因在于：

- Li 是还原性很强的金属，还原反应不能在水溶液中进行；
- Li 金属柔软活泼，也不能做电极导体；
- 实用的电池需要反复充电和放电，而普通的 KCl 盐桥是一次性的，不能反复使用。

因此，实用的电池设计需要考虑溶液条件和盐桥设计，最好是能将正、负两极的电极液设计一样，这样可以根本取消盐桥。

实用的铁锂电池是这样设计的：

- 负极采用石墨导体，Li 金属很容易渗入石墨的层状结构，形成 LiC_6。负极电极液不能为水溶液，而可选择高电导性的锂盐（常用为 $LiPF_6$）的非水溶液（目前常用的是高介电常数、低黏度的碳酸酯混合有机溶剂）：

　锂/碳负极：$C, LiC_6 | Li^+, PF_6^-$

　负极反应：$Li^+ + 6C + e \longrightarrow LiC_6$

- 正极为避免盐桥，采用难溶盐电极，选择铁的磷酸盐沉淀。铁磷酸盐的优势是具有层状结构，Li^+ 很容易扩散进入层状结构，使导电更容易，而电极材料可以选择便宜的 Cu。

　铁磷酸盐正极：$Cu, FePO_4, LiFePO_4$

　正极反应：$FePO_4 + Li^+ + e \longrightarrow LiFePO_4$

- 这样整个电池为：

　电池符号：$(-) C, LiC_6 | Li^+, PF_6^- | LiFePO_4, FePO_4, Cu(+)$

　电池反应：$FePO_4 + LiC_6 \rightleftharpoons LiFePO_4 + 6C$

电池只有一种电极液，完全省去了盐桥。

2. 标准电极电势表的应用

教材中列了标准电极电势表的 3 个应用，其中最重要的是根据表中数据计算一个氧化还原反应的平衡常数。基本公式为

$$E^\ominus = \varphi_+^\ominus - \varphi_-^\ominus$$

在 25℃(298.15 K) 下，

$$\lg K^\ominus = nE^\ominus / 0.0591 = n(\varphi_+^\ominus - \varphi_-^\ominus) / 0.0591$$

【例题 9-2】 计算 298.15 K 时，反应 $MnO_2 + 4H^+ + 2Cl^- \rightleftharpoons Mn^{2+} + Cl_2 + 2H_2O$ 的平衡常数。

解答：$\varphi^\ominus(MnO_2/Mn^{2+}) = 1.23 \text{ V}$，　$\varphi^\ominus(Cl_2/Cl^-) = 1.36 \text{ V}$，

$\lg K^\ominus = n(\varphi_+^\ominus - \varphi_-^\ominus)/0.0591 = 2 \times (1.23 - 1.36)/0.0591 = -4.40$

$K^\ominus = 4.0 \times 10^{-5}$

【例题 9-3】 已知：$Ag^+ + e \longrightarrow Ag$ $\varphi^{\ominus}(Ag^+/Ag) = 0.799\ V$

$Ag_2S + 2e \longrightarrow 2Ag + S^{2-}$ $\varphi^{\ominus}(Ag_2S/Ag) = -0.69\ V$

计算 Ag_2S 的 K_{sp}。

解答：以 Ag_2S/Ag 为正极，Ag^+/Ag 为负极，电池总反应为

$$Ag_2S + 2e \longrightarrow 2Ag + S^{2-}$$
$$-)\ 2\times\quad Ag^+ + e \longrightarrow Ag$$
$$\overline{\qquad\qquad\qquad\qquad\qquad\qquad\qquad\qquad}$$
$$Ag_2S \rightleftharpoons 2Ag^+ + S^{2-} \qquad K^{\ominus} = K_{sp}(Ag_2S)$$

故 $\lg K^{\ominus} = \lg K_{sp}(Ag_2S) = n(\varphi^{\ominus}_+ - \varphi^{\ominus}_-)/0.0591$

$\qquad\qquad\qquad\qquad\quad = 2\times(-0.69-0.799)/0.0591 = -50.39$

$\qquad K_{sp} = 4.08\times 10^{-51}$

3. Nernst 方程式应用和氧化还原反应参与的多重化学平衡计算

Nernst 方程式是氧化还原反应中最重要的热力学方程式，用来计算非标准状态下的电极电势或电池电动势。Nernst 方程式有两种：

(1) 电极反应（$p\text{Ox} + ne \longrightarrow q\text{Red}$）的 Nernst 方程式：

$$\varphi = \varphi^{\ominus} + \frac{RT}{nF}\lg\frac{(c_{Ox})^p}{(c_{Red})^q} \quad \text{或} \quad \varphi = \varphi^{\ominus} + \frac{0.0591}{n}\lg\frac{(c_{Ox})^p}{(c_{Red})^q} \quad (25\ ℃)$$

(2) 电池反应的 Nernst 方程式：

$$E = E^{\ominus} - \frac{RT}{nF}\ln Q = E^{\ominus} + \frac{RT}{nF}\ln\frac{1}{Q} \quad \text{或} \quad E = E^{\ominus} + \frac{0.0591}{n}\lg\frac{1}{Q} \quad (25\ ℃)$$

注意：① Nernst 方程式通常的形式为

$$E(\text{或}\ \varphi) = E^{\ominus}(\text{或}\ \varphi^{\ominus}) + (0.0591/n)\lg[\text{计算式}]$$

这个形式一致，便于记忆。但需要注意[计算式]是反应商 Q 的倒数：

$$[\text{计算式}] = \frac{\text{电极/电池反应左侧反应物幂的乘积}}{\text{电极/电池反应右侧产物幂的乘积}}$$

② 对电极来说，电极反应方程式左侧是氧化型 Ox，右侧是还原型 Red。因此，[Ox]/[Red]比值越大，φ 越大。或者说，增加[Ox]，将增加 φ；增加[Red]，将降低 φ。

③ 对于电池来说，增加反应物的浓度将增加电池电动势，增加产物的浓度将降低电池电动势。

④ 酸碱反应、沉淀反应和配位反应都可影响电极电势或电池电动势。至于在处理多重平衡计算时，需要把握的三点在第 8 章中已经有所交代，这里不再详述。对于配位反应的影响，将在第 10 章中详述。

【例题 9-4】 设 $c(Cr_2O_7^{2-}) = c(Cr^{3+}) = 1\ mol \cdot L^{-1}$，计算 298.15 K 时在 $0.1\ mol \cdot L^{-1}\ H_2SO_4$，$H_2PO_4^-$ 和 NaOH 溶液中的 $\varphi(Cr_2O_7^{2-}/Cr^{3+})$（不考虑可能的沉淀形成）。

解答：查表得 $Cr_2O_7^{2-} + 14H^+ + 6e \longrightarrow 2Cr^{3+} + 7H_2O$ $\varphi^{\ominus} = 1.232\ V$

$\varphi = \varphi^{\ominus} + (0.0591\ V/6)\times\lg\{[c(Cr_2O_7^{2-})\times c^{14}(H^+)]/c^2(Cr^{3+})\}$

$\quad = 1.232\ V + (0.0591\ V/6)\times\lg c^{14}(H^+) = 1.232\ V + 0.138\ V\times\lg c(H^+)$

在 $0.1\ mol \cdot L^{-1}\ H_2SO_4$ 溶液中：$c(H^+) = 0.2\ mol \cdot L^{-1}$

$\varphi = 1.232\ V + 0.138\ V\times\lg 0.2 = 1.136\ V$

在 0.1 mol·L^{-1} H$_2$PO$_4^-$ 溶液中：

$$c(H^+) = (K_{a_1} K_{a_2})^{1/2} = (6.9 \times 10^{-3} \times 6.2 \times 10^{-8})^{1/2} = 2.1 \times 10^{-5} \text{ mol·L}^{-1}$$

$$\varphi = 1.232 \text{ V} + 0.138 \text{ V} \times \lg(2.1 \times 10^{-5}) = 0.586 \text{ V}$$

在 0.1 mol·L^{-1} NaOH 溶液中：[OH$^-$] = 0.1 mol·L^{-1}，[H$^+$] = 1 × 10^{-13} mol·L^{-1}，

$$\varphi = 1.232 \text{ V} + 0.138 \text{ V} \times \lg(1 \times 10^{-13}) = -0.562 \text{ V}$$

【例题 9-5】 已知 $\varphi^\ominus(\text{Ag}^+/\text{Ag}) = 0.799$ V，$\varphi^\ominus(\text{Zn}^{2+}/\text{Zn}) = -0.762$ V，$K_{sp}(\text{AgCl}) = 1.6 \times 10^{-10}$。将一根 Ag 棒和一根 Zn 棒插入 0.100 mol·L^{-1} ZnCl$_2$ 中组成一个电池。写出此电池的表达式、电池反应并计算 298.15 K 下电池电动势。

解答：此电池的负极为 Zn，正极为 Ag，没有盐桥，电池表达式为

$$(-) \text{ Zn} \mid \text{Zn}^{2+}, \text{Cl}^- \mid \text{AgCl}, \text{Ag} (+)$$

电池反应为 $2\text{AgCl} + \text{Zn} \rightleftharpoons \text{Zn}^{2+} + 2\text{Cl}^- + \text{Ag}$ （$n = 2\text{e}$）

$$E = E^\ominus - (0.0591 \text{ V}/2)\lg([\text{Zn}^{2+}][\text{Cl}^-]^2)$$
$$= \varphi^\ominus(\text{AgCl}/\text{Ag}) - \varphi^\ominus(\text{Zn}^{2+}/\text{Zn}) - (0.0591 \text{ V}/2)\lg([\text{Zn}^{2+}][\text{Cl}^-]^2)$$

由于   Ag$^+$ + e ⟶ Ag $\varphi^\ominus(\text{Ag}^+/\text{Ag}) = 0.799$ V

AgCl ⇌ Ag$^+$ + Cl$^-$ $K_{sp}(\text{AgCl}) = 1.6 \times 10^{-10}$

所以   AgCl + e ⟶ Ag + Cl$^-$

$$-nF\varphi^\ominus(\text{AgCl}/\text{Ag}) = -nF\varphi^\ominus(\text{Ag}^+/\text{Ag}) + [-RT\ln K_{sp}(\text{AgCl})]$$
$$\varphi^\ominus(\text{AgCl}/\text{Ag}) = \varphi^\ominus(\text{Ag}^+/\text{Ag}) + 0.0591 \text{ V} \times \lg K_{sp}(\text{AgCl})$$
$$= 0.799 \text{ V} + 0.0591 \text{ V} \times \lg(1.6 \times 10^{-10}) = 0.220 \text{ V}$$

故 $E = \varphi^\ominus(\text{AgCl}/\text{Ag}) - \varphi^\ominus(\text{Zn}^{2+}/\text{Zn}) - (0.0591/2)\lg([\text{Zn}^{2+}][\text{Cl}^-]^2)$

$$= 0.220 \text{ V} - (-0.762 \text{ V}) - (0.0591 \text{ V}/2)\lg(0.100 \times 0.200^2) = 1.053 \text{ V}$$

4. $E(\varphi), E^\ominus(\varphi^\ominus), \Delta_r G, \Delta_r G^\ominus, K^\ominus, W_电$ 之间的转换计算

在上述参数中：$E(\varphi), E^\ominus(\varphi^\ominus)$ 是强度状态函数；$\Delta_r G, \Delta_r G^\ominus$ 和 $K^\ominus$ 是广度状态函数；$W_电$ 不是状态函数。这些参数之间的转换计算如下：

- $\Delta_r G_m, \Delta_r G$ 和 $W_电$ 之间：

$$W_{电,最大} = \Delta_r G$$

注意：W 是以系统为标准，系统向外做功，则 W 是负值；环境向系统做功，W 是正值。

$$\Delta_r G = \zeta \Delta_r G_m \quad (\zeta \text{ 是反应进度})$$

- $E(\varphi)$ 和 $\Delta_r G_m$ 之间：

$$\Delta_r G_m = -nFE \text{（电池）}, \quad \Delta_r G_m = -nF\varphi \text{（电极）}$$

注意：此处 n 是单位反应的电子转移数，n 的大小和方程式写法有关。

- $E(\varphi), E^\ominus(\varphi^\ominus)$ 之间：由 Nernst 方程式描述，25℃ 时为

$$\varphi = \varphi^\ominus + \frac{0.0591}{n} \lg \frac{(c_{\text{Ox}})^p}{(c_{\text{Red}})^q} \quad \text{（电极）}$$

$$E = E^\ominus + \frac{0.0591}{n} \lg \frac{\text{反应物幂的乘积}}{\text{产物幂的乘积}} \quad \text{（电池）}$$

- $\Delta_r G_m$ 和 $\Delta_r G_m^\ominus$ 之间：

$$\Delta_r G_m = \Delta_r G_m^\ominus + RT \ln Q$$

- $\Delta_r G_m^\ominus$, $K^\ominus$ 和 $E^\ominus$ 之间：

$$\Delta_r G_m^\ominus = -RT\ln K^\ominus$$

$$\Delta_r G_m^\ominus = -nFE^\ominus$$

$$\lg K^\ominus = -nE^\ominus/0.0591 \quad (25℃)$$

需要格外注意，出于方便，我们时常省略了表示摩尔单位反应 "$\Delta_r G_m$" 的下角标 "r" 和 "m"，但是多数公式计算的是单位反应的 $\Delta_r G_m$ 或 $\Delta_r G_m^\ominus$ 变化。计算实际做功时，往往需要考虑其反应的绝对量。

【例题 9-6】 在一块 Ag 板和一块 Zn 板中加入 $1.0\ mol \cdot L^{-1}$ K_2CO_3 凝胶组成一个蓄电池。已知 $\varphi^\ominus(Ag^+/Ag) = 0.80\ V$, $\varphi^\ominus(Zn^{2+}/Zn) = -0.76\ V$, $K_{sp}(Ag_2CO_3) = 8.5 \times 10^{-12}$, $K_{sp}(ZnCO_3) = 1.5 \times 10^{-10}$：

(1) 写出此电池的表达式和电极电池反应。

(2) 298.15 K 下，此电池的电动势是多少？放电过程中电池电动势是否发生变化？

(3) 电池放电使 Zn 减少 1.0 g，欲用 100 mA 充电电流充电，需要至少多长时间电池才恢复？

解答：(1) 电池表达式为

$$(-)\ Zn,\ ZnCO_3\ |\ K_2CO_3\ |\ Ag_2CO_3,\ Ag(+)$$

正极反应：$Ag_2CO_3 + 2e \longrightarrow 2Ag + CO_3^{2-}$

负极反应：$ZnCO_3 + 2e \longrightarrow Zn + CO_3^{2-}$

总反应：$Ag_2CO_3 + Zn \rightleftharpoons 2Ag + ZnCO_3$

(2) 298.15 K 下, $[CO_3^{2-}] = 1.0\ mol \cdot L^{-1}$

$$\varphi_+^\ominus = \varphi^\ominus(Ag_2CO_3/Ag) = \varphi^\ominus(Ag^+/Ag) + (0.0591\ V/2)\lg K_{sp}(Ag_2CO_3)$$

$$= 0.80\ V + (0.0591\ V/2)\lg(8.5 \times 10^{-12}) = 0.47\ V$$

$$\varphi_-^\ominus = \varphi^\ominus(ZnCO_3/Zn) = \varphi^\ominus(Zn^{2+}/Zn) + (0.0591\ V/2)\lg K_{sp}(ZnCO_3)$$

$$= -0.76\ V + (0.0591\ V/2)\lg(1.5 \times 10^{-10}) = -1.05\ V$$

$$E = E^\ominus + 0\ V = E^\ominus = \varphi_+^\ominus - \varphi_-^\ominus = 0.47\ V - (-1.05\ V) = 1.52\ V$$

放电过程中电池电动势不发生变化。

(3) Zn 减少 1.0 g，反应进度

$$\xi = 1.0\ g/(65\ g \cdot mol^{-1} \times 1) = 0.0154\ mol$$

电池释放电功为

$$W = \Delta_r G = \xi \cdot \Delta_r G_m = -\xi \cdot nFE$$

$$= 0.0154\ mol \times 2 \times 96485\ C \cdot mol^{-1} \times 1.52\ V = 4510\ J = 4.51\ kJ$$

因此需要补充至少 4.51 kJ 电功，即需要充电：

$$t = W/(UI) = 4510\ J/(1.52\ V \times 0.100\ A) = 29671\ s = 8.24\ h$$

5. 膜电位和离子选择电极

离子选择电极是在生物分析中一种重要的方法。其核心原理是通过离子选择透过性膜形成跨膜浓差电位，通过测定跨膜电位测定溶液中待测离子的浓度。玻璃电极是 pH 选择电极，测定方法是先测量一已知 pH = pH_s 的标准缓冲溶液的电池电动势 E_s，然后测量待测 pH_x 溶液的电池电动势为 E_x，然后通过 pH 的操作定义来计算待测溶液的 pH：

$$pH_x = pH_s + \frac{E_x - E_s}{0.0591} \quad (25℃)$$

实际上,pH 操作定义对其他一价离子的离子选择电极分析也是通用的。不过需要注意的是,如果是一价负离子,操作定义为

$$\lg c_x = \lg c_s + \frac{E_x - E_s}{0.0591} \quad (25℃)$$

【例题 9-7】 国家标准要求合格的牙膏溶液 pH 5~10 之间,含游离 F^- 量为 0.04%~0.15%。今取某苏打牙膏 10.0 g,充分溶解后,过滤去不溶物,定容至 100 mL。取 50 mL 样品,以甘汞电极为参比、玻璃电极为分析电极测量,测得电动势读数为 0.309 V;测定 pH = 7.0 的标准缓冲溶液时,电动势读数为 0.212 V。然后另取 10.0 mL 样品,加水稀释并调节溶液 pH = 6.0,定容至 100 mL,将分析电极换成 F^- 选择电极,测定电动势为 0.144 V;测定 2.0 μg·mL^{-1} F^- 标准溶液时,电动势为 0.102 V。计算:

(1) 此牙膏的 pH 是多少?
(2) 当需要调节溶液至 pH = 6.0 时,应当调节至电动势读数为多少?
(3) 此牙膏含氟量为多少?
(4) 此牙膏是否合乎国家标准?

解答:(1) $pH_x = pH_s + (E_x - E_s)/0.0591 = 7.0 + (0.309 - 0.212) \text{ V}/0.0591 \text{ V} = 8.64$

(2) 所以应当用盐酸调节至 pH = 6.0。需要电动势达到
$E_x = E_s + 0.0591 \text{ V} \times (pH_x - pH_s) = 0.212 \text{ V} + 0.0591 \text{ V} \times (6.0 - 7.0) = 0.153 \text{ V}$

(3) F^- 是一价负离子,所以其浓度为
$\lg [F^-]_x = \lg [F^-]_s + (E_x - E_s)/0.0591 \text{ V} = \lg 2.0 + (0.144 - 0.102) \text{ V}/0.0591 \text{ V} = 1.013$
$[F^-]_x = 10.3 \text{ μg·mL}^{-1}$

所以,样品中氟含量为
$10.3 \times 10^{-6} \text{ g·mL}^{-1} \times 100 \text{ mL} \times 100/(10 \text{ g} \times 10) = 1.03 \times 10^{-3} = 0.103\%$

本牙膏酸碱度和游离氟的含量均在国标范围内,为合格产品。

9.3 思考题选解

9-1 指出下列物质中元素符号右上角标 * 元素的氧化值:
Na_2O^*,CuI^*,$K_2O_2^*$,H^*F,NaH^*,NaN_3^*,$Na_2S_4^*O_6$,Cl^*O_2,$N_2^*O_5$,$Cr^*O_4^{2-}$,$Mn^*O_4^-$。

解答:$-2, -1, -1, +1, -1, -1/3, +5/2, +4, +5, +6, +7$

9-2 配平下列氧化还原反应方程式(必要时添加反应介质):

(1) $MnO_4^- + H_2C_2O_4 + H^+ \longrightarrow Mn^{2+} + CO_2 + H_2O$;
(2) $Cr_2O_7^{2-} + Fe^{2+} + H^+ \longrightarrow Cr^{3+} + Fe^{3+} + H_2O$;
(3) $FeS + NO_3^- \longrightarrow Fe^{3+} + SO_4^{2-} + NO$;
(4) $S_2O_3^{2-} + I_2 \longrightarrow S_4O_6^{2-} + I^-$;
(5) $Cl_2 + OH^- \longrightarrow Cl^- + ClO_3^- + H_2O$;

(6) $I^- + H_2O_2 + H^+ \longrightarrow I_2 + H_2O$;

(7) $HgCl_2 + SnCl_2 \longrightarrow Hg_2Cl_2 + SnCl_4$;

(8) $KClO_3 + HCl \longrightarrow Cl_2\uparrow + KCl + H_2O$。

解答：

(1) $2MnO_4^- + 5H_2C_2O_4 + 6H^+ \rightleftharpoons 2Mn^{2+} + 10CO_2 + 8H_2O$

(2) $Cr_2O_7^{2-} + 6Fe^{2+} + 14H^+ \rightleftharpoons 2Cr^{3+} + 6Fe^{3+} + 7H_2O$

(3) $FeS + 3NO_3^- + 4H^+ \rightleftharpoons Fe^{3+} + SO_4^{2-} + 3NO + 2H_2O$

(4) $2S_2O_3^{2-} + I_2 \rightleftharpoons S_4O_6^{2-} + 2I^-$

(5) $3Cl_2 + 6OH^- \rightleftharpoons 5Cl^- + ClO_3^- + 3H_2O$

(6) $2I^- + H_2O_2 + 2H^+ \rightleftharpoons I_2 + 2H_2O$

(7) $2HgCl_2 + SnCl_2 \rightleftharpoons Hg_2Cl_2 + SnCl_4$

(8) $2KClO_3 + 12HCl \rightleftharpoons 6Cl_2\uparrow + 2KCl + 6H_2O$

9-4 试将下列化学反应设计成电池。

(1) $Zn + H_2SO_4 \rightleftharpoons ZnSO_4 + H_2$；

(2) $H_2 + I_2(s) \rightleftharpoons 2HI$；

(3) $AgCl + I^- \rightleftharpoons AgI + Cl^-$；

(4) $Ag^+ + Cl^- \rightleftharpoons AgCl(s)$。

解答：(1) $(-)Zn|ZnSO_4(c_1)\|H_2SO_4(c_2)|H_2(p^\ominus),Pt(+)$

(2) $(-)Pt,H_2(p^\ominus)|H^+(c_1)\|I^-(c_2)|I_2,Pt(+)$

(3) $(-)Ag,AgI|I^-(c_1)\|Cl^-(c_2)|AgCl,Ag(+)$

(4) $(-)Ag,AgCl|Cl^-(c_1)\|Ag^+(c_2)|Ag(+)$

9-6 由下列热力学数据，计算 298.15 K 时 Mg^{2+}/Mg 电对的标准电极电势。

① $Mg(s) + \frac{1}{2}O_2(g) = MgO(s)$ $\quad\Delta G_m^\ominus = -537 \text{ kJ}\cdot\text{mol}^{-1}$

② $MgO(s) + H_2O(l) = Mg(OH)_2(s)$ $\quad\Delta G_m^\ominus = -31 \text{ kJ}\cdot\text{mol}^{-1}$

③ $H_2(g) + \frac{1}{2}O_2(g) = H_2O(l)$ $\quad\Delta G_m^\ominus = -241 \text{ kJ}\cdot\text{mol}^{-1}$

④ $H_2O(l) = H^+ + OH^-$ $\quad\Delta G_m^\ominus = 80 \text{ kJ}\cdot\text{mol}^{-1}$

⑤ $Mg(OH)_2(s) = Mg^{2+}(aq) + 2OH^-(aq)$ $\quad K_{sp} = 5.5\times10^{-12}$

解答：上述方程③ + 2×④ − ① − ② − ⑤ 的结果为

$$Mg^{2+}(aq) + H_2(g) \rightleftharpoons Mg(s) + 2H^+$$

此方程式为 Mg^{2+}/Mg 电对的标准电极反应 $Mg^{2+} + 2e \longrightarrow Mg$ 和 H^+/H_2 电对的标准电极反应 $2H^+ + 2e \longrightarrow H_2$ 的总电池反应。总电池反应的

$\Delta G_m^\ominus = \Delta G_m^\ominus(3) + 2\times\Delta G_m^\ominus(4) - \Delta G_m^\ominus(1) - \Delta G_m^\ominus(2) - \Delta G_m^\ominus(5)$

$= -241 + 2\times80 - (-537) - (-31) + 8.31\times298.15\times10^{-3}\times\ln(5.5\times10^{-12}) = 423(\text{kJ})$

$E^\ominus = -\Delta G_m^\ominus/nF = -423000/(2\times96485) = -2.19(\text{V})$

$\varphi^\ominus(Mg^{2+}/Mg) = E^\ominus - \varphi^\ominus(H^+/H_2) = -2.19 - 0 = -2.19(\text{V})$

9-7 若溶液中 $[MnO_4^-] = [Mn^{2+}]$，分别计算 pH 为 3.0 和 7.0 时，MnO_4^- 能否氧化 Cl^-，Br^-，I^-？

解答：正极半反应： $MnO_4^- + 8H^+ + 5e \longrightarrow Mn^{2+} + 4H_2O$

$$\varphi(\text{MnO}_4^-/\text{Mn}^{2+}) = \varphi^{\ominus}(\text{MnO}_4^-/\text{Mn}^{2+}) + \frac{0.0591}{5}\lg\frac{[\text{MnO}_4^-][\text{H}^+]^8}{[\text{Mn}^{2+}]}$$

$$= \varphi^{\ominus}(\text{MnO}_4^-/\text{Mn}^{2+}) + \frac{0.0591 \times 8}{5}\lg[\text{H}^+] = 1.512 + 0.09456\lg[\text{H}^+]$$

当 pH = 3 时，　　$\varphi(\text{MnO}_4^-/\text{Mn}^{2+}) = 1.512 + 0.0946\lg 10^{-3} = 1.228(\text{V})$

当 pH = 7 时，　　$\varphi(\text{MnO}_4^-/\text{Mn}^{2+}) = 1.512 + 0.0946\lg 10^{-7} = 0.850(\text{V})$

比较 $\varphi^{\ominus}(\text{Cl}_2/\text{Cl}^-) = 1.360\text{ V}, \varphi^{\ominus}(\text{Br}_2/\text{Br}^-) = 1.066\text{ V}, \varphi^{\ominus}(\text{I}_2/\text{I}^-) = 0.5355\text{V}$，可知当 pH = 3 时，$\text{MnO}_4^-$ 可以氧化 Br^- 和 I^-，而当 pH = 7 时，MnO_4^- 可以氧化 I^-。

9-8　根据 $\varphi^{\ominus}$ 值计算下列反应的平衡常数，并比较反应进行的程度。

(1) $\text{Fe}^{3+} + \text{Ag} \rightleftharpoons \text{Fe}^{2+} + \text{Ag}^+$；

(2) $6\text{Fe}^{2+} + \text{Cr}_2\text{O}_7^{2-} + 14\text{H}^+ \rightleftharpoons 6\text{Fe}^{3+} + 2\text{Cr}^{3+} + 7\text{H}_2\text{O}$；

(3) $2\text{Fe}^{3+} + 2\text{I}^- \rightleftharpoons 2\text{Fe}^{2+} + \text{I}_2$。

解答：(1) $\varphi^{\ominus}(\text{Fe}^{3+}/\text{Fe}^{2+}) = 0.771\text{ V}$，　$\varphi^{\ominus}(\text{Ag}^+/\text{Ag}) = 0.799\text{ V}$

$E^{\ominus} = \varphi^{\ominus}(\text{Fe}^{3+}/\text{Fe}^{2+}) - \varphi^{\ominus}(\text{Ag}^+/\text{Ag}) = 0.771 - 0.799 = -0.028(\text{V})$

$\lg K^{\ominus} = nE^{\ominus}/0.0591 = 1 \times (-0.028)/0.0591 = -0.473$，　$K^{\ominus} = 0.336$

可见反应进行程度较低。

(2) $\varphi^{\ominus}(\text{Fe}^{3+}/\text{Fe}^{2+}) = 0.771\text{ V}$，　$\varphi^{\ominus}(\text{Cr}_2\text{O}_7^{2-}/\text{Cr}^{3+}) = 1.232\text{ V}$

$E^{\ominus} = 0.461\text{ V}, \lg K^{\ominus} = 46.9, K^{\ominus} = 7.9 \times 10^{46}$。可见反应进行程度较高。

(3) $\varphi^{\ominus}(\text{Fe}^{3+}/\text{Fe}^{2+}) = 0.771\text{ V}$，　$\varphi^{\ominus}(\text{I}_2/\text{I}^-) = 0.536\text{ V}$

$E^{\ominus} = 0.235\text{ V}, \lg K^{\ominus} = 8.00, K^{\ominus} = 1.0 \times 10^8$。可见反应进行程度较高。

9-9　已知 pH = 7.0 时，$\varphi^{\ominus\prime}(\text{NAD}^+/\text{NADH}) = -0.32\text{ V}, \varphi^{\ominus\prime}(\text{O}_2/\text{H}_2\text{O}) = 0.82$。试求电池反应：

$$\text{NADH} + \text{H}^+ + \frac{1}{2}\text{O}_2 \rightleftharpoons \text{NAD}^+ + \text{H}_2\text{O}$$

在 pH = 7.0, 298.15 K 时的标准电池电动势 $E^{\ominus}$ 和 $K^{\ominus}$，此反应理论上可以生产多少 ATP(每 mol ATP 储能约 30 kJ·mol^{-1})？

解答：$E^{\ominus} = \varphi^{\ominus\prime}(\text{O}_2/\text{H}_2\text{O}) - \varphi^{\ominus\prime}(\text{NAD}^+/\text{NADH}) = 0.82 - (-0.32) = 1.14(\text{V})$

$\lg K^{\ominus} = 2 \times 1.14/0.0591 = 38.58$，　$K^{\ominus} = 3.8 \times 10^{38}$

$\Delta G_m^{\ominus} = -nFE^{\ominus} = -2 \times 96485 \times 10^{-3} \times 1.14 = -220(\text{kJ}\cdot\text{mol}^{-1})$，相当于 220/30 = 7.3 mol ATP

9-10　根据教材附录 5 的热力学数据，求电极反应 $\text{H}_2\text{O}_2 + 2\text{H}^+ + 2e \longrightarrow 2\text{H}_2\text{O}$ 在 pH = 7.0, 298.15 K 时的标准电极电势。

解答：查表知 $\Delta_f G_m^{\ominus}(\text{H}_2\text{O}) = -237.1\text{ kJ}\cdot\text{mol}^{-1}, \Delta_f G_m^{\ominus}(\text{H}_2\text{O}_2) = -120.4\text{ kJ}\cdot\text{mol}^{-1}$。

$\Delta G_m^{\ominus} = -nF\varphi^{\ominus} = 2 \times \Delta_f G_m^{\ominus}(\text{H}_2\text{O}) - 2 \times \Delta_f G_m^{\ominus}(\text{H}^+) - \Delta_f G_m^{\ominus}(\text{H}_2\text{O}_2)$

$= 2 \times (-237.1) - 0 - (-120.4) = -353.8(\text{kJ}\cdot\text{mol}^{-1})$

$\varphi^{\ominus} = -\Delta G_m^{\ominus}/nF = 353.8 \times 10^3/(2 \times 96485) = 1.83(\text{V})$

$\varphi^{\ominus\prime} = \varphi^{\ominus} + (0.0591/2)\lg[\text{H}^+]^2 = 1.83 + 0.0591 \times \lg 10^{-7} = 1.42(\text{V})$

9-11　已知 $\varphi^{\ominus}(\text{MnO}_4^-/\text{Mn}^{2+}) = 1.51\text{ V}, \varphi^{\ominus}(\text{Cl}_2/\text{Cl}^-) = 1.36\text{ V}$，若将此两电对组成电池，请写出：

(1) 该电池的电池符号和电极符号；

(2) 计算电池反应在25℃时的标准电动势 E 和自由能变化 ΔG，并判断标准状态下此反应进行的方向；

(3) 当 pH = 2，其他物质均为标准态时，求此电池在25℃时的电动势 E 及自由能变化 ΔG，并判断反应进行的方向。

解答：(1) $(-)Pt, Cl_2 \mid Cl^- \parallel Mn^{2+}, MnO_4^- \mid Pt(+)$

(2) 电池反应 $2MnO_4^- + 10Cl^- + 16H^+ \rightleftharpoons 2Mn^{2+} + 5Cl_2 + 8H_2O$

$E^{\ominus} = \varphi^{\ominus}(MnO_4^-/Mn^{2+}) - \varphi^{\ominus}(Cl_2/Cl^-) = 1.51 - 1.36 = 0.15(V)$

$\Delta G_m^{\ominus} = -nFE^{\ominus} = -10 \times 96485 \times 10^{-3} \times 0.15 = -145(kJ \cdot mol^{-1})$

反应向正方向进行。

(3) $E = E^{\ominus} + 0.0591 \times \lg([H^+]^{16}) = 0.15 + 0.0946 \times \lg 10^{-2} = -0.040(V)$

$\Delta G_m^{\ominus} = -nFE^{\ominus} = -10 \times 96485 \times 10^{-3} \times (-0.040) = 38.6(kJ \cdot mol^{-1})$

反应向逆方向进行。

9-12 已知 $\varphi^{\ominus}(Ag^+/Ag) = 0.7991\ V$。25℃时下列原电池

$(-)Ag \mid AgBr \mid Br^-(1.00\ mol \cdot L^{-1}) \parallel Ag^+(1.00\ mol \cdot L^{-1}) \mid Ag(+)$

的电动势为 0.7279 V，计算 AgBr 的 K_{sp}。

解答：电池反应为　$Ag^+ + Br^- \rightleftharpoons AgBr$　$K = 1/K_{sp}$

$\Delta G_m^{\ominus} = -nFE^{\ominus} = -RT\ln K = RT\ln K_{sp}$

$= -1 \times 96485 \times 10^{-3} \times 0.7279 = -70.23(kJ \cdot mol^{-1})$

$\lg K_{sp} = \Delta G_m^{\ominus}/(2.303 \times 8.31 \times 298.15) = -70.23 \times 10^3/5705 = -12.31$

$K_{sp} = 4.90 \times 10^{-13}$

9-13 已知 $\varphi^{\ominus}(Ag^+/Ag) = 0.80\ V$，$\varphi^{\ominus}(Cu^{2+}/Cu) = 0.34\ V$，$K_{sp}(AgI) = 1.0 \times 10^{-18}$。298.15 K 时，在 Ag^+/Ag 电极中加入过量 I^-，设达到平衡时 $[I^-] = 0.10\ mol \cdot L^{-1}$，而另一个电极为 Cu^{2+}/Cu，$[Cu^{2+}] = 0.010\ mol \cdot L^{-1}$，现将两电极组成原电池，写出原电池的符号、电池反应式，并计算电池反应的平衡常数、电池的电动势。

解答：电池为 $(-)Ag, AgI \mid I^-(0.10\ mol \cdot L^{-1}) \parallel Cu^{2+}(0.010\ mol \cdot L^{-1}) \mid Cu(+)$

电池反应为　　　　　$Cu^{2+} + 2I^- + 2Ag \rightleftharpoons 2AgI + Cu$

① Ag^+/Ag 电极反应　$Ag^+ + e \longrightarrow Ag$　　　　$\varphi^{\ominus}(Ag^+/Ag) = 0.80\ V$

② AgI 沉淀反应　　　$AgI \rightleftharpoons Ag^+ + I^-$　　　　$K_{sp} = 1.0 \times 10^{-18}$

③ AgI/Ag 电极反应　$AgI + e \longrightarrow Ag + I^-$　　$\varphi^{\ominus}(AgI/Ag) = ?$

因为③ = ① + ②，故有

$-F\varphi^{\ominus}(AgI/Ag) = -F\varphi^{\ominus}(Ag^+/Ag) + (-RT\ln K_{sp})$

$\varphi^{\ominus}(AgI/Ag) = \varphi^{\ominus}(Ag^+/Ag) + (2.303RT/F)\lg K_{sp}$

$= 0.80 + (2.303 \times 8.31 \times 298.15/96485)\lg(1.0 \times 10^{-18}) = -0.26(V)$

$E^{\ominus} = \varphi^{\ominus}(Cu^{2+}/Cu) - \varphi^{\ominus}(AgI/Ag) = 0.34 - (-0.26) = 0.60(V)$

$\lg K^{\ominus} = nE^{\ominus}/0.0591 = 2 \times 0.60/0.0591 = 20.3,\quad K^{\ominus} = 2.02 \times 10^{20}$

电池电动势

$E = E^{\ominus} + (0.0591/2)\lg([Cu^{2+}][I^-]^2) = 0.48(V)$

9-14 在 25℃下,有一原电池 $(-)A|A^{2+} \| B^{2+}|B(+)$,当 $[A^{2+}] = [B^{2+}] = 0.500$ mol·L^{-1} 时,其电动势为 0.360 V。现在若使 $[A^{2+}] = 0.100$ mol·L^{-1},$[B^{2+}] = 1.00 \times 10^{-4}$ mol·L^{-1},问此时该电池的电动势为多少?

解答:电池反应为 $B^{2+} + A \rightleftharpoons A^{2+} + B$,

$$E_1 = E^{\ominus} + (0.0591/2)\lg([B^{2+}]/[A^{2+}])$$
$$= E^{\ominus} + (0.0591/2)\lg(0.500/0.500) = E^{\ominus} = 0.360(V)$$

所以
$$E_2 = E^{\ominus} + (0.0591/n)\lg([B^{2+}]/[A^{2+}])$$
$$= 0.360 + (0.0591/2)\lg(1.00 \times 10^{-4}/0.100) = 0.271(V)$$

9-16 $PbSO_4$ 的 K_{sp} 可用如下方法测得:选择 Cu^{2+}/Cu,Pb^{2+}/Pb 两电对组成一个原电池,在 Cu^{2+}/Cu 半电池中使 $c(Cu^{2+}) = 1.0$ mol·L^{-1},在 Pb^{2+}/Pb 半电池中加入 SO_4^{2-},产生 $PbSO_4$ 沉淀,并调至 $c(SO_4^{2-}) = 1.0$ mol·L^{-1}。实验测得电动势 $E = 0.62$ V(已知铜为正极),计算 $PbSO_4$ 的 K_{sp}。

解答:① Pb^{2+}/Pb 电极反应 $Pb^{2+} + 2e \longrightarrow Pb$ $\varphi^{\ominus}(Pb^{2+}/Pb) = -0.1262$ V
② $PbSO_4$ 沉淀反应 $PbSO_4 \rightleftharpoons Pb^{2+} + SO_4^{2-}$ $K_{sp} = ?$
③ $PbSO_4/Pb$ 电极反应 $PbSO_4 + 2e \longrightarrow Pb + SO_4^{2-}$ $\varphi^{\ominus}(PbSO_4/Pb)$

由于电池各物质均为标准浓度,所以
$$\varphi^{\ominus}(PbSO_4/Pb) = \varphi^{\ominus}(Cu^{2+}/Cu) - E^{\ominus} = 0.3419 - 0.62 = -0.28(V)$$

因为 ③ = ① + ②,故有
$$-nF\varphi^{\ominus}(PbSO_4/Pb) = -nF\varphi^{\ominus}(Pb^{2+}/Pb) + (-RT\ln K_{sp})$$
$$\lg K_{sp} = nF[\varphi^{\ominus}(PbSO_4/Pb) - \varphi^{\ominus}(Pb^{2+}/Pb)]/(2.303RT)$$
$$= 2 \times 96485 \times (-0.28 + 0.1262)/(2.303 \times 8.31 \times 298.15) = -5.20$$

所以 $K_{sp} = 6.3 \times 10^{-6}$

9-17 已知:
$$Fe^{3+} + e \longrightarrow Fe^{2+} \quad \varphi^{\ominus} = 0.771 \text{ V}$$
$$I_2 + 2e \longrightarrow 2I^- \quad \varphi^{\ominus} = 0.535 \text{ V}$$

若 $[Fe^{3+}] = 1.0 \times 10^{-3}$ mol·L^{-1},$[Fe^{2+}] = 1.0$ mol·L^{-1},$[I^-] = 1.0 \times 10^{-3}$ mol·L^{-1},试问:反应 $2Fe^{3+} + 2I^- \rightleftharpoons 2Fe^{2+} + I_2$ 向哪个方向进行?

解答:$E = E^{\ominus} + (0.0591/2)\lg([Fe^{3+}]^2[I^-]^2/[Fe^{2+}]^2)$
$= \varphi^{\ominus}(Fe^{3+}/Fe^{2+}) - \varphi^{\ominus}(I_2/I^-) + 0.0591 \times \lg([Fe^{3+}][I^-]/[Fe^{2+}])$
$= 0.771 - 0.535 + 0.0591 \times \lg(1.0 \times 10^{-3} \times 1.0 \times 10^{-3}/1.0) = -0.119(V)$

可见反应向逆方向进行。

9-18 已知 $\varphi^{\ominus}(Ag^+/Ag) = 0.799$ V,$\varphi^{\ominus}([Ag(S_2O_3)_2]^{3-}/Ag) = 0.017$ V,$K_{sp}(AgBr) = 5.0 \times 10^{-13}$。计算:
(1) $[Ag(S_2O_3)_2]^{3-}$ 的稳定常数;
(2) 若将 0.10 mol 的 AgBr 固体完全溶解在 1 L 的 $Na_2S_2O_3$ 溶液中,$Na_2S_2O_3$ 的最小浓度应为多少?

解答:(1) ① Ag^+/Ag 电极反应 $Ag^+ + e \longrightarrow Ag$ $\varphi^{\ominus}(Ag^+/Ag) = 0.799$ V
② Ag^+ 配位反应 $Ag^+ + 2S_2O_3^{2-} \rightleftharpoons [Ag(S_2O_3)_2]^{3-}$ $K_s = ?$
③ $[Ag(S_2O_3)_2]^{3-}/Ag$ 电极反应

$$[Ag(S_2O_3)_2]^{3-} + e \longrightarrow Ag + 2S_2O_3^{2-} \quad \varphi^{\ominus}([Ag(S_2O_3)_2]^{3-}/Ag) = 0.017 \text{ V}$$

由于 ③ = ①—②，所以有

$$-nF\varphi^{\ominus}([Ag(S_2O_3)_2]^{3-}/Ag) = -nF\varphi^{\ominus}(Ag^+/Ag) - (-RT\ln K_s)$$

$$\lg K_s = nF\{\varphi^{\ominus}(Ag^+/Ag) - \varphi^{\ominus}([Ag(S_2O_3)_2]^{3-}/Ag)\}/(2.303RT)$$

$$= 1 \times 96485 \times (0.799 - 0.017)/(2.303 \times 8.31 \times 298.15) = 13.23$$

$$K_s = 1.70 \times 10^{13}$$

(2) 反应①　　$AgBr \rightleftharpoons Ag^+ + Br^-$　　　　　　　　　　$K_{sp} = 5.0 \times 10^{-13}$

反应②　　$Ag^+ + 2S_2O_3^{2-} \rightleftharpoons [Ag(S_2O_3)_2]^{3-}$　　$K_s = 1.70 \times 10^{13}$

溶解反应③ = ①+②

$$AgBr + 2S_2O_3^{2-} \rightleftharpoons Br^- + [Ag(S_2O_3)_2]^{3-} \quad K = K_{sp}K_s = 8.5$$

初始浓度　　0.10/1　　　x

平衡浓度　　　$(x-0.20)$　　0.10　　　0.10

$$0.10 \times 0.10/(x-0.20)^2 = 8.5$$

解得　　　　　　　　$x = 0.234 \text{(mol·L}^{-1})$

9-19 已知：$\varphi^{\ominus}(A^{2+}/A) = -0.1296 \text{ V}, \varphi^{\ominus}(B^{2+}/B) = -0.1000 \text{ V}$。将 A 金属插入金属离子 B^{2+} 的溶液中，开始时 $c(B^{2+}) = 0.110 \text{ mol·L}^{-1}$，求平衡时 A^{2+} 和 B^{2+} 的浓度各是多少？

解答：电池反应为　　　　$B^{2+} + A \rightleftharpoons A^{2+} + B$

平衡时　$E = 0 = E^{\ominus} + (0.0591/2)\lg([B^{2+}]/[A^{2+}])$

$$= \varphi^{\ominus}(B^{2+}/B) - \varphi^{\ominus}(A^{2+}/A) + (0.0591/2)\lg([B^{2+}]/[A^{2+}])$$

所以　$-0.1000 + 0.1296 + (0.0591/2)\lg([B^{2+}]/[A^{2+}]) = 0$

$$\lg([B^{2+}]/[A^{2+}]) = (0.1000 - 0.1296) \times 2/0.0591 = -1.00$$

$$[B^{2+}]/[A^{2+}] = 1/10$$

$$[B^{2+}] = 0.110 \times 1/(10+1) = 0.010 \text{(mol·L}^{-1})$$

$$[A^{2+}] = 0.110 \times 10/(10+1) = 0.10 \text{(mol·L}^{-1})$$

9-20 根据以下电池求出胃液的 pH：Pt，H_2(100 kPa) | 胃液 ‖ SCE。298.15 K 时 $E = 0.420 \text{ V}$。

解答：氢电极反应　　　　$2H^+ + e \longrightarrow H_2$

$$\varphi(H^+/H_2) = \varphi(SCE) - E = 0.2412 - 0.420 = -0.179 \text{(V)}$$

$$\varphi(H^+/H_2) = \varphi^{\ominus}(H^+/H_2) + (0.0591/2)\lg\{[H^+]^2/(p_{H_2}/100)\}$$

$$= 0.0591 \times \lg[H^+] = -0.0591 \text{pH}$$

$$\text{pH} = -\varphi(H^+/H_2)/0.0591 = 0.179/0.0591 = 3.03$$

9-21 已知 Ag^+/Ag 和 Cu^{2+}/Cu 电对的 $\varphi^{\ominus}$ 值分别为 0.80 V 和 0.34 V，在室温下将过量的铜屑置于 1.0 mol·L^{-1} $AgNO_3$ 溶液中，计算达平衡时溶液中 Ag^+ 的浓度。

解答：电池反应为　　　　$2Ag^+ + Cu \rightleftharpoons 2Ag + Cu^{2+}$

初始浓度　　　1.0

平衡浓度　　　x　　　　　　　$(1.0-x)/2 \approx 0.50$

平衡时 $E = 0 = E^{\ominus} + (0.0591/2)\lg([Ag^+]^2/[Cu^{2+}])$

$$= \varphi^{\ominus}(Ag^+/Ag) - \varphi^{\ominus}(Cu^{2+}/Cu) + (0.0591/2)\lg([Ag^+]^2/[Cu^{2+}])$$

$$-\varphi^{\ominus}(Ag^+/Ag)+\varphi^{\ominus}(Cu^{2+}/Cu) = (0.0591/2)\lg[2x^2/(1.0-x)]$$

解得 $\qquad x = 1.2\times 10^{-8}(mol\cdot L^{-1})$

9-22 将氢电极插入含有 $0.50\ mol\cdot L^{-1}$ HA 和 $0.10\ mol\cdot L^{-1}$ A^- 的缓冲溶液中,作为原电池的负极;将银电极插入含有 AgCl 沉淀和 $1.0\ mol\cdot L^{-1}$ Cl^- 的 $AgNO_3$ 溶液中。已知 $p(H_2) = p^{\ominus}$ 时测得原电池的电动势为 $0.450\ V$,$\varphi^{\ominus}(Ag^+/Ag) = 0.80\ V$,$K_{sp}(AgCl) = 1.7\times 10^{-10}$。

(1) 计算原电池的标准电动势;

(2) 计算 HA 的解离常数。

解答:(1) $\varphi^{\ominus}(AgCl/Ag) = \varphi^{\ominus}(Ag^+/Ag)+0.0591\times \lg K_{sp}$
$= 0.80+0.0591\times \lg(1.7\times 10^{-10}) = 0.22(V)$

$\varphi^{\ominus}(H^+/H_2) = 0\ V$

$E^{\ominus} = 0.22-0 = 0.22(V)$

(2) $E = \varphi(AgCl/Ag)-\varphi(H^+/H_2) = 0.450(V)$

$\varphi(H^+/H_2) = \varphi^{\ominus}(AgCl/Ag)-E = 0.22-0.450 = -0.23(V)$

$\varphi(H^+/H_2) = \varphi^{\ominus}(H^+/H_2)+(0.0591/2)\lg\{[H^+]^2/(p_{H_2}/p^{\ominus})\}$
$= 0.0591\times \lg[H^+]$

$\lg[H^+] = \varphi(H^+/H_2)/0.0591 = -0.23/0.0591 = -3.89$

$[H^+] = 1.29\times 10^{-4}(mol\cdot L^{-1})$

$K_a = [H^+][A^-]/[HA] = 0.10\times 1.29\times 10^{-4}/0.50 = 2.58\times 10^{-5}$

9-23 已知 $\varphi^{\ominus}(Fe^{3+}/Fe^{2+}) = 0.77\ V$,$\varphi^{\ominus}(O_2/OH^-) = 0.40\ V$,$K_{sp}(Fe(OH)_3) = 1.1\times 10^{-36}$,$K_{sp}(Fe(OH)_2) = 1.6\times 10^{-14}$。试求:

(1) 电极反应 $Fe(OH)_3+e \longrightarrow Fe(OH)_2+OH^-$ 的 $\varphi^{\ominus}$;

(2) 电池反应 $4Fe(OH)_2+O_2+2H_2O \rightleftharpoons 4Fe(OH)_3$ 的 $K^{\ominus}$。

解答:(1) ①Fe^{3+}/Fe^{2+} 电极反应 $Fe^{3+}+e \longrightarrow Fe^{2+}$ $\varphi^{\ominus}(Fe^{3+}/Fe^{2+})=0.77\ V$

②$Fe(OH)_3$ 沉淀反应

$Fe(OH)_3 \rightleftharpoons Fe^{3+}+3OH^-$ $\qquad K_{sp}(Fe(OH)_3)=1.1\times 10^{-36}$

③$Fe(OH)_2$ 沉淀反应

$Fe(OH)_2 \rightleftharpoons Fe^{2+}+2OH^-$ $\qquad K_{sp}(Fe(OH)_2)=1.6\times 10^{-14}$

④$Fe(OH)_3/Fe(OH)_2$ 电极反应

$Fe(OH)_3+e \longrightarrow Fe(OH)_2+OH^-$ $\qquad \varphi^{\ominus}=?$

因 ④ = ①+②−③,所以有

$-nF\varphi^{\ominus} = -nF\varphi^{\ominus}(Fe^{3+}/Fe^{2+})+[-RT\ln K_{sp}(Fe(OH)_3)]$
$\qquad -[-RT\ln K_{sp}(Fe(OH)_2)]$

$\varphi^{\ominus} = \varphi^{\ominus}(Fe^{3+}/Fe^{2+})-(RT/nF)\ln[K_{sp}(Fe(OH)_2)/K_{sp}(Fe(OH)_3)]$
$= 0.77-0.0591\times \lg[1.6\times 10^{-14}/(1.1\times 10^{-36})] = -0.54(V)$

(2) ①$Fe(OH)_3/Fe(OH)_2$ 电极反应

$Fe(OH)_3+e \longrightarrow Fe(OH)_2+OH^-$ $\qquad \varphi^{\ominus} = -0.54\ V$

②O_2/OH^- 电极反应

$$O_2 + 2H_2O + 4e \longrightarrow 4OH^- \qquad \varphi^{\ominus}(O_2/OH^-) = 0.40 \text{ V}$$

③电池反应　$4Fe(OH)_2 + O_2 + 2H_2O \rightleftharpoons 4Fe(OH)_3 \qquad E^{\ominus} = \varphi_+^{\ominus} - \varphi_-^{\ominus} = 0.94 \text{ V}$

$$\lg K^{\ominus} = nE^{\ominus}/0.0591 = 4 \times 0.94/0.0591 = 63.62$$

$$K^{\ominus} = 4.2 \times 10^{63}$$

9-24　电池 Pt,$H_2(100 \text{ kPa}) | H^+(x \text{ mol} \cdot L^{-1}) \| KCl(0.1 \text{ mol} \cdot L^{-1}) | Hg_2Cl_2 + Hg(l)$ 可用来测定含 H^+ 溶液的 pH。若用 pH = 6.86 的磷酸缓冲液时，$E = 0.741$ V；当测定某未知溶液时，$E = 0.610$ V。计算该溶液的 pH。

解答：$pH = pH_s + (E - E_s)/0.0591 = 6.86 + (0.610 - 0.741)/0.0591 = 4.64$

9-25　用玻璃电极组成电池：玻璃电极|缓冲溶液‖饱和甘汞电极。在 298.15 K，测定 pH = 4.00 标准缓冲溶液的电动势为 0.212 V。换成一未知 pH 的缓冲溶液后，测得电动势为 0.387 V，求此缓冲溶液的 pH。

解答：$pH = pH_s + (E - E_s)/0.0591 = 4.00 + (0.387 - 0.212)/0.0591 = 6.96$

9-26　什么是超电势？铁制品上为什么可以电镀上一层锌而不产生大量的 H_2？

解答：超电势是氧化还原反应活化能的一种表现，超电势越大，反应的活化能越高，氧化还原反应的速率越慢；实际上，只有反应的实际电动势 E' 超过超电势后，即 $E' > E + \eta$ 后，才能观察到反应发生。H^+ 在热力学上比 Zn^{2+} 更容易得到电子，但在 Fe 电极上的超电势 η 非常高，所以铁制品电镀时，Zn^{2+} 得电子沉积在铁制品表面，而没有 H^+ 得电子产生大量 H_2。

9-27　从血浆产生胃液，要求 H^+ 从 pH = 7 的血液中迁移到 pH = 1 的胃消化液中，求在 310 K 时为分泌胃酸，每分泌 1 mol H^+ 需要消耗多少 ATP(1 mol ATP 储能约 30 kJ·mol^{-1})？

解答：　　　　　　　　$H^+(pH = 7) \rightarrow H^+(pH = 1)$

$\Delta G_m = \Delta G_m^{\ominus} + RT\ln Q = 0 + 8.31 \times 310 \times \ln(0.1/10^{-7}) = 35.6 \text{ (kJ} \cdot \text{mol}^{-1})$

约合 35.6/30 = 1.2 mol ATP。

在迁移过程中，产生的跨胃膜的浓差质子电位为

$$\varphi = -\Delta G_m/nF = 35.6 \times 10^3/(1 \times 96485) = 0.369 \text{ (V)}$$

章节自测

一、填空题

1. 已知原电池(−) $Zn(s) | Zn^{2+}(1 \text{ mol} \cdot L^{-1}) \| KCl(饱和) | Hg_2Cl_2(s),Hg(l)$ (+)。则该电池的正极反应是_____；负极反应是_____；电池反应是_____。

2. 氧化还原反应中，电极电势大的电对的_____作为氧化剂，电极电势小的电对的_____作为还原剂，直到两电对的电极电势差等于零，反应达到_____。

3. 已知 $\varphi^{\ominus}(Fe^{3+}/Fe^{2+}) = 0.77$ V，$\varphi^{\ominus}(MnO_4^-/Mn^{2+}) = 1.51$ V，$\varphi^{\ominus}(F_2/F^-) = 2.87$ V。在标准状态下，上述 3 个电对中，最强的氧化剂是_____，最强的还原剂是_____。

4. 当 $(NH_4)_2Cr_2O_7$ 分解产生 Cr_2O_3，N_2，H_2O 时，_____元素被氧化，_____元素被还原。

5. 反应 $2Fe^{3+} + Cu \Longrightarrow 2Fe^{2+} + Cu^{2+}$ 组成原电池表达式为_____。已知 $\varphi^{\ominus}(Fe^{3+}/Fe^{2+})$

$= 0.77$ V, $\varphi^{\ominus}(Cu^{2+}/Cu) = 0.34$ V,则原电池的电动势 $E^{\ominus} = $ _____,$\Delta_r G_m^{\ominus} = $ _____,该反应的平衡常数 $K^{\ominus} = $ _____。

6. 已知 $\varphi^{\ominus}(Cu^{2+}/Cu) = 0.34$ V,$K_{sp}^{\ominus}(Cu(OH)_2) = 2.2 \times 10^{-20}$,则 $\varphi^{\ominus}(Cu(OH)_2/Cu) = $ _____ V。

7. 在原电池中通常采用 _____ 填充盐桥,原因是 _____。

8. 在下列氧化剂中:$F_2(g)$、$Cl_2(g)$、H_2O_2、$Cr_2O_7^{2-}$、Fe^{3+}、Ag^+,随着溶液中 pH 增加:其氧化性增强的是 _____;其氧化性不变的是 _____;其氧化性减弱的是 _____。

二、选择题

1. 有一个原电池:$(-)Pt|Fe^{3+}(1\ mol \cdot L^{-1}),Fe^{2+}(1\ mol \cdot L^{-1})\|Ce^{4+}(1\ mol \cdot L^{-1}),Ce^{3+}(1\ mol \cdot L^{-1})|Pt(+)$,则该电池的电池反应是( )
   A. $Ce^{3+} + Fe^{3+} \rightleftharpoons Ce^{4+} + Fe^{2+}$
   B. $Ce^{4+} + Fe^{2+} \rightleftharpoons Ce^{3+} + Fe^{3+}$
   C. $Ce^{3+} + Fe^{2+} \rightleftharpoons Ce^{4+} + Fe$
   D. $Ce^{4+} + Fe^{3+} \rightleftharpoons Ce^{3+} + Fe^{2+}$

2. 已知:$\varphi^{\ominus}(Sn^{4+}/Sn^{2+}) = 0.14$ V,$\varphi^{\ominus}(Fe^{3+}/Fe^{2+}) = 0.77$ V,则不能共存于同一溶液中的一对离子是( )
   A. Sn^{4+},Fe^{2+}
   B. Fe^{3+},Sn^{2+}
   C. Fe^{3+},Fe^{2+}
   D. Sn^{4+},Sn^{2+}

3. 下列电对的电极电势与 pH 无关的是( )
   A. MnO_4^{2-}/Mn^{2+}
   B. H_2O_2/H_2O
   C. O_2/H_2O_2
   D. $S_2O_8^{2-}/SO_4^{2-}$

4. 已知金属 M 的标准电极电势数值为
   $M^{2+} + 2e \longrightarrow M$ $\varphi_1^{\ominus} = -0.40$ V
   $M^{3+} + 3e \longrightarrow M$ $\varphi_2^{\ominus} = -0.04$ V
   则 $M^{3+} + e \longrightarrow M^{2+}$ 的 $\varphi^{\ominus}$ 值为( )
   A. 0.96 V
   B. 0.68 V
   C. -0.44 V
   D. 1.00 V

5. 已知下列反应的 $E^{\ominus}$ 均大于零,其中 A,B 和 C 均为金属单质:$A + B^{2+} \longrightarrow A^{2+} + B$,$A + C^{2+} \longrightarrow A^{2+} + C$,则标准态时 B^{2+} 与 C 之间的反应为( )
   A. 正向自发
   B. 逆向自发
   C. 放热反应
   D. 不能判定

6. 已知电对 Cl_2/Cl^-,Br_2/Br^-,I_2/I^- 的 $\varphi^{\ominus}$ 分别为 1.36 V,1.07 V,0.54 V。今有一种 Cl^-,Br^-,I^- 的混合溶液,标准状态时能氧化 I^- 而不氧化 Br^- 和 Cl^- 的物质是( )
   A. $KMnO_4(\varphi^{\ominus} = 1.51$ V)
   B. $MnO_2(\varphi^{\ominus} = 1.23$ V)
   C. $Fe_2(SO_4)_3(\varphi^{\ominus} = 0.77$ V)
   D. $CuSO_4(\varphi^{\ominus} = 0.34$ V)

7. 若要增加下列电池的电动势,可采取的办法是( )
   $(-)Pt,H_2(p^{\ominus})|H^+(0.1\ mol \cdot L^{-1})\|Cu^{2+}(1.0\ mol \cdot L^{-1})|Cu(+)$
   A. 负极中加入更多的酸
   B. 降低氢气的分压
   C. 正极中加入 Na_2S
   D. 正极中加入 $CuSO_4$

8. 对于下面两个反应方程式,说法完全正确的是( )
   $2Fe^{3+} + Sn^{2+} \rightleftharpoons Sn^{4+} + 2Fe^{2+}$
   $Fe^{3+} + \frac{1}{2}Sn^{2+} \rightleftharpoons \frac{1}{2}Sn^{4+} + Fe^{2+}$
   A. 两式的 $E^{\ominus}$,$\Delta_r G_m^{\ominus}$,$K^{\ominus}$ 都相等
   B. 两式的 $E^{\ominus}$,$\Delta_r G_m^{\ominus}$,$K^{\ominus}$ 不等
   C. 两式的 $\Delta_r G_m^{\ominus}$ 相等,$E^{\ominus}$,$K^{\ominus}$ 不等
   D. 两式的 $E^{\ominus}$ 相等,$\Delta_r G_m^{\ominus}$,$K^{\ominus}$ 不等

9. 对于电极反应 $O_2+4H^++4e \longrightarrow 2H_2O$ 来说,当 $p(O_2)=100$ kPa 时,酸度对电极电势影响的关系式是(   )

   A. $\varphi=\varphi^{\ominus}+0.0591$ pH
   B. $\varphi=\varphi^{\ominus}-0.0591$ pH
   C. $\varphi=\varphi^{\ominus}+0.0148$ pH
   D. $\varphi=\varphi^{\ominus}-0.0148$ pH

10. 已知 $Fe^{3+}+e \longrightarrow Fe^{2+}$,$\varphi^{\ominus}=0.77$ V,当 Fe^{3+}/Fe^{2+} 电极 $\varphi=0.750$ V 时,则溶液中必定是(   )

    A. $c(Fe^{3+})<1$
    B. $c(Fe^{2+})<1$
    C. $c(Fe^{3+})/c(Fe^{2+})<1$
    D. $c(Fe^{2+})/c(Fe^{3+})<1$

11. Cl_2/Cl^- 和 Cu^{2+}/Cu 的标准电极电势分别是 $+1.36$ V 和 $+0.34$ V,反应 $Cu^{2+}+2Cl^- \Longrightarrow Cu+Cl_2(g)$ 的 $E^{\ominus}$ 值是(   )

    A. -2.38 V   B. -1.70 V   C. -1.02 V   D. $+1.70$ V

12. 氢电极插入纯水,通 $H_2(100$ kPa$)$ 至饱和,则其电极电势(   )

    A. $\varphi=0$ B. $\varphi>0$ C. $\varphi<0$ D. 因未加酸不可能产生

13. 两锌片分别插入不同浓度的 $ZnSO_4$ 水溶液中,测得 $\varphi_I=-0.70$ V,$\varphi_{II}=-0.76$ V,说明两溶液中锌离子浓度是(   )

    A. $[Zn^{2+}]_I=[Zn^{2+}]_{II}$
    B. $[Zn^{2+}]_I>[Zn^{2+}]_{II}$
    C. $[Zn^{2+}]_I<[Zn^{2+}]_{II}$
    D. $[Zn^{2+}]_{II}=2[Zn^{2+}]_I$

14. 下列电极反应中,有关离子浓度减小相同的倍数,电极电势增大的是(   )

    A. $Sn^{4+}+2e \longrightarrow Sn^{2+}$
    B. $Cl_2+2e \longrightarrow 2Cl^-$
    C. $Fe^{2+}+2e \longrightarrow Fe$
    D. $2H^++2e \longrightarrow H_2$

15. 根据标准电势判断在酸性溶液中,下列离子浓度为 1 mol·L^{-1} 时不能与 Ag^+ 共存的是(   )

    A. Mn^{2+} B. Fe^{3+} C. Sn^{2+} D. Pb^{2+}

16. 已知 $\varphi^{\ominus}(Zn^{2+}/Zn)=-0.76$ V,$\varphi^{\ominus}(Ni^{2+}/Ni)=-0.26$ V。以反应 $Zn(s)+Ni^{2+} \Longrightarrow Zn^{2+}+Ni(s)$ 构成原电池,测得电池电动势为 0.53 V,且 Ni^{2+} 的浓度为 1.0 mol·L^{-1},则 Zn^{2+} 的浓度为(   )

    A. 0.02 mol·L^{-1} B. 0.06 mol·L^{-1} C. 0.08 mol·L^{-1} D. 0.10 mol·L^{-1}

17. 已知 $\varphi^{\ominus}(Zn^{2+}/Zn)=-0.76$ V,反应 $Zn(s)+2H^+ \Longrightarrow Zn^{2+}+H_2(g)$ 的标准平衡常数是(   )

    A. 2×10^{33} B. 1×10^{-13} C. 7×10^{-12} D. 5×10^{25}

18. 下列电对的标准电极电势 $\varphi^{\ominus}$ 值最大的是(   )

    A. $\varphi^{\ominus}(AgI/Ag)$
    B. $\varphi^{\ominus}(AgBr/Ag)$
    C. $\varphi^{\ominus}(Ag^+/Ag)$
    D. $\varphi^{\ominus}(AgCl/Ag)$

19. 以 $\Delta_r G_m^{\ominus}$、$E^{\ominus}$ 和 $K^{\ominus}$ 分别表示一个氧化还原反应的标准自由能变、标准电动势和标准平衡常数,则 $\Delta_r G_m^{\ominus}$、$E^{\ominus}$ 和 $K^{\ominus}$ 的关系一致的一组为(   )

    A. $\Delta_r G_m^{\ominus}>0$,$E^{\ominus}<0$,$K^{\ominus}<1$
    B. $\Delta_r G_m^{\ominus}>0$,$E^{\ominus}>0$,$K^{\ominus}>1$
    C. $\Delta_r G_m^{\ominus}<0$,$E^{\ominus}<0$,$K^{\ominus}>1$
    D. $\Delta_r G_m^{\ominus}<0$,$E^{\ominus}>0$,$K^{\ominus}<1$

20. 关于原电池的下列叙述中错误的是(   )

    A. 盐桥中的电解质可以保持两半电池中的电荷平衡
    B. 盐桥用于维持电池反应进行
    C. 盐桥中的电解质不参与电池反应

D. 电子通过盐桥流动

三、判断题

1. 电极的 $\varphi^{\ominus}$ 值越大,表明其氧化型越容易得到电子,是越强的氧化剂。( )

2. 在由铜片和 $CuSO_4$ 溶液、银片和 $AgNO_3$ 溶液组成的原电池中,如将 $CuSO_4$ 溶液加水稀释,原电池的电动势会减少。( )

3. 根据 $\varphi^{\ominus}(AgI/Ag)<\varphi^{\ominus}(AgCl/Ag)$ 可以合理判定,$K_{sp}(AgI)<K_{sp}(AgCl)$。( )

4. $SeO_4^{2-}+4H^++2e \longrightarrow H_2SeO_3+H_2O$,$\varphi^{\ominus}=1.15\ V$,因为 H^+ 在此处不是氧化剂,也不是还原剂,所以 H^+ 浓度的变化不影响电极电势。( )

5. 原电池电动势在反应过程中,随反应进行不断减少。同样,两电极的电极电势值也随之不断减少。( )

6. 在 $Zn|ZnSO_4(1\ mol \cdot L^{-1}) \| CuSO_4(1\ mol \cdot L^{-1})|Cu$ 原电池中,向 $ZnSO_4$ 溶液中通入 NH_3 后,原电池的电动势将升高。( )

7. 通过改变氧化还原反应中某反应物的浓度就很容易使反应逆转,是那些 $E^{\ominus}$ 接近零的反应。( )

8. 已知 $\varphi^{\ominus}(Cl_2/Cl^-)=1.36\ V$,$\varphi^{\ominus}(I_2/I^-)=0.54\ V$,当 Cl_2 和 I^- 反应时,溶液 pH 愈小,则 I^- 愈容易被氧化。( )

9. 一个原电池反应 E 值愈大,其自发进行的倾向愈大,所以反应速率愈快。( )

10. 若增加反应 $I_2+2e \longrightarrow 2I^-$ 中有关的离子浓度,则电极电势增加。( )

四、计算题

1. 298.15 K 时,在 Ag^+/Ag 电极中加入过量 I^-,使 $[I^-]=0.10\ mol \cdot L^{-1}$,而另一个电极为 Cu^{2+}/Cu,使 $[Cu^{2+}]=0.010\ mol \cdot L^{-1}$,将两电极组成原电池。写出原电池的符号、电池反应式,并计算电池反应的平衡常数。$[\varphi^{\ominus}(Ag^+/Ag)=0.80\ V,\varphi^{\ominus}(Cu^{2+}/Cu)=0.34\ V,K_{sp}(AgI)=1.0\times10^{-16}]$

2. 今有原电池如下:

$(-)Pt,H_2(p^{\ominus})\ |\ HA(0.5\ mol \cdot L^{-1}) \| NaCl(1\ mol \cdot L^{-1})\ |\ AgCl(s),Ag(+)$

经测定知其电动势为 0.568 V,试计算一元酸 HA 的电离常数。$[\varphi^{\ominus}(AgCl/Ag)=0.2223\ V]$

3. 细胞内含有 $0.140\ mol \cdot L^{-1}$ 的 KCl 和 $0.010\ mol \cdot L^{-1}$ 的 NaCl,在细胞膜外是 $0.145\ mol \cdot L^{-1}$ 的 NaCl 和 $0.005\ mol \cdot L^{-1}$ 的 KCl。在 37℃体温条件下:

(1) 膜两侧渗透压差是多少?

(2) 当细胞膜钾离子通道打开后,细胞膜的哪一侧带正电荷,跨膜的电位差多少?

4. 利用原电池来测量 CuS 的 K_{sp} 时,将 Zn 电极浸入 Zn^{2+} 离子溶液中,并使 Zn^{2+} 离子浓度恒为 $1.0\ mol \cdot L^{-1}$;铜电极浸入 $0.10\ mol \cdot L^{-1} Cu^{2+}$ 离子溶液中并不断通入 H_2S 使之饱和。铜电极作为正极,电池的电动势为 0.67 V,计算 Cu^{2+} 离子的浓度和 CuS 的 K_{sp}。[已知 H_2S 饱和溶液浓度为 $0.10\ mol \cdot L^{-1}$;H_2S:$K_{a_1}=1\times10^{-7}$,$K_{a_2}=1\times10^{-14}$;$\varphi^{\ominus}(Zn^{2+}/Zn)=-0.76\ V$;$\varphi^{\ominus}(Cu^{2+}/Cu)=0.34\ V$]

5. 298.15 K 时下列各物质的标准摩尔熵如下:

物质	Ag	AgCl	Hg_2Cl_2	Hg
$S_m^{\ominus}/(J \cdot K^{-1})$	42.55	96.2	192.5	76.02

反应　　$2Ag+Hg_2Cl_2 \Longrightarrow 2AgCl+2Hg$　　$\Delta_r H_m^{\ominus}=11.08\ kJ \cdot mol^{-1}$

求电池（－）Ag,AgCl｜KCl｜Hg_2Cl_2,Hg（＋）的电动势 E。

* *

自测题答案

一、填空题

1. $Hg_2Cl_2 + 2e \longrightarrow 2Hg + 2Cl^-$, $Zn^{2+} + 2e \longrightarrow Zn$, $Hg_2Cl_2 + Zn \rightleftharpoons 2Hg + 2Cl^- + Zn^{2+}$
2. 氧化型物种,还原型物种,平衡
3. F_2, Fe^{2+}
4. N, Cr
5. （－）Cu｜Cu^{2+}‖Fe^{3+}, Fe^{2+}｜Pt（＋）, 0.43 V, -83 kJ·mol^{-1}, 3.6×10^{14}
6. -0.243
7. KCl 或 NH_4NO_3,化合物中正负离子的淌度接近
8. F_2; Cl_2, Ag^+, H_2O_2, $Cr_2O_7^{2-}$, Fe^{3+}

二、选择题

1. B 2. B 3. D 4. B 5. D 6. C 7. D 8. D 9. B 10. C 11. C 12. C 13. B 14. B 15. C 16. D 17. D 18. C 19. A 20. D

三、判断题

1. √ 2. × 3. √ 4. × 5. × 6. √ 7. √ 8. × 9. × 10. ×

四、计算题

1. （－）Ag,AgI｜I^-(0.10 mol·L^{-1})‖Cu^{2+}(0.010 mol·L^{-1})｜Cu（＋）;$2Ag + 2I^- + Cu^{2+} \rightleftharpoons Cu + 2AgI$; 2.7×10^{12}
2. 4.0×10^{-12}
3. (1) 0；(2) 膜外正电,膜内负电;0.089
4. 2.6×10^{-15} mol·L^{-1}; 6.5×10^{-36}
5. 0.0458 V

第10章
配位化合物

10.1 基本要求

1. 配合物的组成和命名

配合物的核心是配位单元——由中心金属离子或原子与配体构成。如果配位单元带有电荷,则存在相反电荷的外界离子。在配位单元中,中心金属与配体以配位共价键结合。内界和外界间靠离子键结合,所以在水溶液中,内界和外界完全电离分开。

配体中,直接与中心原子成键的原子称为配位原子。一次只能提供一个配位原子的配体称为单齿配体,一次能同时提供两个或两个以上配位原子的配体称为多齿配体。

配合物中,直接与中心原子结合的配位原子的数目称为中心原子的配位数。配位数就是中心原子形成配位键的数目。在一定范围的外界条件下,某一中心原子往往有一特征配位数。

配合物的系统命名原则为:① 内外界之间服从一般无机化合物的命名原则。② 内界命名法:配体数+配体名称+合+中心原子名称(中心原子的氧化数)。几点说明:

- 配体数用一、二、三……汉字数码表示。
- 多种配体时,配体名称之间以中圆点"·"隔开,复杂配体加括号。配体列出顺序的原则是先简单后复杂,先阴离子后分子,先无机后有机;同类配体按配位原子的元素符号的英文字母顺序。
- 氧化数用罗马数字表示。

2. 配位键和配合物的几何构型

配合物的几何构型可用价键理论——杂化轨道理论——进行很好的解释和预测。要点如下:

(1) 配位键的形成方式是配体 L 提供的孤对电子进入中心原子 M 的空价电子轨道。配位键的表示为:L→M。

(2) 中心原子以杂化轨道接受配体提供的孤对电子。中心原子的杂化轨道类型与配合物的空间构型的关系:

配位数	杂化轨道类型	杂化轨道组成	空间构型	举 例
2	sp	外层 ns,np 空轨道	直线形	$[Ag(NH_3)_2]^+$
4	sp^3	外层 ns,np 空轨道	四面体	$[NiCl_4]^{2-}$
	dsp^2	内层 $(n-1)d$ 和外层 ns,np 空轨道	平面正方形	$[Ni(CN)_4]^{2-}$
6	sp^3d^2	外层 ns,np,nd 空轨道	八面体	$[CoF_6]^{3-}$
	d^2sp^3	内层 $(n-1)d$ 和外层 ns,np 空轨道		$[Fe(CN)_6]^{3-}$

(3) 根据杂化轨道的组成类型,配合物可分为内轨型和外轨型配合物两种。d 电子数 $\leqslant 3$ 的中心原子,只形成内轨型配合物,d 电子数 $=10$ 的中心原子只形成外轨型配合物,d 电子数为 4~9 的中心原子,可根据配合物的几何构型和/或单电子数目判断是内轨型或外轨型配合物。

通过磁矩大小计算中心原子单电子数的公式为

$$\mu = \sqrt{n(n+2)}\,\mu_B$$

内轨型配合物一般较外轨型配合物有更强的稳定性。配位数为 4 的配合物,内轨型和外轨型配合物的分子构型不同。

3. 配体晶体场和配合物的性质

配合物的基本性质可以用配位原子形成的具有方向性的负电荷场——类晶体场——对中心金属原子的电子结构的影响来说明。

(1) 晶体场理论的基本要点

中心原子处于配体形成的类晶体场中。在晶体场的作用下,中心原子原来简并的 5 个 d 轨道的能级发生了分裂。配合物几何结构不同,中心原子 d 轨道的能级分裂也就不同。

在正八面体场中,中心原子的 d 轨道分裂成两组:一组为能量较高的 d_{z^2},$d_{x^2-y^2}$ 二重简并轨道,称为 d_γ(或 e_g)轨道;一组为能量较低的 d_{xy},d_{xz},d_{yz} 三重简并轨道,称为 d_ε(或 t_{2g})轨道。d_γ 轨道和 d_ε 轨道的能量差,称为分裂能,用 Δ_o 表示。

(2) 配体的性质和分裂能 Δ_o 的大小

根据配体导致中心原子分裂能的大小,可将配体分为:

- 强场配体,导致的分裂能 Δ_o 大于电子自旋成对能 P,即 $\Delta_o > P$。强场配体如 CN^-,CO,NO_2^-,en,NH_3 等;
- 弱场配体,导致的分裂能 Δ_o 小于电子自旋成对能 P,即 $\Delta_o < P$。弱场配体如 X^-,OH^-,$C_2O_4^{2-}$,H_2O 等。

(3) 配合物的磁性和高、低自旋配合物

对于价层电子构型为 d^{10} 的中心原子如 Ag^+,Cu^+,Zn^{2+} 等,电子在分裂的 d 轨道中已经排满,这些配合物都没有磁性。

对于价层电子构型为 $d^8 \sim d^9$ 的中心原子如 Ni^{2+},Cu^{2+} 等,d 电子在分裂后的 d_ε 和 d_γ 轨道中的排布方式为 $d_\varepsilon^6 d_\gamma^{2\sim3}$ 轨道中,这些配合物都具有一定的磁性。

对于价层电子构型为 $d^1 \sim d^3$ 的中心原子,d 电子排布在 d_ε 轨道中,这些化合物都具有一定的磁性。

比较特殊的是对于价层电子构型为 $d^4 \sim d^7$ 的中心原子,d 电子在分裂后的 d_ε 和 d_γ 轨道

中的排布方式有两种方式,形成两种类型的配合物:
- 在强场中,由于 $\Delta_o>P$,d 电子优先填充在能级较低的 d_ε 的各轨道上,形成低自旋配合物;
- 在弱场中,由于 $\Delta_o<P$,d 电子按洪特(Hund)规则尽可能占据较多的各轨道上,形成高自旋配合物。

同种中心原子的同类型配合物中,低自旋配合物比高自旋配合物稳定。

(4) 配合物的颜色和 d-d 跃迁

对于中心原子价层电子构型为 $d^1 \sim d^9$ 的配合物,由于中心原子具有未充满的 d 轨道,处于低能级的 d 电子可吸收能量与分裂能相等的光子,跃迁到高能级的 d 轨道上,这种跃迁称为 d-d 跃迁。

中心原子 d-d 跃迁使配合物可以吸收一定波长的光,这样配合物就会呈现吸收光的互补色光的颜色。这种颜色是中心金属离子特征的,而与配体自身的颜色没有关系。因此,可以根据配合物的 d-d 跃迁吸收光谱峰的波长和形状,判断金属离子的种类以及配合物的几何形状和配位原子的特性等。

价层电子构型为 d^0 或 d^{10} 时,d 轨道上没有电子或高能级的 d 轨道上已充满电子,不可能产生 d-d 跃迁,因而它们的水合离子以及与无色配体形成的配合物都没有颜色。

除了 d-d 跃迁使配合物产生颜色外,配合物还有其他两种颜色生成机制:
- 配体等→中心原子的电荷转移机制,如紫色的高锰酸根 MnO_4^-;
- 中心原子改变了配体颜色,如蓝色的铬黑 T 和无色的钙、镁离子可以形成酒红色配合物。这类可与金属离子形成有色配合物的有机配体,称为金属离子显色有机试剂,简称显色剂。

4. 配合物的热力学稳定性

配合物的热力学稳定性即配体和中心原子形成配位键的牢固性,一般用配合物的稳定常数 K_s 表示。影响配合物稳定性的一些主要因素:

(1) 配位键的键能

配位键的键能大小取决于中心原子和配体的性质。一些重要影响因素包括:
- 金属离子和配体的软硬性匹配。金属离子是路易斯(Lewis)酸,可分成硬酸、软酸和交界酸;配体是路易斯碱,也可以分为软碱、硬碱和交界碱。金属离子和配体成键时,具有"硬亲硬,软亲软,交界酸喜欢交界碱"的趋势。
- 晶体场稳定化能(CFSE)。中心原子的 d 电子进入能级分裂后的 d 轨道,与进入未分裂的 d 轨道(球形对称场中)相比,系统的总能量有所降低,这部分降低的能量称为晶体场稳定化能。对于中心原子价层电子构型为 $d^1 \sim d^9$ 的配合物来说,CFSE 对配位键的键能有重要贡献。CFSE 能量降低得越多,配合物越稳定。

八面体场配合物的 CFSE 的计算公式为
$$\text{CFSE} = (0.6y - 0.4x)\Delta_o + \Delta n_p P$$

式中,x,y 分别为 d_ε 和 d_γ 轨道中的 d 电子数,Δn_p 为中心原子在八面体场中的 d 电子对数和球形场中的 d 电子对数之差。

(2) 螯合效应

螯合物是指中心原子与多齿配体结合所形成的具有一个或多个包括中心原子在内的环状

结构的配合物。螯合物较相同结构(配位键数目和类型完全相同)的单齿配体配合物的稳定性大大增强。其热力学原因是螯合物形成时,系统的熵增加效应。

螯合效应的大小受到螯合环的大小、螯合环的数目以及螯合剂种类的影响。一般来说,含五元环或六元环的螯合物比较稳定;螯合环越多,螯合物越稳定。

5. 配位反应的热力学:配位平衡

配位平衡是必须掌握的溶液中四大平衡之一。对于配位反应
$$M + nL \rightleftharpoons ML_n$$
配合物的稳定常数 K_s:
$$K_{s_1} = \frac{[ML]}{[M][L]}$$
$$K_{s_2} = \frac{[ML_2]}{[ML][L]}$$
······
$$K_{s_i} = \frac{[ML_i]}{[ML_{i-1}][L]} \quad (i = 1 \sim n)$$

逐级稳定常数依次相乘,便得到各级累积稳定常数
$$\beta_i = K_{s_1} K_{s_2} \cdots K_{s_i} = \frac{[ML_i]}{[M][L]^i}$$

配合物的稳定常数 K_s 是逐级稳定常数 K_{s_i} 的连乘积,即
$$K_s = \beta_n = K_{s_1} K_{s_2} \cdots K_{s_n} = \frac{[ML_n]}{[M][L]^n}$$

配合物稳定常数 K_s(或 K_{s_i})的大小反映配合物的稳定性。利用稳定常数数据,可计算配离子、配体和中心原子的平衡浓度,比较配合物的稳定性,判断配位取代反应进行的方向和限度等。应用时的几个要点为:

- 比较逐级稳定常数 K_{s_i} 大小,可以判断每一个配体和中心原子形成配位键的稳定性;
- 对于配位数相同的配合物,可直接根据 K_s 的大小比较配合物的稳定性;
- 对于配位数不同的配合物,可以应用稳定常数计算相同浓度的配合物的解离度 α,然后比较 α 的大小。

当配位平衡与酸碱平衡、沉淀平衡或氧化还原平衡共存于同一系统时,由于配位平衡常常具有很大的稳定常数,所以对配体的酸碱性、难溶盐的溶解性以及中心金属离子的氧化还原能力具有重要的影响。

利用配位平衡原理,特别是应用螯合配体,可以配制金属缓冲溶液。假定向某金属离子 M 的溶液中,加入过量配体 L,发生下列反应:
$$M + L \rightleftharpoons ML$$
根据配位平衡,有类似于 pH 缓冲溶液的公式:
$$[M] = \frac{[ML]}{[L]} \cdot \frac{1}{K_s}$$
$$pM = \lg K_s + \lg \frac{[L]}{[ML]} = \lg K_s + \lg \frac{c_L}{c_{ML}} = \lg K_s + \lg \frac{n_L}{n_{ML}} = \lg K_s + \lg \frac{V_L}{V_{ML}}$$

6. 配合物反应的动力学

配位化合物的反应总体可归结为两大类：配体的改变和中心金属离子的氧化还原。所以配合物的动力学包括两个速率问题：

(1) 配体交换速率

正八面体配合物的配体交换一般采用单分子的 S_N1 机制：被交换的配体 X 首先解离下来；X 的离去是个慢的过程，是反应的速率控制步骤。之后，新配体 Y 迅速加入，形成新配合物结构。

平面四方形配合物的配体交换过程采用双分子 S_N2 机制：新配体 Y 首先加入，然后离去配体 X 解离，形成新配合物。在配体交换过程中，一些配体可以促进处于其对位的配体的离去速率，这种作用称为反位效应(trans effect)。

反位效应影响配体取代反应的产物。在 $[PtCl_4]^{2-}$ 中加入 NH_3 取代其中一半的配体 Cl^-，得到的产物是具有抗癌活性的化合物——顺铂。而如果在 $[Pt(NH_3)_4]^{2+}$ 中加入 Cl^- 取代其中一半的配体 NH_3，得到的产物则是无抗癌活性的化合物——反铂。

在配合物动力学性质上，Cr^{3+} 非常特殊：与其他金属离子相比，Cr^{3+} 的配体交换非常慢，常常是"惰性"配合物。

(2) 中心离子电子传递速率

配合物的电子传递（氧化还原反应）机制大体分成内界机制和外界机制两种。内界机制的电子转移过程需要一个桥基配体，其电子转移速率一般都比较迅速；直接进行电子转移的方式称为外界机制，外界机制一般有较大的活化能，氧化还原反应速率一般较慢。

$[Fe(H_2O)_6]^{2+}$ 在酸性溶液中的氧化速度很慢，这是由于 Fe^{2+} 是交界酸，$[Fe(H_2O)_6]^{2+}$ 的配位 H_2O 不容易被 O_2 取代，氧化反应以速率较慢的外界方式进行；同样原因，稳定的 Fe^{2+} 配合物都不太容易被氧化。但是，在中性和碱性条件下，$[Fe(H_2O)_6]^{2+}$ 发生水解和聚合现象，Fe^{2+} 之间以 OH^- 配体桥连接，其中会有起初慢速氧化产生的少量 Fe^{3+} 掺入其中。Fe^{3+} 很容易与 O_2 结合，因此在 Fe^{3+} 的中介下，电子可以通过内界机制从 Fe^{2+} 传递给 O_2，于是 Fe^{2+} 的氧化过程被大大加速。

7. 金属离子的显色分析

金属离子和配体形成有色配合物的反应，在分析化学中统称为金属离子的显色反应，所用的配体称为显色剂。

使用紫外-可见分光光度计，可以测定配合物的吸光度，由此计算配合物的浓度，从而最终获得样品中金属离子的浓度或量。

紫外-可见分光光度分析方法的基本原理称为朗伯-比尔(Lambert-Beer)定律：当一定波长的光束穿过某种有色物质时，其透射光的光强 I_t 和入射光的光强 I_0 间存在如下数学关系：

$$I_t = I_0 \times 10^{-\varepsilon bc} \quad \text{或} \quad A = -\lg(I_t/I_0) = \varepsilon bc$$

其中，A 为吸光度，c 是吸光物质的浓度；b 是光通过吸光物质的光路长度，称为光程，通常以 cm 为单位；ε 对于某种物质来说是一个常数，它表示光线通过单位光程长度和单位浓度的该物质时光吸收的程度，称为摩尔吸光系数，其单位为 $L \cdot mol^{-1} \cdot cm^{-1}$。

用显色剂和分光光度法不仅可以测定金属离子，许多生物分子也可以用类似的显色方法（对生物分子来说，常称为染色方法）来进行定量分析，如用考马斯亮蓝 G250 测定生物样品中的蛋白质浓度。

10.2 要点和难点解析

1. 配合物的常识

配合物是生命体系中金属离子存在的基本形式之一,在日常生活中也经常用到,因此,必须知道一些配合物的常识。

首先,需要知道配合物的化学组成、基本结构和系统命名方法,了解一些生物医学和药学中的重要配合物。在教材中,介绍了血红素铁配合物和顺铂药物:

- 血红素铁:血卟啉和 Fe(Ⅱ/Ⅲ)配合物。血卟啉分子具有一个平面结构,中心有一个四方形分布的 4 个 N 原子,分别与 Fe(Ⅱ/Ⅲ)形成 4 个配位键。此外,Fe(Ⅱ/Ⅲ)还要用掉一个配位点与蛋白质残基结合,最后空余一个配位点和特定小分子结合。在血红蛋白中,中心铁原子为+2 价,空余配位点用于结合和运载 O_2。
- 顺铂:顺铂是一个中性配合物,中心原子为 Pt(Ⅱ),为平面正方形结构,2 个 NH_3 和 2 个 Cl^- 分别在同一侧。顺铂分子易溶于水,具有抗癌活性。而反铂分子则难溶于水,没有抗癌活性。

其次,是定性掌握配合物的稳定性。金属离子很容易和其他阴离子或具有孤对电子的分子形成配合物,配合物的稳定性可根据软硬酸碱理论估计:

- 软金属离子如 Zn^{2+},Cd^{2+},Hg^{2+} 等倾向于同含有 S 原子为配位原子的配体结合,形成的配合物都非常稳定;
- 硬金属离子如 Fe^{3+},Al^{3+},Ca^{2+} 等喜欢和含有 O 原子为配位原子的配体结合,形成的螯合物较稳定,而非螯合物稳定性较差;
- 交界离子如 Fe^{2+},Ni^{2+},Cu^{2+} 等容易与含有 N 原子为配位原子的配体结合,形成的配合物较稳定。

最后,是配合物的动力学特点。配位键和普通共价键比较,配位键在动力学性质上较活泼,很容易进行配体交换。但配体交换速率因金属离子性质不同而又有差异,Cr(Ⅲ)配合物配体交换速率较慢,是典型的惰性配合物。中心原子的氧化还原反应速率有两种机制,内界机制较快而外界机制较慢。

【例题 10-1】 请解释煤气中毒的分子机理并设计救治药物。

解答:煤气的主要成分是 CO,CO 在 C 一侧有一对孤对电子,并带有 δ- 电荷,很容易和软酸和交界酸离子配位。血红蛋白的活性中心是 Fe(Ⅱ),CO 与 Fe(Ⅱ)的结合比 O_2 强。当 CO 与血红蛋白结合后,限制了血红蛋白的载氧能力。因此,CO 中毒主要是导致人体缺氧,从而不能通过氧化磷酸化合成 ATP 等生物能量供体分子。

救治 CO 中毒的方法包括:① 吸入高压氧,通过增加 O_2 的浓度,竞争置换 CO 分子;② 注射可与 CO 结合的分子如细胞色素 c,吸收 CO,使血红蛋白得以释放;③ 补充生物能量分子,如磷酸肌酸、ATP 等,缓解 ATP 合成能力下降带来的损害。

2. 配合物的几何构型分析

不同于用价层电子对互斥理论推测普通共价键分子的几何构型,配合物几何构型的推测的关键是正确判断中心原子的杂化轨道方式。一般的方法是:

首先,确定中心原子的 d 电子数,根据 d 电子数分类分析。

d 电子数	配体场强	配位数	杂化轨道	分子构型	备 注
$d^{1\sim 3}$	强场或弱场	6	d^2sp^3	八面体形	
$d^{4\sim 6}$	强场	6	d^2sp^3	八面体形	先计算单电子数,分清高/低自旋配合物
	弱场	6	sp^3d^2		
d^7(Co^{2+})	强场				被氧化成 Co^{3+} 配合物
	弱场	6	sp^3d^2	八面体形	
d^8	强场	4	dsp^2	平面正方形	
	弱场	4	sp^3	四面体形	
		6	sp^3d^2	八面体形	
$d^{9\sim 10}$ 和主族金属	强场或弱场	2	sp	直线形	
		4	sp^3	四面体形	
		6	sp^3d^2	八面体形	

然后,根据杂化轨道的类型,确定其分子几何构型。

【例题 10-2】 推测 $[NiCl_4]^{2-}$,$[Ni(NH_3)_6]^{2+}$,$[Ni(CN)_4]^{2-}$ 离子的几何构型。

解答:中心离子 Ni^{2+} 的 d 电子数为 8。

$[Ni(NH_3)_6]^{2+}$ 为 6 配位,因此中心原子 Ni(Ⅱ) 采用 sp^3d^2 杂化轨道,配离子几何构型为八面体形;

$[NiCl_4]^{2-}$ 为 4 配位弱场配体,因此中心原子 Ni(Ⅱ) 采用 sp^3 杂化轨道,配离子几何构型为四面体形;

$[Ni(CN)_4]^{2-}$ 为 4 配位强场配体,因此中心原子 Ni(Ⅱ) 采用 dsp^2 杂化轨道,配离子几何构型为平面正方形。

3. 配合物性质的解释

配合物的性质包括颜色和磁性可以通过晶体场理论得到解释:
- d-d 跃迁和分裂能的大小,决定了配合物是否有色和大致的颜色范围。
- 通过比较 Δ_o 和 P 的大小关系,推断 d 电子的排布和配合物的单电子数,在定性上判断是高自旋还是低自旋配合物,在定量上可以根据公式计算配合物的磁矩:

$$\mu = \sqrt{n(n+2)}\,\mu_B$$

配合物的稳定性的预测主要考虑 3 个方面因素:
- 软、硬酸碱匹配:对配合物生成趋势和稳定性进行定性的预测。
- 晶体场稳定化能(CFSE):对于同一构型配合物如正八面体场配合物,可以通过 CFSE 进行一些定量的计算比较。
- 螯合效应:对相同构型和相似配体的配合物,螯合效应起决定作用。

【例题 10-3】 空气中氧气氧化的半反应为:$O_2 + 4H^+ + 4e \longrightarrow 2H_2O$,$\varphi^\ominus = 1.23\,V$,理论上 pH 越高,氧气的电极电位越低。请说明:

(1) 在什么 pH 下,理论上 O_2 不能氧化 Fe^{2+}?

(2) 为什么 Fe^{2+} 反而是在碱性溶液中更容易被氧化呢?

(3) 在 Fe^{2+} 被氧化过程中会发生什么样的颜色变化?

已知：$\varphi^{\ominus}(Fe^{3+}/Fe^{2+}) = 0.77$ V，$K_{sp}(Fe(OH)_2) = 5\times10^{-17}$，$K_{sp}(Fe(OH)_3) = 3\times10^{-39}$。

解答：(1) $\varphi(O_2/H_2O) = \varphi^{\ominus} + (0.0591\text{ V}/4)\lg[H^+]^4 = 1.23\text{ V} - 0.0591\text{ V}\times pH$

所以，当 O_2 不能氧化 Fe^{2+} 时，$\varphi(O_2/H_2O) = \varphi^{\ominus}(Fe^{3+}/Fe^{2+}) = 0.77$ V，此时溶液：

$$pH = (1.23-0.77)\text{ V}/0.0591\text{ V} = 7.78$$

即 $pH > 7.78$ 后，理论上 O_2 不能氧化 Fe^{2+}。

(2) 有两个原因。从热力学上，碱性溶液中形成 $Fe(OH)_2$ 和 $Fe(OH)_3$ 沉淀，此时 $Fe(II/III)$ 的半反应为：

$Fe(OH)_3 + e \longrightarrow Fe(OH)_2 + OH^-$　　$\varphi^{\ominus}(Fe(OH)_3/Fe(OH)_2) = ?$　　①

此反应由　$Fe^{3+} + e \longrightarrow Fe^{2+}$　　$\varphi^{\ominus}(Fe^{3+}/Fe^{2+}) = 0.77$ V　　②

$Fe(OH)_2 \rightleftharpoons Fe^{2+} + 2OH^-$　　$K_{sp}(Fe(OH)_2) = 5\times10^{-17}$　　③

$Fe(OH)_3 \rightleftharpoons Fe^{3+} + 3OH^-$　　$K_{sp}(Fe(OH)_3) = 3\times10^{-39}$　　④

组合而成，即 ① = ② + ④ − ③，所以

$$-nF\varphi^{\ominus}(Fe(OH)_3/Fe(OH)_2) = -nF\varphi^{\ominus}(Fe^{3+}/Fe^{2+}) - RT\ln K_{sp}(Fe(OH)_3) + RT\ln K_{sp}(Fe(OH)_2)$$

故　$\varphi^{\ominus}(Fe(OH)_3/Fe(OH)_2)$
$= \varphi^{\ominus}(Fe^{3+}/Fe^{2+}) + 0.0591\text{ V}\times\lg K_{sp}(Fe(OH)_3) - 0.0591\text{ V}\times\lg K_{sp}(Fe(OH)_2)$
$= 0.77\text{ V} + 0.0591\text{ V}\times\lg(3\times10^{-39}) - 0.0591\text{ V}\times\lg(5\times10^{-17}) = -0.54$ V

$\varphi(Fe(OH)_3/Fe(OH)_2) = \varphi^{\ominus}(Fe(OH)_3/Fe(OH)_2) + 0.0591\text{ V}\times\lg(1/[OH^-])$
$= -0.54\text{ V} + 0.0591\text{ V}\times pOH = 0.29\text{ V} - 0.0591\text{ V}\times pH$

可见，O_2 在任何 pH 下都能氧化 $Fe(OH)_2$。

从动力学上，Fe^{2+} 是交界酸，不容易和 O_2 配合，电子转移以外界机制进行，氧化速率较慢。而在 $Fe(OH)_2$ 中，Fe^{2+} 之间以 OH^- 配体桥连接形成非晶体沉淀。其中会有起初慢速氧化产生的少量 Fe^{3+} 掺入其中。Fe^{3+} 很容易与 O_2 结合，因此在 Fe^{3+} 的中介下，电子可以通过内界机制从 Fe^{2+} 传递给 O_2，使氧化反应大大加快。

因此，从热力学和动力学两种原因上，Fe^{2+} 在碱性溶液中更容易被氧化。

(3) $Fe(II/III)$ 配合物的颜色由于 d-d 跃迁产生。$[Fe(H_2O)_6]^{2+}$ 的分裂能较小，溶液为浅绿色，氧化后 $[Fe(H_2O)_6]^{3+}$ 由于中心离子的氧化数增加，分裂能增加，吸收光波长变短，因此颜色变向长波长方向，$[Fe(H_2O)_6]^{3+}$ 溶液为黄色。由于水解形成固体 $Fe(OH)_3$ 微粒时，颜色会进一步加深而成红褐色。

【例题 10-4】 Co^{2+} 和 Co^{3+} 与乙二胺配合物的结构性质如下：

	$[Co(en)_3]^{2+}$	$[Co(en)_3]^{3+}$
分裂能 Δ_o/cm^{-1}	11000	23300
电子成对能 P/cm^{-1}	19100	17800

请用晶体场理论推测 $[Co(en)_3]^{2+}$ 和 $[Co(en)_3]^{3+}$ 的磁性以及 $[Co(en)_3]^{3+}/[Co(en)_3]^{2+}$ 电对的氧化还原能力。

解答：对于[Co(en)$_3$]$^{2+}$，由于$\Delta_o < P$，因此Co^{2+}的d电子排布按高自旋方式：

d_γ ↑ ↑
d_ε ↑↓ ↑↓ ↑

[Co(en)$_3$]$^{2+}$有3个单电子，因此是强顺磁性物质。其晶体场稳定化能：
CFSE $= -0.8\Delta_o = -0.8 \times 11000$ cm$^{-1} \times 0.0120$ kJ·mol^{-1}·cm $= -105.6$ kJ·mol^{-1}

对于[Co(en)$_3$]$^{3+}$，由于$\Delta_o > P$，因此Co^{3+}的d电子排布按低自旋方式：

d_γ
d_ε ↑↓ ↑↓ ↑↓

[Co(en)$_3$]$^{3+}$没有单电子，因此是反磁性物质。其晶体场稳定化能：
CFSE $= -2.4\Delta_o + 2P = (-2.4 \times 23300$ cm$^{-1} + 2 \times 17800$ cm$^{-1}) \times 0.0120$ kJ·mol^{-1}·cm
$= -243.8$ kJ·mol^{-1}

查表知：　　　　Co^{3+} + e $\longrightarrow$ Co^{2+}　　　　　　$\varphi_1^\ominus = 1.95$ V
现欲知：　　　　[Co(en)$_3$]$^{3+}$ + e $\longrightarrow$ [Co(en)$_3$]$^{2+}$　　$\varphi_2^\ominus = ?$

画出能量变化关系图如下：

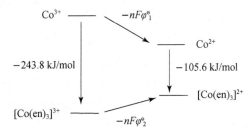

所以　　$nF\varphi_2^\ominus = -243.8$ kJ·mol$^{-1} - (-105.6$ kJ·mol$^{-1}) - (-nF\varphi_1^\ominus)$
　　　　　　$= -138.2$ kJ·mol$^{-1} + nF\varphi_1^\ominus$

$\varphi_2^\ominus = \dfrac{-138.2 \times 10^3 \text{ J·mol}^{-1}}{1 \times 9.6485 \times 10^4 \text{ C·mol}^{-1}} + 1.95$ V $= 0.52$ V

（实测：$\varphi^\ominus$([Co(en)$_3$]$^{3+}$/[Co(en)$_3$]$^{2+}$) $= -0.2$ V。可见其中CFSE贡献了绝大多数的能量）

因此，[Co(en)$_3$]$^{2+}$很容易被空气所氧化。

4. 配位平衡计算

平衡计算主要可以分成两大类：一是配体变化的反应包括配合物解离，这包括配位平衡、酸碱平衡和沉淀平衡的联立处理；二是中心离子氧化还原能力的调节，这包括配位平衡和氧化还原平衡的联立。

(1) 配位反应、酸碱平衡和沉淀平衡

$$
\begin{array}{ccccc}
M & + & L & \rightleftharpoons & ML \\
+ & & + & & \\
P & + & H^+ & \rightleftharpoons & HP \\
\updownarrow & & \updownarrow & & \\
MP & & HL & &
\end{array}
$$

这类平衡的关键是游离金属离子浓度和溶液的氢离子浓度。

【例题 10-5】 计算 ZnS 在 $0.1\ \text{mol}\cdot\text{L}^{-1}$ 柠檬酸中的溶解度和溶液中$[\text{Zn}^{2+}]$和 pH。

解答：ZnS 溶解包括几个反应：

$\text{ZnS} \rightleftharpoons \text{Zn}^{2+} + \text{S}^{2-}$ $\qquad K_{sp} = 3.0\times 10^{-25}$

$\text{H}_2\text{S} \rightleftharpoons 2\text{H}^+ + \text{S}^{2-}$ $\qquad K' = K'_{a_1} K'_{a_2} = 1.3\times 10^{-7}\times 7.1\times 10^{-15} = 9.2\times 10^{-22}$

$\text{Zn}^{2+} + \text{Cit}^{3-} \rightleftharpoons \text{ZnCit}^-$ $\qquad K_s = 2.5\times 10^{11}$

$\text{H}_3\text{Cit} \rightleftharpoons \text{H}^+ + \text{H}_2\text{Cit}^-$ $\qquad K_{a_1} = 7.4\times 10^{-4}$

$\text{H}_2\text{Cit}^- \rightleftharpoons \text{H}^+ + \text{HCit}^{2-}$ $\qquad K_{a_2} = 1.7\times 10^{-5}$

$\text{HCit}^{2-} \rightleftharpoons \text{H}^+ + \text{Cit}^{3-}$ $\qquad K_{a_3} = 4.0\times 10^{-7}$

总反应为

$\text{ZnS} + \text{H}_3\text{Cit} \rightleftharpoons \text{ZnCit}^- + \text{H}_2\text{S} + \text{H}^+$ $\qquad K = K_s K_{a_1} K_{a_2} K_{a_3} K_{sp}/(K'_{a_1} K'_{a_2})$

$\quad\quad\ \ 0.1 \qquad\qquad\qquad\qquad\qquad\qquad\quad = 4.1\times 10^{-7}$

$\quad [\text{H}_3\text{Cit}] \qquad\ \ x \quad\quad\ x \quad [\text{H}^+]$

H^+ 主要来源于配位反应和柠檬酸溶解，即

$[\text{H}^+] = x + [\text{H}_2\text{Cit}^-],\quad [\text{H}_3\text{Cit}] = 0.1 - x - [\text{H}_2\text{Cit}^-]$

所以 $\quad K = 4.1\times 10^{-7} = (x + [\text{H}_2\text{Cit}^-])x^2/(0.1 - x - [\text{H}_2\text{Cit}^-])$

$\qquad\quad K_{a_1} = 7.4\times 10^{-4} = (x + [\text{H}_2\text{Cit}^-])[\text{H}_2\text{Cit}^-]/(0.1 - x - [\text{H}_2\text{Cit}^-])$

解之，得 $\qquad\qquad x = 0.0020\ (\text{mol}\cdot\text{L}^{-1})$

则 $[\text{H}^+] = x + [\text{H}_2\text{Cit}^-] = (0.0020 + 0.0073)\ \text{mol}\cdot\text{L}^{-1} = 0.0093\ \text{mol}\cdot\text{L}^{-1}$，pH = 2.03

$[\text{S}^{2-}] = K'[\text{H}_2\text{S}]/[\text{H}^+]^2 = (9.2\times 10^{-22}\times 0.0020/0.0093^2)\ \text{mol}\cdot\text{L}^{-1} = 2.1\times 10^{-20}\ \text{mol}\cdot\text{L}^{-1}$

$[\text{Zn}^{2+}] = K_{sp}/[\text{S}^{2-}] = [3.0\times 10^{-25}/(2.1\times 10^{-20})]\ \text{mol}\cdot\text{L}^{-1} = 1.4\times 10^{-5}\ \text{mol}\cdot\text{L}^{-1}$

$s(\text{ZnS}) = [\text{ZnCit}] + [\text{Zn}^{2+}] = (0.0020 + 0.000014)\ \text{mol}\cdot\text{L}^{-1} = 0.0020\ \text{mol}\cdot\text{L}^{-1}$

(2) 配位反应调节中心原子氧化还原电位

有两种情形，比较简单的是只有一种形成配合物的金属离子：

$\text{M}^{n+} + n\text{e} \longrightarrow \text{M} \qquad\qquad \varphi^{\ominus}_1$

$\text{M}^{n+} + x\text{L} \rightleftharpoons \text{ML}_x \qquad\qquad K_s$

总反应 $\quad \text{ML}_x + n\text{e} \longrightarrow \text{M} + x\text{L} \qquad\qquad \varphi^{\ominus}_2$

于是有 $\quad -nF\varphi^{\ominus}_2 = -nF\varphi^{\ominus}_1 - (-RT\ln K_s)$

$\qquad\quad \varphi^{\ominus}_2 = \varphi^{\ominus}_1 - (0.0591\ \text{V}/n)\lg K_s \quad (25\text{℃})$

第二种形式复杂一些，存在两种可形成配合物的金属离子：

$\text{M}^{x+} + n\text{e} \longrightarrow \text{M}^{y+} \qquad\qquad \varphi^{\ominus}_1$

$\text{M}^{x+} + a\text{L} \rightleftharpoons \text{ML}_a \qquad\qquad K_{s_1}$

$\text{M}^{y+} + b\text{L} \rightleftharpoons \text{ML}_b \qquad\qquad K_{s_2}$

总反应 $\quad \text{ML}_a + n\text{e} \longrightarrow \text{ML}_b + (a-b)\text{L} \qquad\qquad \varphi^{\ominus}_2$

于是有 $\quad -nF\varphi^{\ominus}_2 = -nF\varphi^{\ominus}_1 - (-RT\ln K_{s_1}) + (-RT\ln K_{s_2})$

$\qquad\quad \varphi^{\ominus}_2 = \varphi^{\ominus}_1 + (0.0591\ \text{V}/n)\lg (K_{s_2}/K_{s_1}) \quad (25\text{℃})$

【例题 10-6】 在生命过程中，Fe(Ⅱ/Ⅲ)离子催化·OH 生成反应：

催化还原： $Fe^{II}L + H_2O_2 \longrightarrow Fe^{III}L + \cdot OH + OH^-$

催化氧化： $Fe^{III}L + 生物还原剂 \longrightarrow Fe^{II}L + 氧化产物$

总反应： 生物还原剂 $+ H_2O_2 \longrightarrow \cdot OH + OH^- + 氧化产物$

其中，氧化半反应：$H_2O_2 + H^+ + e \longrightarrow \cdot OH + H_2O \quad \varphi^{\ominus\prime}(H_2O_2/\cdot OH) = 0.32 \text{ V}$

还原半反应：生物还原剂 $- ne \longrightarrow 氧化产物 \quad \varphi^{\ominus\prime} = -0.35 \sim 0.05 \text{ V}$

因此，Fe(Ⅱ/Ⅲ)配离子催化上述反应的条件是其氧化还原电位处于 $-0.35 \sim 0.32$ V 之间，这样既可以被 H_2O_2 氧化，又可以被生物还原剂还原。请计算下列哪种配体可以阻止上述反应发生：(1) EDTA；(2) 吡咯二羧酸；(3) 柠檬酸；(4) 水杨酸；(5) 邻菲罗啉。

已知：$Fe^{3+} + e \longrightarrow Fe^{2+} \quad \varphi^\ominus = 0.77 \text{ V}$；

配合物稳定常数：

	EDTA(Y^{4-})	吡咯二羧酸($Dipic^{2-}$)	柠檬酸(Cit^{3-})	水杨酸(Sal^-)	邻菲罗啉(o-Phen)
Fe^{2+}	$\lg\beta_1 = 14.33$	$\lg\beta_2 = 10.36$	$\lg\beta_1 = 15.5$	$\lg\beta_2 = 11.25$	$\lg\beta_3 = 21.3$
Fe^{3+}	$\lg\beta_1 = 24.23$	$\lg\beta_2 = 17.13$	$\lg\beta_1 = 25.0$	$\lg\beta_3 = 36.8$	$\lg\beta_3 = 23.5$

解答：(1) EDTA，总反应为

$$FeY^- + e \longrightarrow FeY^{2-}$$

故 $\varphi_2^{\ominus\prime} = \varphi_1^\ominus + 0.0591 \text{ V} \times \lg(K_{s_2}/K_{s_1}) = 0.77 \text{ V} + 0.0591 \text{ V} \times \lg 10^{(14.33-24.23)} = 0.19 \text{ V}$

可见，$\varphi_2^\ominus$ 处于 $-0.35 \sim 0.32$ V 之间，所以不能阻止 $\cdot OH$ 生成反应。因此，一般螯合剂虽然可以降低游离金属浓度，但不能阻止 $Fe^{II/III}$ 离子引起的氧化损伤。

(2) 吡咯二羧酸，总反应为

$$[Fe(Dipic)_2]^- + e \longrightarrow [Fe(Dipic)_2]^{2-}$$

故 $\varphi_2^\ominus = \varphi_1^\ominus + 0.0591 \text{ V} \times \lg(K_{s_2}/K_{s_1}) = 0.77 \text{ V} + 0.0591 \text{ V} \times \lg 10^{(10.36-17.13)} = 0.37 \text{ V}$

可见，$\varphi_2^\ominus > 0.32$ V，所以可以阻止 $\cdot OH$ 生成反应。

(3) 柠檬酸，总反应为

$$FeCit + e \longrightarrow FeCit^-$$

故 $\varphi_2^\ominus = \varphi_1^\ominus + 0.0591 \text{ V} \times \lg(K_{s_2}/K_{s_1}) = 0.77 \text{ V} + 0.0591 \text{ V} \times \lg 10^{(15.5-25.0)} = 0.21 \text{ V}$

可见，$\varphi_2^\ominus$ 处于 $-0.35 \sim 0.32$ V 之间，所以不能阻止 $\cdot OH$ 生成反应。

(4) 水杨酸，总反应为

$$Fe(Sal)_3 + e \longrightarrow Fe(Sal)_2 + Sal^-$$

故 $\varphi_2^\ominus = \varphi_1^\ominus + 0.0591 \text{ V} \times \lg(K_{s_2}/K_{s_1}) = 0.77 \text{ V} + 0.0591 \text{ V} \times \lg 10^{(11.25-36.8)} = -0.74 \text{ V}$

可见，$\varphi_2^\ominus < -0.35$ V，所以可以阻止 $\cdot OH$ 生成反应。这可能是阿司匹林药物抗炎作用的原因之一。

(5) 邻菲罗啉，总反应为

$$[Fe(o\text{-}Phen)_3]^{3+} + e \longrightarrow [Fe(o\text{-}Phen)_3]^{2+}$$

故 $\varphi_2^\ominus = \varphi_1^\ominus + 0.0591 \text{ V} \times \lg(K_{s_2}/K_{s_1}) = 0.77 \text{ V} + 0.0591 \text{ V} \times \lg 10^{(21.3-23.5)} = 0.64 \text{ V}$

可见，$\varphi_2^\ominus > 0.32$ V，所以可以阻止 $\cdot OH$ 生成反应。实际上，以 N，C 为配位原子的配体通常倾向于生成 Fe^{II} 化合物，再如：

$$[Fe(CN)_6]^{3-} + e \longrightarrow [Fe(CN)_6]^{4-} \quad \varphi^\ominus = 0.55 \text{ V}$$

(3) 金属缓冲溶液

利用配位平衡原理，可以制备金属离子浓度在一定范围的金属缓冲溶液。本课程只考虑其中较为简单的形式，即应用螯合配体 L，与目标金属离子 M 形成 1∶1 组成的配合物：

$$M + L \rightleftharpoons ML$$

金属缓冲溶液的 pM 公式：

$$pM = \lg K_s + \lg \frac{[L]}{[ML]} = \lg K_s + \lg \frac{c_L}{c_{ML}} = \lg K_s + \lg \frac{n_L}{n_{ML}} = \lg K_s + \lg \frac{V_L}{V_{ML}}$$

有效缓冲范围 pM 为

$$(\lg K_s + 1) \sim (\lg K_s - 1)$$

【例题 10-7】 用 EDTA 和 EGTA 为配体，可以制备什么范围的 Ca^{2+} 缓冲溶液？今欲制备 Ca^{2+} 总浓度为 100 μmol·L^{-1}，游离 $[Ca^{2+}]$ = 1.0 μmol·L^{-1}，pH=7.0 的溶液 100 mL，问如何用储备液（$[Ca^{2+}]$ = [EDTA] = [EGTA] = 1.0 mmol·L^{-1}；pH=7.0 的 10× 缓冲溶液①）配制？已知：pH=7.0 下，$\lg K_s'$(Ca-EDTA) = 7.60，$\lg K_s'$(Ca-EGTA) = 6.47。

解答： EDTA 为配体时，缓冲溶液 Ca^{2+} 游离浓度范围为：$10^{-8.60} \sim 10^{-6.60}$（即 $2.5 \times 10^{-9} \sim 2.5 \times 10^{-7}$）mol·L^{-1}。

EGTA 为配体时，缓冲溶液 Ca^{2+} 游离浓度范围为：$3.4 \times 10^{-8} \sim 3.4 \times 10^{-6}$ mol·L^{-1}。

可见，需要使用 Ca^{2+}-EGTA 体系，需要 Ca^{2+} 的体积：

$$V_M = \frac{100 \times 10^{-6} \text{ mol·L}^{-1} \times 100 \text{ mL}}{1.0 \times 10^{-3} \text{ mol·L}^{-1}} = 10.0 \text{ mL}$$

$$\lg(V_L/V_{ML}) = pM - \lg K_s = -\lg(1.0 \times 10^{-6}) - 6.47 = -0.47$$

$$V_L/V_{ML} = 0.34$$

所以需要配体 EGTA 的体积为

$$V_L(\text{总}) = 10.0 \text{ mL} \times (1 + 0.34) = 13.4 \text{ mL}$$

配制方法为：取 Ca^{2+} 储备液 10.0 mL，EGTA 储备液 13.4 mL，取 10× 缓冲溶液 10.0 mL，加入去离子水至总体积约 80 mL，在 pH 计上精确调节至 pH=7.0，定容至 100 mL。

5. 分光光度分析

分光光度分析是生物化学实验中最常规使用的分析方法，包括测定蛋白质浓度、核酸浓度和金属离子浓度等。分析方法的要点是：

（1）朗伯-比尔公式：

$$A = -\lg(I_t/I_0) = \varepsilon bc$$

公式中，吸光度 A 在分光光度计上测得，摩尔吸光系数 ε 可以查出或通过工作曲线计算出来，光程长度 b 固定为 1 cm，因此样品中待测物质浓度为

$$c = A/\varepsilon$$

常常无需计算 ε 的大小，而采用标准溶液对比法。如果相同实验条件下，某标准溶液的吸光度为 $A_{标准}$，则

$$c_{样品} = c_{标准} \cdot A_{样品}/A_{标准}$$

---

① 在生化实验中，缓冲溶液常常被事先配制成浓的储备液，使用时按倍数稀释即可。2× 表示需要稀释一倍使用，10× 表示需要稀释至原体积的 10 倍使用，以此类推。

(2) 确定分析的实验条件:
- 如果待测物质是有色物质,选择其吸收光谱的峰值所在波长,测定吸光度 A,从而计算待测物质浓度;
- 如果待测物质颜色太浅或根本没有颜色,选择合适的显色剂,使待测物质和显色剂反应后,测定有色产物的吸光度,然后同样分析。

【例题 10-8】 邻苯二甲醛和胆固醇反应生成一种有色物质,其吸收峰 550 nm。分别取胆固醇标准溶液(200 mg/100 mL)和某血液样品 20 μL,加入邻苯二甲醛显色剂 4.0 mL 和 1.5 mL 浓硫酸反应后,用 1.00 cm 样品池测定 550 nm 波长处吸光度分别为 0.4803 和 0.6578。计算该血液样品中胆固醇的浓度。此人胆固醇浓度是否超标(正常范围: 100~220 mg/100 mL)?

解答: 根据朗伯-比尔定律: $A = \varepsilon bc$,

$$A_{\text{标准}} = \varepsilon bc_{\text{标准}} = \varepsilon \times 1 \times c_{\text{标准}}/\text{稀释倍数} = \varepsilon \times 200/\text{稀释倍数}$$

$$A_{\text{样品}} = \varepsilon bc_{\text{样品}} = \varepsilon \times 1 \times c_{\text{样品}}/\text{稀释倍数}$$

在实验测定中,标准和样品的稀释倍数相同,所以

$$A_{\text{样品}}/A_{\text{标准}} = c_{\text{样品}}/c_{\text{标准}} = c_{\text{样品}}/200$$

$$c_{\text{样品}} = (200 \text{ mg}/100 \text{ mL}) \times A_{\text{样品}}/A_{\text{标准}}$$

$$= (200 \text{ mg}/100 \text{ mL}) \times 0.6578/0.4803 = 274 (\text{mg}/100 \text{ mL})$$

此人显然是高胆固醇血症患者。

10.3 思考题选解

10-1 区分下列名词:
(1) 配体与配位数;   (2) 单齿配体与多齿配体;
(3) 内轨型配合物与外轨型配合物;   (4) 分裂能与晶体场稳定化能;
(5) d_γ 轨道与 d_ε 轨道;   (6) 强场配体与弱场配体;
(7) 低自旋配合物与高自旋配合物;   (8) 累积稳定常数与稳定常数;
(9) 螯合物与螯合效应。

解答: (1) 在配合物中,与中心原子以配位键结合的阴离子或中性分子称为配体。配位数是指配体中直接与中心原子以配位键结合的配位原子的总数目。所以,配位数等于配体与中心原子形成的配位键的数目。若配体均为单齿配体,配位数等于配体数目;若配体中有多齿配体,那么配位数大于配体数目。

(2) 只能向一个中心原子提供一个配位原子的配体称为单齿配体,如 CO, NH_3, X^-, OH^- 等单齿配体只含有一个配位原子,两可配体如 SCN^-, NCS^- 等也属于单齿配体;向一个中心原子能提供两个或两个以上配位原子的配体称为多齿配体,如 en, $C_2O_4^{2-}$, NTA 等。

(3) 中心原子全部用最外层空轨道(ns, np, nd)进行杂化,并与配体结合所形成的配合物称为外轨型配合物,中心原子利用 $(n-1)d$ 空轨道和最外层空的 ns, np 轨道进行杂化成键所形成的配合物称为内轨型配合物。当中心原子既可以形成外轨型配合

物,也可以形成内轨型配合物时,通常与弱场配体形成外轨型配合物,与强场配体形成内轨型配合物。

(4) 在晶体场理论中,中心原子 5 个简并的 d 轨道发生能级分裂,分裂后的最高能级组与最低能级组之间的能量差称为分裂能,用 Δ 表示。中心原子的 d 电子从未分裂的 d 轨道(球形场中)进入分裂后的 d 轨道所引起的系统能量降低值,称为晶体场稳定化能。可见,分裂能是原子轨道能级的能量差,而晶体场稳定化能是原子电子系统的能量差。

(5) 中心原子 d 轨道在正八面体场中分裂成两组:一组为高能量的 d_{z^2} 和 $d_{x^2-y^2}$ 二重简并轨道,称为 d_γ 轨道(或 d_γ 能级);一组为低能量的 d_{xy},d_{xz} 和 d_{yz} 三重简并轨道,称为 d_ε 轨道(或 d_ε 能级)。

(6) 使 d 轨道分裂能大于电子自旋成对能的配体称为强场配体,如 CN^-,CO 等;使 d 轨道分裂能较小的配体称为弱场配体,如 OH^-,F^-,Cl^-,Br^-,I^- 等。

(7) 同一中心原子所形成的配位数相同的配合物中,d 轨道单电子数较少的配合物称为低自旋配合物,单电子数较多的配合物称为高自旋配合物。在八面体场中,当中心原子价层电子构型为 $d^4 \sim d^7$ 时,与强场配体形成低自旋配合物,而与弱场配体形成高自旋配合物。

(8) 配合物 ML_n(为了方便省略了电荷)的累积稳定常数用 β_i 表示:

$$M(aq) + i\,L(aq) \rightleftharpoons ML_i(aq) \qquad \beta_i = \frac{[ML_i]}{[M][L]^i}$$

其中 $i = 1, 2, 3, \cdots, n$;$\beta_1, \beta_2, \beta_3, \cdots, \beta_n$ 称为配合物的各级累积稳定常数。最后一级累积稳定常数(即最高级累积稳定常数)β_n 即为配合物的稳定常数,用 K_s 表示,$\beta_n \equiv K_s$。

(9) 多齿配体中的两个或多个配位原子可与同一中心原子配位,形成包括中心原子在内的环状结构(螯合环),这类具有螯合环结构的配合物称为螯合物。同一中心原子所形成的螯合物的稳定性,一般比组成和结构相近的非螯合物的稳定性高,这种现象称为螯合效应。

10-2 命名下列配离子和配合物,并指出中心原子及其配位数、配体和配位原子。
(1) $[CoCl(NCS)(NH_3)_4]NO_3$; (2) $[CoCl(NH_3)_5]Cl_2$; (3) $[Al(OH)_4]^-$;
(4) $[Co(en)_3]Cl_3$; (5) $[PtCl(NO_2)(NH_3)_4]SO_4$; (6) $K_2Na[Co(ONO)_6]$;
(7) $Ni(CO)_4$; (8) $Na_3[Ag(S_2O_3)_2]$。

解答:

配合物	命 名	中心原子	配位数	配 体	配位原子
(1)	硝酸氯·异硫氰酸根·四氨合钴(Ⅲ)	Co^{3+}	6	Cl^-,NCS^-,NH_3	Cl,N,N
(2)	二氯化氯·五氨合钴(Ⅲ)	Co^{3+}	6	Cl^-,NH_3	Cl,N
(3)	四羟基合铝(Ⅲ)配离子	Al^{3+}	4	OH^-	O
(4)	三氯化三(乙二胺)合钴(Ⅲ)	Co^{3+}	6	en	N
(5)	硫酸氯·硝基·四氨合铂(Ⅳ)	Pt^{4+}	6	Cl^-,NO_2^-,NH_3	Cl,N,N
(6)	六亚硝酸根合钴(Ⅲ)酸钠钾	Co^{3+}	6	ONO^-	O
(7)	四羰基合镍(0)	Ni	4	CO	C
(8)	二(硫代硫酸根)合银(Ⅰ)酸钠	Ag^+	2	$S_2O_3^{2-}$	O

浅析:(1) NCS^- 表示 N 为配位原子,代表异硫氰酸根;如果写成 SCN^-,表示 S 为

配位原子,代表硫氰酸根。

(2) 当 OH^- 作为配体时,以"羟基"命名,而不以"氢氧根"命名。

(3) NO_2^- 表示 N 为配位原子,代表硝基;如果写为 ONO^-,表示 O 为配位原子,代表亚硝酸根。

10-3 写出下列配合物的化学式。

(1) 四羟基合锌(Ⅱ)酸钠;　　　　(2) 五氯·氨合铂(Ⅳ)酸钾;

(3) 四氯合铂(Ⅱ)酸四氨合铜(Ⅱ);　(4) 硫酸氯·氨·二(乙二胺)合铬(Ⅲ);

(5) 四(异硫氰酸根)·二氨合铬(Ⅲ)酸铵。

解答:(1) $Na_2[Zn(OH)_4]$　(2) $K[PtCl_5(NH_3)]$　(3) $[Cu(NH_3)_4][PtCl_4]$

(4) $[CrCl(NH_3)(en)_2]SO_4$　(5) $NH_4[Cr(NCS)_4(NH_3)_2]$

10-4 以下各配合物中心原子的配位数均为 6,假定它们的浓度都是 $0.0010\ mol·L^{-1}$,试指出各溶液导电能力大小的顺序,并解释之:

(1) $[CrCl_2(NH_3)_4]Cl$;　　　　(2) $[Pt(NH_3)_6]Cl_4$;

(3) $K_2[PtCl_6]$;　　　　　　　(4) $[Co(NH_3)_6]Cl_3$。

解答:导电能力:(1)<(3)<(4)<(2)。因为溶液导电能力的大小与溶液中离子的数目、离子的电荷和离子的移动能力有关。离子数目越多,离子所带电荷越高,离子淌度越大,则溶液的导电能力就越强。

10-5 将 Cr(Ⅲ),NH_3,Cl^- 和 K^+ 组合在一起可以形成一系列 7 种配合物,其中的一种配合物是 $[Cr(NH_3)_6]Cl_3$。

(1) 写出此系列中的其他 6 种配合物;

(2) 命名每一种配合物。

解答:

编号	配合物	命　名	编号	配合物	命　名
①	$[Cr(NH_3)_6]Cl_3$	三氯化六氨合铬(Ⅲ)	⑤	$K[CrCl_4(NH_3)_2]$	四氯·二氨合铬(Ⅲ)酸钾
②	$[CrCl(NH_3)_5]Cl_2$	二氯化氯·五氨合铬(Ⅲ)	⑥	$K_2[CrCl_5(NH_3)]$	五氯·氨合铬(Ⅲ)酸钾
③	$[CrCl_2(NH_3)_4]Cl$	氯化二氯·四氨合铬(Ⅲ)	⑦	$K_3[CrCl_6]$	六氯合铬(Ⅲ)酸钾
④	$[CrCl_3(NH_3)_3]$	三氯·三氨合铬(Ⅲ)			

10-6 实验测得下列化合物中(3),(4)是高自旋物质。试根据价键理论绘出这些配离子的杂化轨道图,它们是内轨型,还是外轨型配合物?

(1) $[Ag(NH_3)_2]^+$;　(2) $[Zn(NH_3)_4]^{2+}$;　(3) $[CoF_6]^{3-}$;　(4) $[MnF_6]^{4-}$;

(5) $[Mn(CN)_6]^{4-}$。

解答:(1) Ag^+ 的价层电子构型为 $4d^{10}$,所以 $[Ag(NH_3)_2]^+$ 配离子中,中心原子 Ag^+ 只能采取 sp 杂化,形成外轨型配合物。$[Ag(NH_3)_2]^+$ 配离子中 Ag^+ 的价层电子排布为

$[Ag(NH_3)_2]^+$　　4d ↑↓ ↑↓ ↑↓ ↑↓ ↑↓　　sp ↑↓ ↑↓　　5p □ □ □

(2) Zn^{2+} 的价层电子构型为 $3d^{10}$,所以 $[Zn(NH_3)_4]^{2+}$ 配离子中,中心原子 Zn^{2+} 只能采取 sp^3 杂化,形成外轨型配合物。$[Zn(NH_3)_4]^{2+}$ 配离子中 Zn^{2+} 的价层电子排布为

$[Zn(NH_3)_4]^{2+}$ 3d [↑↓][↑↓][↑↓][↑↓][↑↓] sp³ [↑↓][↑↓][↑↓][↑↓]

(3) Co^{3+} 的价层电子构型为 $3d^6$。中心原子的这种价层 d 电子构型既可形成外轨型、高自旋的配合物,又可形成内轨型、低自旋的配合物。究竟形成哪种类型的配合物,取决于配体的性质。实验测得 $[CoF_6]^{3-}$ 配离子为高自旋的,所以中心原子 Co^{3+} 采取 sp^3d^2 杂化,形成外轨型配合物:

$[CoF_6]^{3-}$ 3d [↑↓][↑][↑][↑][↑] sp³d² [↑↓][↑↓][↑↓][↑↓][↑↓][↑↓] 4d [ ][ ][ ]

(4) Mn^{2+} 的价层电子构型为 $3d^5$。同样,这种价层 d 电子构型的中心原子,视配体的不同可以形成不同类型的配合物。实验测得 $[MnF_6]^{4-}$ 配离子为高自旋的,所以中心原子 Mn^{2+} 采取 sp^3d^2 杂化,形成外轨型配合物:

$[MnF_6]^{4-}$ 3d [↑][↑][↑][↑][↑] sp³d² [↑↓][↑↓][↑↓][↑↓][↑↓][↑↓] 4d [ ][ ][ ]

(5) Mn^{2+} 的价层电子构型为 $3d^5$,而且 CN^- 为强场配体,所以 $[Mn(CN)_6]^{4-}$ 配离子中,中心原子 Mn^{2+} 只能采取 d^2sp^3 杂化,形成内轨型配合物:

$[Mn(Cn)_6]^{4-}$ 3d [↑↓][↑↓][↑] d²sp³ [↑↓][↑↓][↑↓][↑↓][↑↓][↑↓]

10-7 Cr^{2+}, Cr^{3+}, Mn^{2+}, Fe^{2+}, Fe^{3+}, Co^{2+}, Co^{3+} 离子在八面体强场和弱场中各有多少个单电子?绘图说明之。

解答:

离子	价层电子构型	八面体弱场 d 电子排布	单电子数	八面体强场 d 电子排布	单电子数
Cr^{2+}	$3d^4$		4		2
Cr^{3+}	$3d^3$		3		3
Mn^{2+}	$3d^5$		5		1
Fe^{2+}	$3d^6$		4		0
Fe^{3+}	$3d^5$		5		1
Co^{2+}	$3d^7$		3		1
Co^{3+}	$3d^6$		4		0

10-8 已知高自旋 $[Fe(H_2O)_6]^{2+}$ 配离子的 $\Delta_o = 10400\ cm^{-1}$,低自旋 $[Fe(CN)_6]^{4-}$ 配离子的 $\Delta_o = 33000\ cm^{-1}$,两者的电子成对能均为 $15000\ cm^{-1}$,分别计算它们的晶体场稳定

化能。

解答：Fe^{2+} 的价层电子构型为 $3d^6$。在球形场中，Fe^{2+} 的 3d 电子排布为

$$\underline{\uparrow\downarrow}\ \underline{\uparrow}\ \underline{\uparrow}\ \underline{\uparrow}\ \underline{\uparrow}$$

对于高自旋的 $[Fe(H_2O)_6]^{2+}$ 配离子，$\Delta_o < P$，H_2O 为弱场配体。所以，其中心原子 Fe^{2+} 的 d 电子排布为

$$\begin{array}{l} d_\gamma\ \underline{\uparrow}\ \underline{\uparrow} \\ d_\varepsilon\ \underline{\uparrow\downarrow}\ \underline{\uparrow}\ \underline{\uparrow} \end{array}$$

$$\text{CFSE} = (2\times 0.6 - 4\times 0.4)\Delta_o + (1-1)\times P$$
$$= -0.4\times 10400\ \text{cm}^{-1} = 4160\ \text{cm}^{-1} = -50\ \text{kJ}\cdot\text{mol}^{-1}$$

对于低自旋的 $[Fe(CN)_6]^{4-}$ 配离子，$\Delta_o > P$，CN^- 为强场配体。所以，其中心原子 Fe^{2+} 的 d 电子排布为

$$\begin{array}{l} d_\gamma\ \underline{\ \ }\ \underline{\ \ } \\ d_\varepsilon\ \underline{\uparrow\downarrow}\ \underline{\uparrow\downarrow}\ \underline{\uparrow\downarrow} \end{array}$$

$$\text{CFSE} = -6\times 0.4\Delta_o + (3-1)P = -2.4\Delta_o + 2P$$
$$= -2.4\times 33000\ \text{cm}^{-1} + 2\times 15000\ \text{cm}^{-1} = -4920\ \text{cm}^{-1} = -590\ \text{kJ}\cdot\text{mol}^{-1}$$

10-9 试用晶体场理论解释为什么在空气中低自旋的 $[Co(CN)_6]^{4-}$ 易氧化成低自旋的 $[Co(CN)_6]^{3-}$。

解答：Co^{2+} 和 Co^{3+} 的价层电子构型分别为 $3d^7$ 和 $3d^6$。在八面体场中，Co^{2+} 的自旋成对能较高，而分裂能相对较小，所以 |CFSE| 相对较小；相比之下，Co^{3+} 的自旋成对能较低而分裂能非常大，因此低自旋的 $[Co(CN)_6]^{3-}$ 配离子中，中心原子 d 电子排布为 $d_\varepsilon^6 d_\gamma^0$，具有很大的 |CFSE|。使 $[Co(CN)_6]^{3-}$ 配离子远远高于 $[Co(CN)_6]^{4-}$ 的稳定性。这样，中心原子的标准电极电位大大降低：

$$Co^{3+} + e \longrightarrow Co^{2+} \qquad \varphi^\ominus = 1.95\ \text{V}$$
$$[Co(CN)_6]^{3-} + e \longrightarrow [Co(CN)_6]^{4-} \qquad \varphi^\ominus \leqslant -0.8\ \text{V}$$

所以，低自旋的 $[Co(CN)_6]^{4-}$ 在空气中易氧化成低自旋的 $[Co(CN)_6]^{3-}$。

10-10 现有物种 (a)～(e)：(a) $K_2[Zn(CN)_4]$；(b) $[AlF_6]^{3-}$；(c) $[CrCl_3(H_2O)_3]$；(d) $Na_3[Co(ONO)_6]$；(e) $K[FeCl_2(C_2O_4)(en)]$。请指出：

(1) 其中哪些可能会显示颜色？哪些具有反磁性？

(2) (d)，(e) 的名称及中心原子的配位数；

(3) (a)，(d) 的中心原子采用的杂化轨道类型。

解答：(1) 中心原子的价层电子构型为 $d^1\sim d^9$ 的配合物，在白光照射下，因会发生 d-d 跃迁，而呈现吸收光的互补色光的颜色。因此，$[CrCl_3(H_2O)_3]$，$Na_3[Co(ONO)_6]$，$K[FeCl_2(C_2O_4)(en)]$ 可能有色；内部电子全部配对的物质，在外加磁场内表现出反磁性，所以 $K_2[Zn(CN)_4]$，$[AlF_6]^{3-}$，$Na_3[Co(ONO)_6]$ 具有反磁性。

(2) $Na_3[Co(ONO)_6]$：六亚硝酸根合钴（Ⅲ）酸钠，中心原子 Co^{3+} 的配位数为 6；$K[FeCl_2(C_2O_4)(en)]$：二氯·草酸根·乙二胺合铁（Ⅲ）酸钾，中心原子 Fe^{3+} 的配位数为 6。

(3) $K_2[Zn(CN)_4]$ 的中心原子 Zn^{2+} 的杂化轨道类型为 sp^3；$Na_3[Co(ONO)_6]$ 中的

Co^{3+} 采取 d^2sp^3 杂化。

10-11 写出反应方程式,以解释下列现象。

(1) 用氨水处理 $Mg(OH)_2$ 和 $Zn(OH)_2$ 混合沉淀物,$Zn(OH)_2$ 溶解而 $Mg(OH)_2$ 不溶;

(2) NaOH 加入到 $CuSO_4$ 溶液中生成浅蓝色的沉淀;再加入氨水,浅蓝色沉淀溶解成为深蓝色溶液;若用 H_2SO_4 处理此溶液又能得到浅蓝色溶液;

(3) 用 NH_4SCN 溶液检出 Co^{2+} 时,加入 NH_4F 可消除 Fe^{3+} 的干扰;

(4) 医疗上向人体内注射 $Na_2[CaY]$ 治疗重金属中毒症;

(5) 氨水溶液不能盛装在铜制容器中;

(6) 用盐酸或硝酸不能溶解 HgS,但用王水(1体积浓硝酸+3体积浓盐酸)则可以;

(7) 向 $[Pt(NH_3)_4]^{2+}$ 溶液中加入 Cl^- 取代其中一半的配体 NH_3,能否得到抗癌药物顺铂?为什么?

(8) $(NH_4)_2Fe(SO_4)_2$ 溶液与 $FeSO_4$ 溶液相比,其溶液中 Fe^{2+} 被氧化得较慢,为什么?

解答:(1) $Zn(OH)_2$ 因与氨水作用转化为锌氨配离子而溶解:

$$Zn(OH)_2(s) + 4NH_3(aq) \rightleftharpoons [Zn(NH_3)_4]^{2+}(aq) + 2OH^-(aq)$$

但 Mg^{2+} 与氨的配位反应很弱,所以 $Mg(OH)_2$ 不溶于氨水。

(2) NaOH 与 $CuSO_4$ 反应生成难溶的浅蓝色 $Cu(OH)_2$ 沉淀:

$$Cu^{2+} + 2OH^- \rightleftharpoons Cu(OH)_2 \downarrow (浅蓝色)$$

$Cu(OH)_2$ 与氨水反应生成水溶性的铜氨配离子,该配离子为深蓝色:

$$Cu(OH)_2(s) + 4NH_3(aq) \rightleftharpoons [Cu(NH_3)_4]^{2+}(aq)(深蓝色) + 2OH^-(aq)$$

H_2SO_4 解离产生的 $H^+(H_3O^+)$ 与 NH_3 反应生成难解离的 NH_4^+,导致铜氨配离子解离,转化为浅蓝色的水合铜离子:

$$[Cu(NH_3)_4]^{2+} + 4H_3O^+ \rightleftharpoons [Cu(H_2O)_4]^{2+}(浅蓝色) + 4NH_4^+$$

(3) NH_4SCN 与 Fe^{3+} 反应生成血红色配合物,而干扰 Co^{2+} 的鉴定:

$$Fe^{3+} + nSCN^- \rightleftharpoons [Fe(NCS)_n]^{3-n}(血红色)$$

$$Co^{2+} + 4SCN^- \rightleftharpoons [Co(SCN)_4]^{2-}(蓝色)$$

NH_4F 可与 Fe^{3+} 反应生成稳定的六氟合铁(Ⅲ)无色配离子,从而消除 Fe^{3+} 的干扰:

$$Fe^{3+} + 6F^- \rightleftharpoons [FeF_6]^{3-}(无色)$$

(4) 在 25℃时,EDTA 与某些金属离子形成的配离子的稳定常数的数值如下:

金属离子	Ca^{2+}	Cr^{3+}	Fe^{3+}	Co^{2+}	Ni^{2+}	Cu^{2+}	Cd^{2+}
$\lg K_s$	10.69	23.0	25.0	16.26	18.52	18.70	16.36
金属离子	Y^{3+}	La^{3+}	Gd^{3+}	Th^{3+}	Pd^{2+}	Hg^{2+}	Pb^{2+}
$\lg K_s$	18.08	15.46	17.35	23.22	18.5	21.5	17.88

从上表中的数据可知,EDTA 与重金属离子所形成的配合物的稳定性远大于 $[CaY]^{2-}$ 的稳定性。另外,EDTA 与金属离子形成的配合物一般都可溶于水,因此,$[CaY]^{2-}$ 进入体内后,可与重金属离子生成可溶性的稳定配离子并游离出 Ca^{2+},既可除去体内的重金属离子,又可起到补充钙的作用。如铅中毒:

$$[CaY]^{2-} + Pb^{2+} \rightleftharpoons [PbY]^{2-} + Ca^{2+}$$

(5) 在氨水存在下,因铜氨配离子的生成,使铜更易被空气中的氧气氧化:

$$Cu + 4NH_3 + H_2O + \frac{1}{2}O_2 \Longrightarrow [Cu(NH_3)_4]^{2+} + 2OH^-$$

(6) 因为 HgS 的溶解度(25℃时,HgS 的 $K_{sp} = 6.44 \times 10^{-53}$)太小了,所以强酸盐酸或氧化性强酸硝酸也不能使之溶解。HgS 之所以能溶于王水,是借助了硝酸的氧化性和 Cl^- 的配位性:

$$3HgS + 2HNO_3 + 12HCl \Longrightarrow 3H_2[HgCl_4] + 2NO\uparrow + 3S\downarrow + 4H_2O$$

(7) 不能,因为配体取代的动力学反位效应,得到的是无抗癌活性的反铂配合物(详见教材第 315 页)。

(8) $(NH_4)_2Fe(SO_4)_2$ 溶液中 NH_4^+ 的存在使溶液维持弱酸性 pH≈5,这样 Fe^{2+} 不会发生水解,电子转移主要以外界机制进行,所以不易被 O_2 氧化。而在 $FeSO_4$ 溶液中,Fe^{2+} 容易发生水解现象,Fe^{2+} 之间以 OH^- 配体桥连接形成如教材图 10-4 所示的多核配合物。其中会有起初慢速氧化产生的少量 Fe^{3+} 掺入其中。Fe^{3+} 很容易与 O_2 结合,因此在 Fe^{3+} 的中介下,电子可以通过内界机制从 Fe^{2+} 传递给 O_2,使氧化反应大大加快。

10-12 计算下列配离子转化反应的平衡常数,并讨论之。

(1) $[Ag(NH_3)_2]^+ + 2CN^- \Longrightarrow [Ag(CN)_2]^- + 2NH_3$;

(2) $[Ag(NH_3)_2]^+ + 2SCN^- \Longrightarrow [Ag(SCN)_2]^- + 2NH_3$。

解答:

(1) $K_1^{\ominus} = \dfrac{[Ag(CN)_2^-][NH_3]^2}{[Ag(NH_3)_2^+][CN^-]^2} = \dfrac{[Ag(CN)_2^-]}{[Ag^+][CN^-]^2} \cdot \dfrac{[Ag^+][NH_3]^2}{[Ag(NH_3)_2^+]}$

$= \dfrac{K_s([Ag(CN)_2]^-)}{K_s([Ag(NH_3)_2]^+)} = \dfrac{1.3 \times 10^{21}}{1.1 \times 10^7} = 1.2 \times 10^{14}$

反应的标准平衡常数很大,反应正向进行。

(2) $K_2^{\ominus} = \dfrac{[Ag(SCN)_2^-][NH_3]^2}{[Ag(NH_3)_2^+][SCN^-]^2} = \dfrac{[Ag(SCN)_2^-]}{[Ag^+][SCN^-]^2} \cdot \dfrac{[Ag^+][NH_3]^2}{[Ag(NH_3)_2^+]}$

$= \dfrac{K_s([Ag(SCN)_2]^-)}{K_s([Ag(NH_3)_2]^+)} = \dfrac{3.7 \times 10^7}{1.1 \times 10^7} = 3.4$

反应的标准平衡常数不大,在浓度相近的条件下,反应正向进行。

在上述两个反应中,$K_1^{\ominus}$ 比 $K_2^{\ominus}$ 大得多,因此反应(1)正向反应进行得很完全。

10-13 在溶液中,$[Cu(NH_3)_4]^{2+}$ 配离子存在解离平衡:$[Cu(NH_3)_4]^{2+} \Longrightarrow Cu^{2+} + 4NH_3$。分别向溶液中加入少量下列物质,上述平衡向哪个方向移动?

(1) 氨水;(2) 稀盐酸;(3) Na_2S 溶液;(4) NaOH 溶液;(5) 乙二胺液体;(6) Na_2H_2Y 溶液。

解答:(1) 加入氨水后,NH_3 的浓度增大,平衡逆向移动。

(2) 加入 HCl 溶液后,H^+ 与 NH_3 反应生成 NH_4^+,使 NH_3 的浓度降低,平衡正向移动。

(3) 加入 Na_2S 溶液,S^{2-} 与 Cu^{2+} 反应生成难溶的 CuS 沉淀,使溶液中 Cu^{2+} 浓度降低,平衡正向移动。

(4) 加入 NaOH 溶液,OH^- 与 Cu^{2+} 反应生成 $Cu(OH)_2$ 沉淀,使溶液中 Cu^{2+} 浓度

降低,平衡正向移动。

(5) 加入乙二胺液体,en 与 Cu^{2+} 反应生成稳定性更大的$[Cu(en)_2]^{2+}$配离子,使Cu^{2+}浓度降低,平衡正向移动。

(6) 加入 Na_2H_2Y 溶液,H_2Y^{2-} 与 Cu^{2+} 反应生成更稳定性的$[CuY]^{2-}$配离子,使Cu^{2+}浓度降低,平衡正向移动。

10-14 已知在 25℃ 时,

① $Ag^+(aq)+2S_2O_3^{2-}(aq) \rightleftharpoons [Ag(S_2O_3)_2]^{3-}(aq)$ $\Delta_r G_1^{\ominus} = -76.8 \text{ kJ} \cdot \text{mol}^{-1}$

② $Ag^+(aq)+Br^-(aq) \rightleftharpoons AgBr(s)$ $\Delta_r G_2^{\ominus} = -70.0 \text{ kJ} \cdot \text{mol}^{-1}$

(1) 计算反应:$AgBr(s)+2S_2O_3^{2-}(aq) \rightleftharpoons [Ag(S_2O_3)_2]^{3-}(aq)+Br^-(aq)$ 的标准摩尔自由能变;

(2) 计算(1)中反应的标准平衡常数;

(3) 若 $S_2O_3^{2-}$ 的浓度为 $6.0 \text{ mol} \cdot \text{L}^{-1}$,$[Ag(S_2O_3)_2]^{3-}$ 和 Br^- 的浓度均为 $1.0 \text{ mol} \cdot \text{L}^{-1}$,判断上述反应自发进行的方向。

解答:(1) 反应①-②得

$$AgBr(s)+2S_2O_3^{2-}(aq) \rightleftharpoons [Ag(S_2O_3)_2]^{3-}(aq)+Br^-(aq)$$

上述反应的标准摩尔自由能变为

$$\Delta_r G^{\ominus} = \Delta_r G_1^{\ominus} - \Delta_r G_2^{\ominus} = -76.8-(-70.0) = -6.8(\text{kJ} \cdot \text{mol}^{-1})$$

(2) (1)中反应的标准平衡常数

$$\ln K^{\ominus} = -\Delta_r G^{\ominus}/RT = -6.8 \times 10^3/(8.31 \times 298.15) = 2.74, \quad K^{\ominus} = 15.6$$

(3) 当 $c(S_2O_3^{2-}) = 6.0 \text{ mol} \cdot \text{L}^{-1}, c([Ag(NH_3)_2]^+) = c(Br^-) = 1.0 \text{ mol} \cdot \text{L}^{-1}$ 时,(1)的反应商为

$$Q = c([Ag(NH_3)_2]^+)c(Br^-)/c^2(S_2O_3^{2-}) = 1.0 \times 1.0/(6.0)^2 = 0.028$$

由于 $Q < K^{\ominus}$,故(1)中反应正向自发进行。

10-15 将 $10.0 \text{ mL } 0.10 \text{ mol} \cdot \text{L}^{-1} AgNO_3$ 溶液与 $10.0 \text{ mL } 1.0 \text{ mol} \cdot \text{L}^{-1}$ 氨水混合,计算反应达平衡时 Ag^+ 的浓度;若以 $10.0 \text{ mL } 1.0 \text{ mol} \cdot \text{L}^{-1} NaCN$ 溶液代替氨水,平衡后溶液 Ag^+ 的浓度又是多少?已知 $K_s([Ag(NH_3)_2]^+) = 1.1 \times 10^7, K_s([Ag(CN)_2]^-) = 1.3 \times 10^{21}$。

解答:(1) $AgNO_3$ 溶液与氨水等体积混合后,二者均被稀释一倍。设反应达到平衡后,溶液中 Ag^+ 的浓度为 $x \text{ mol} \cdot \text{L}^{-1}$,则

	Ag^+	$+$	$2NH_3$	$\rightleftharpoons$	$[Ag(NH_3)_2]^+$
起始浓度($\text{mol} \cdot \text{L}^{-1}$)	0.050		0.50		0
平衡浓度($\text{mol} \cdot \text{L}^{-1}$)	x		$0.50-2\times(0.050-x)$		$0.050-x$

$$\frac{[Ag(NH_3)_2^+]}{[Ag^+][NH_3]^2} = K_s([Ag(NH_3)_2]^+), \quad \frac{0.050-x}{x(0.40+2x)^2} = 1.1 \times 10^7$$

因为 K_s 较大,且 NH_3 过量,所以绝大部分的 Ag^+ 转变为 $[Ag(NH_3)_2]^+$,即

$$0.050-x \approx 0.050, \quad 0.40+2x \approx 0.40$$

$$\frac{0.050}{x(0.40)^2} = 1.1 \times 10^7$$

$$x = [Ag^+] = 2.8 \times 10^{-8} \text{ mol} \cdot \text{L}^{-1}$$

(2) 同样方法可计算得到含过量 NaCN 溶液中 Ag^+ 的平衡浓度,设$[Ag^+]=y$ mol·L^{-1},

$$Ag^+ + 2CN^- \rightleftharpoons [Ag(CN)_2]^-$$

$$\frac{[Ag(CN)_2^-]}{[Ag^+][CN^-]^2} = K_s([Ag(CN)_2]^-), \quad \frac{0.050}{y \times (0.40)^2} = 1.3 \times 10^{21}$$

$$y = [Ag^+] = 2.4 \times 10^{-22} \text{ mol·}L^{-1}$$

计算结果表明,$[Ag(CN)_2]^-$ 比 $[Ag(NH_3)_2]^+$ 更稳定。由于这两种配离子为相同类型,它们的稳定性与其 K_s 值的大小相一致,因此,可根据其 K_s 值直接比较配离子的稳定性。

10-16 通过计算说明,当溶液中$[CN^-] = [Ag(CN)_2^+] = 0.10$ mol·L^{-1}时,

(1) 加入 KI 固体使溶液中$[I^-] = 0.10$ mol·L^{-1},能否产生 AgI 沉淀?

(2) 加入 Na_2S 固体至溶液中$[S^{2-}] = 0.10$ mol·L^{-1},能否产生 Ag_2S 沉淀?(假定 KI 固体的加入不改变溶液的体积)

解答:当$[CN^-] = [Ag(CN)_2^-] = 0.10$ mol·L^{-1}时,溶液中 Ag^+ 的浓度:

$$\frac{[Ag(CN)_2^-]}{[Ag^+][CN^-]^2} = K_s([Ag(CN)_2]^-)$$

$$[Ag^+] = \frac{[Ag(CN)_2^-]}{[CN^-]^2 \cdot K_s([Ag(CN)_2]^-)} = \frac{0.10}{0.10^2 \times 1.3 \times 10^{21}} = 7.7 \times 10^{-21} (\text{mol·}L^{-1})$$

(1) 加入 KI 固体使溶液中$[I^-] = 0.10$ mol·L^{-1},此时

$$IP(AgI) = c(Ag^+) \cdot c(I^-) = 7.7 \times 10^{-21} \times 0.10 = 7.7 \times 10^{-22}$$

$IP(AgI) < K_{sp}(AgI) = 8.52 \times 10^{-17}$,所以溶液中没有 AgI 沉淀产生。

(2) 加入 Na_2S 固体使溶液中$[S^{2-}] = 0.10$ mol·L^{-1},此时

$$IP(Ag_2S) = c^2(Ag^+) \cdot c(S^{2-}) = (7.7 \times 10^{-21})^2 \times 0.10 = 5.9 \times 10^{-42}$$

$IP(Ag_2S) > K_{sp}(Ag_2S) = 6.69 \times 10^{-50}$,因此溶液中有 Ag_2S 沉淀析出。

10-17 在含有 0.010 mol·L^{-1} NH_4^+ 和 0.010 mol·L^{-1} Cu^{2+} 的溶液中,加入氨水至浓度为 0.10 mol·L^{-1},假定溶液体积不变,请计算说明是否有 $Cu(OH)_2$ 沉淀生成。已知 $K_s([Cu(NH_3)_4]^{2+}) = 2.1 \times 10^{13}$,$K_{sp}(Cu(OH)_2) = 2.2 \times 10^{-20}$,$K_b(NH_3 \cdot H_2O) = 1.8 \times 10^{-5}$。

解答:此题需要分别计算出平衡时的$[Cu^{2+}]$和$[OH^-]$,然后根据溶度积规则判断沉淀的生成情况。

Cu^{2+} 的浓度按配位平衡计算:

$$Cu^{2+} + 4NH_3 \rightleftharpoons [Cu(NH_3)_4]^{2+}$$

起始浓度(mol·L^{-1}) $\quad$ 0.010

平衡浓度(mol·L^{-1}) $\quad [Cu^{2+}] \quad\quad 0.10 \quad\quad 0.010-[Cu^{2+}]$

$$\frac{[Cu(NH_3)_4^{2+}]}{[Cu^{2+}][NH_3]^4} = K_s([Cu(NH_3)_4]^{2+})$$

由于 K_s 较大,且溶液中存在大量过量的 NH_3,所以 $0.010-[Cu^{2+}] \approx 0.010$,

$$\frac{0.010}{0.10^4 \times [Cu^{2+}]} = 2.1 \times 10^{13}$$

$$[Cu^{2+}] = 4.8 \times 10^{-12} \text{ mol·}L^{-1}$$

OH^- 的浓度按氨水的解离平衡计算：

$$NH_3 + H_2O \rightleftharpoons NH_4^+ + OH^-$$

平衡浓度(mol·L^{-1})   0.10   0.010

$$\frac{[OH^-][NH_4^+]}{[NH_3]} = K_b(NH_3 \cdot H_2O)$$

$$\frac{[OH^-] \times 0.010}{0.10} = 1.8 \times 10^{-5}$$

$$[OH^-] = 1.8 \times 10^{-4} \text{ mol·L}^{-1}$$

$IP(Cu(OH)_2) = c(Cu^{2+}) \cdot c^2(OH^-) = 4.8 \times 10^{-12} \times (1.8 \times 10^{-4})^2 = 1.6 \times 10^{-19}$

$IP(Cu(OH)_2) > K_{sp}(Cu(OH)_2)) = 2.2 \times 10^{-20}$，所以有 $Cu(OH)_2$ 沉淀析出。

10-18 已知 $[AuCl_4]^-$ 的 $K_s = 2.0 \times 10^{26}$，电极反应 $Au^{3+} + 3e \rightleftharpoons Au$ 的 $\varphi^{\ominus} = 1.52$ V。若向 $c(Au^{3+}) = 0.10$ mol·L^{-1} 的溶液中加入足够的 NaCl 固体以形成 $[AuCl_4]^-$，并且使 $[Cl^-] = 0.10$ mol·L^{-1}，计算这时 Au^{3+}/Au 电对的电极电势(假定 NaCl 的加入不改变溶液的体积)。

解答：配位反应　　　$Au^{3+} + 4Cl^- \rightleftharpoons [AuCl_4]^-$

起始浓度(mol·L^{-1})　　0.10

平衡浓度(mol·L^{-1})　$[Au^{3+}]$　　0.10　　$0.10 - [Au^{3+}] \approx 0.10$

$$[Au^{3+}] = \frac{[AuCl_4^-]}{[Cl^-]^4 \cdot K_s([AuCl_4]^-)}$$

$$[Au^{3+}] = 0.10/(0.10^4 \times 2.0 \times 10^{26}) = 5.0 \times 10^{-24} \text{ (mol·L}^{-1})$$

根据能斯特方程：

$$\varphi = \varphi^{\ominus} + (0.0591/3)\lg[Au^{3+}] = 1.52 + (0.0591/3)\lg(5.0 \times 10^{-24}) = 1.06 \text{ (V)}$$

10-19 已知 $[Fe(CN)_6]^{3-}$ 的 $K_s = 1.0 \times 10^{42}$，$[Fe(CN)_6]^{4-}$ 的 $K_s = 1.0 \times 10^{35}$，电极反应 $Fe^{3+} + e \longrightarrow Fe^{2+}$ 的 $\varphi^{\ominus} = 0.771$ V。向 $c(Fe^{2+}) = c(Fe^{3+}) = 0.010$ mol·L^{-1} 的溶液中加入 KCN 固体，使 $[CN^-] = 1.0$ mol·L^{-1}，计算这时 Fe^{3+}/Fe^{2+} 电对的电极电势是多少(假定 KCN 的加入不改变溶液的体积)。

解答：溶液中游离的 Fe^{3+} 与 Fe^{2+} 的浓度可由配位平衡求得

$Fe^{3+} + 6CN^- \rightleftharpoons [Fe(CN)_6]^{3-}$　　$[Fe^{3+}] = \dfrac{[Fe(CN)_6^{3-}]}{[CN^-]^6 \cdot K_s([Fe(CN)_6]^{3-})}$

$Fe^{2+} + 6CN^- \rightleftharpoons [Fe(CN)_6]^{4-}$　　$[Fe^{2+}] = \dfrac{[Fe(CN)_6^{4-}]}{[CN^-]^6 \cdot K_s([Fe(CN)_6]^{4-})}$

因两个配离子的 K_s 都很大，且溶液中存在大量过量的配体 CN^-，故 Fe^{3+} 与 Fe^{2+} 几乎全部转化为 $[Fe(CN)_6]^{3-}$ 和 $[Fe(CN)_6]^{4-}$，即 $[Fe(CN)_6]^{3-} \approx [Fe(CN)_6]^{4-} \approx 0.010$ mol·L^{-1}。

根据能斯特方程

$$\varphi(Fe^{3+}/Fe^{2+}) = \varphi^{\ominus}(Fe^{3+}/Fe^{2+}) + 0.0591 \times \lg\frac{[Fe^{3+}]}{[Fe^{2+}]}$$

$$= \varphi^{\ominus}(Fe^{3+}/Fe) + 0.0591 \times \lg\frac{K_s([Fe(CN)_6]^{4-})}{K_s([Fe(CN)_6]^{3-})}$$

$$= 0.771 + 0.0591 \times \lg[1.0 \times 10^{35}/(1.0 \times 10^{42})] = 0.357 \text{ (V)}$$

10-20 已知 $\varphi^{\ominus}(Zn^{2+}/Zn) = -0.762$ V，$\varphi^{\ominus}(Cu^{2+}/Cu) = 0.342$ V，$[Zn(NH_3)_4]^{2+}$ 的 $K_s = 2.9 \times 10^9$，$[Cu(NH_3)_4]^{2+}$ 的 $K_s = 2.1 \times 10^{13}$。计算下列电池的电动势：

(−)Zn|[Zn(NH$_3$)$_4$]$^{2+}$(0.100 mol·L^{-1}),NH$_3$·H$_2$O(1.00 mol·L^{-1}) ‖
NH$_3$·H$_2$O(1.00 mol·L^{-1}),[Cu(NH$_3$)$_4$]$^{2+}$(0.100 mol·L^{-1})|Cu(+)

解答：电池反应为 $Cu^{2+} + Zn \Longleftrightarrow Zn^{2+} + Cu$

$$E = E^\ominus + (0.0591/2)\lg([Cu^{2+}]/[Zn^{2+}])$$
$$= \varphi^\ominus(Cu^{2+}/Cu) - \varphi^\ominus(Zn^{2+}/Zn) + (0.0591/2)\lg([Cu^{2+}]/[Zn^{2+}])$$
$$= 1.104 + (0.0591/2)\lg([Cu^{2+}]/[Zn^{2+}])$$

阳极中发生 NH$_3$ 和 Cu^{2+} 配位反应 $Cu^{2+} + 4NH_3 \Longleftrightarrow [Cu(NH_3)_4]^{2+}$

$$K_s = 2.1 \times 10^{13} = [Cu(NH_3)_4^{2+}]/([Cu^{2+}][NH_3]^4)$$

阴极中发生 NH$_3$ 和 Zn^{2+} 配位反应 $Zn^{2+} + 4NH_3 \Longleftrightarrow [Zn(NH_3)_4]^{2+}$

$$K_s = 2.9 \times 10^9 = [Zn(NH_3)_4^{2+}]/([Zn^{2+}][NH_3]^4)$$

所以 $[Cu^{2+}]/[Zn^{2+}] = [2.9 \times 10^9/(2.1 \times 10^{13})]([Cu(NH_3)_4^{2+}]/[Zn(NH_3)_4^{2+}])$
$([NH_3]^4_{(-)}/[NH_3]^4_{(+)})$
$= 2.9 \times 10^9/(2.1 \times 10^{13}) = 1.38 \times 10^{-4}$

$$E = 1.104 + (0.0591/2)\lg(1.38 \times 10^{-4}) = 0.990(V)$$

10-21 欲配制一个总浓度 $c(Cu^{2+}) = 1.0$ mmol·L^{-1}，游离[Cu^{2+}] = 1.0×10^{-16} mol·L^{-1}，pH = 7.20，缓冲容量不小于 0.005 mol·L^{-1}·pH^{-1} 的溶液 100 mL。问如何用 0.010 mol·L^{-1} EDTA [K_s(CuY^{2-}) = 2.5×10^{15}]，0.010 mol·L^{-1} CuSO$_4$，0.100 mol·L^{-1} NaH$_2$PO$_4$ 和 0.200 mol·L^{-1} NaOH 溶液配制上述溶液？

解答：需要配制 $V = 100$ mL，$c_总(Cu^{2+}) = 1.0$ mmol·L^{-1} 溶液，所以

$$V(CuSO_4) = 1.0 \times 100/(0.010 \times 10^3) = 10(mL)$$

CuSO$_4$ 与 EDTA(Na$_2$H$_2$Y)反应式为

$$Cu^{2+} + H_2Y^{2-} \Longleftrightarrow CuY^{2-} + 2H^+$$

两种等浓度储备液按一定的体积混合，形成 CuY^{2-}-H$_2$Y^{2-} 金属缓冲系

$$pCu^{2+} = \lg K_s(CuY^{2-}) + \lg\frac{[H_2Y^{2-}]}{[CuY^{2-}]}$$

所以 $n(H_2Y^{2-})/n(CuY^{2-}) = [H_2Y^{2-}]/[CuY^{2-}] = 10^{(pCu^{2+} - \lg K_s)} = 10^{0.602} = 4.0$

$n_总(H_2Y^{2-})/n(CuY^{2-}) = [(n(H_2Y^{2-}) + n(CuY^{2-})]/n(CuY^{2-})$
$= n(H_2Y^{2-})/n(CuY^{2-}) + 1 = 4.0 + 1 = 5.0$

由于 $c(CuSO_4) = c(EDTA) = 0.010$ mol·L^{-1}，所以

$$V(EDTA) = 5.0 \times V(CuSO_4) = 50(mL)$$

在此体系中，Cu^{2+} 基本上都生成了 CuY^{2-}，故反应生成的

$$c(H^+) = 2c(CuY^{2-}) \approx 2c_总(Cu^{2+}) = 2.0(mmol·L^{-1})$$

NaH$_2$PO$_4$ 与 NaOH 反应配制 pH = 7.2 的缓冲溶液，因此缓冲对应为 H$_2$PO$_4^-$-HPO$_4^{2-}$ ($pK_{a_2} = 7.21$)，

$$NaH_2PO_4 + NaOH \Longleftrightarrow Na_2HPO_4 + H_2O$$

$$pH = pK_{a_2} + \lg\frac{[HPO_4^{2-}]}{[H_2PO_4^-]}$$

所以 $\lg([HPO_4^{2-}]/[H_2PO_4^-]) = 7.20 - 7.21 = -0.01$

$$r = [HPO_4^{2-}]/[H_2PO_4^-] \approx 1.0$$

根据缓冲容量计算公式 $\beta = 2.3 c_总 \dfrac{r}{(r+1)^2}$

$$(c_\text{总} = [\text{HPO}_4^{2-}] + [\text{H}_2\text{PO}_4^-]) \geqslant \beta(r+1)^2/(2.303r)$$
$$= 0.005(1+1)^2/2.303 = 0.0087(\text{mol} \cdot \text{L}^{-1})$$

因此,可以配制 $c_\text{总} = 0.01\ \text{mol} \cdot \text{L}^{-1}$ 的缓冲溶液,故
$$V(\text{NaH}_2\text{PO}_4) = 0.010 \times 100/0.100 = 10.0(\text{mL})$$

根据反应,加入 NaOH 的总摩尔数应等于 NaH_2PO_4 总摩尔数的一半,故
$$V(\text{NaOH}) = 0.010 \times 100/(2 \times 0.200) = 2.5(\text{mL})$$

如果进一步考虑到有 $2.0\ \text{mmol} \cdot \text{L}^{-1}$ 的 H^+ 在 Cu^{2+} 与 EDTA 的反应中生成,加入的 NaOH 应为
$$V(\text{NaOH}) = (10 \times 100/2 + 2 \times 100)/(0.200 \times 10^3) = 3.5(\text{mL})$$

溶液的配制方法:取 $0.010\ \text{mol} \cdot \text{L}^{-1}$ CuSO_4 溶液 10 mL,$0.010\ \text{mol} \cdot \text{L}^{-1}$ EDTA 溶液 50 mL,$0.100\ \text{mol} \cdot \text{L}^{-1}$ NaH_2PO_4 溶液 10.0 mL 和 $0.200\ \text{mol} \cdot \text{L}^{-1}$ NaOH 溶液 2.5 mL(或 3.5 mL)混合,加入去离子水至约 80 mL,于 pH 计上准确调节至 pH = 7.20,然后转移至 100 mL 容量瓶中,用二次去离子水定容,摇匀。

10-22 邻二氮菲和 Fe^{2+} 生成有色化合物,取 $[\text{Fe}^{2+}] = 1.00\ \mu\text{g} \cdot \text{mL}^{-1}$ 的溶液,用 1.00 cm 样品池测定 508 nm 吸光度为 0.198,计算铁-邻二氮菲配合物在 508 nm 处的摩尔吸光系数 ε。

解答: Fe^{2+} 与邻二氮菲生成摩尔比为 1:3 的有色螯合物,所以试样中 Fe^{2+} 配合物的浓度为
$$c = 1.00 \times 10^{-6} \times 10^3/55.8 = 1.79 \times 10^{-5}(\text{mol} \cdot \text{L}^{-1})$$

根据朗伯-比尔定律:$A = \varepsilon bc$,则
$$\varepsilon = A/(bc) = 0.198/(1.0 \times 1.79 \times 10^{-5}) = 1.11 \times 10^4(\text{L} \cdot \text{mol}^{-1} \cdot \text{cm}^{-1})$$

10-23 偶氮胂Ⅲ与 La^{3+} 在 pH ≈ 3 时形成配合物,其吸收峰 655 nm 处的 $\varepsilon = 45000\ \text{L} \cdot \text{mol}^{-1} \cdot \text{cm}^{-1}$。某生物样品 0.20 g,用硝酸彻底消化分解后,稀释定容到 25.0 mL,用 1.00 cm 样品池测定 655 nm 波长处吸光度为 0.2778。计算样品中 La^{3+} 的含量。

解答: 根据朗伯-比尔定律:$A = \varepsilon bc$,测定液中 La^{3+}-偶氮胂Ⅲ配合物的浓度
$$c = A/(\varepsilon b) = 0.2778/(1.0 \times 45000) = 6.173 \times 10^{-6}(\text{mol} \cdot \text{L}^{-1})$$

生物样品中 La^{3+} 的含量
$$\omega(\text{La}^{3+}) = m(\text{La}^{3+})/m_\text{样}$$
$$= 6.173 \times 10^{-6} \times 25.0 \times 10^{-3} \times 138.9/0.200 = 107 \times 10^{-6} = 107\ \text{ppm}$$

10-24 下表是一次用 Bradford 法测定尿蛋白含量的实验结果:

编号	蛋白质标准溶液[a]/μL	尿样/μL	去离子水/μL	显色液/μL	595 nm 吸光度	备注
空白	0	—	1000	4.00	0.0002	
S1	10		990	4.00	0.1775	
S2	20		980	4.00	0.3550	
S3	30		970	4.00	0.5324	
S4	40		960	4.00	0.7102	
S5	50		950	4.00	0.8876	
尿样 1	—	500	500	4.00	0.3417	24 h 尿样总体积 1.2 L

[a] 蛋白质标准溶液浓度为 $1.0\ \text{mg} \cdot \text{mL}^{-1}$。

(1) 根据实验结果作出测定的标准工作曲线；
(2) 计算尿样 1 中尿蛋白含量。

解答：(1) 样品中蛋白质含量和吸光度 $A_{595\text{nm}}$ 之间的关系为

编　号		空　白	S1	S2	S3	S4	S5
V(蛋白质) (μL)		0	10	20	30	40	50
m(蛋白质) $= cV = 1.0V$ (μg)		0.0	10	20	30	40	50
$A_{595\text{ nm}} = A_{595\text{ nm}} - A_{空白}$		0.0000	0.1773	0.3548	0.5322	0.7100	0.8874

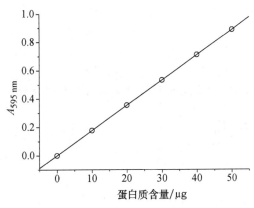

拟合得到工作曲线为　　　$A_{595\text{ nm}} = 0.01755\, m$

(2) 查出 500 μL 尿样 1 中尿蛋白的含量

$$m = A_{595\text{ nm}}/0.01755 = 0.3417/0.01755 = 19.47(\mu g)$$

故 24 小时总尿蛋白为

$$m_{24h} = 19.47 \times 1.2 \times 10^6/500 = 46.7 \times 10^3(\mu g/24h) = 46.7(mg/24h)$$

章节自测

一、填空题

1. 配合物 $K[Co(C_2O_4)_2(en)]$ 的名称是_____，中心原子是_____，配体是_____，配位原子是_____，中心原子的配位数是_____。
2. 配位键是由配体提供_____填充到中心原子的_____形成的。
3. 在 $[NiCl_4]^{2-}$ 和 $[Ni(CN)_4]^{2-}$ 这两种配离子中，中心原子 Ni^{2+} 分别以_____和_____杂化轨道成键，它们的空间构型分别为_____和_____，其中前者为_____轨型_____磁性物质，后者为_____轨型_____磁性物质。
4. 过渡金属配离子往往具有一定的颜色，原因在于中心离子能产生_____跃迁。
5. F^- 为_____场配体，CN^- 为_____场配体。$[FeF_6]^{3-}$ 是_____自旋配合物，中心离子 Fe^{3+} 的 d 电子排布为_____；$[Fe(CN)_6]^{3-}$ 是_____自旋配合物，其 Fe^{3+} 的 d 电子排布为_____。
6. 已知 $[Co(NO_2)_6]^{3-}$ 吸收紫光，显黄色，而 $[Co(NH_3)_6]^{3+}$ 吸收蓝光，显橙色，据此判断_____的分裂能较大。
7. 决定螯合物的稳定性的因素包括_____和_____。稳定的螯合环为_____元或_____元环。

8. 配合物的电子传递有_____和_____两种机制,其中电子传递较快的是_____机制。

二、选择题

1. 下列物质中可做配体的是(　　)
   A. CCl_4　　　B. H_3O^+　　　C. NH_3　　　D. NH_4^+

2. 某配合物的化学组成为$CrCl_3 \cdot 5NH_3$,在该配合物的水溶液中加入过量的$AgNO_3$溶液,仅能沉淀出2/3的Cl^-。加入浓NaOH溶液并加热,没有氨逸出。由此可判断该配合物是(　　)
   A. $[CrCl_3(NH_3)_3]$　　B. $[CrCl_2(NH_3)_4]Cl$　　C. $[CrCl(NH_3)_3]Cl_2$　　D. $[CrCl(NH_3)_5]Cl_2$

3. 在配合物中,中心原子的配位数等于(　　)
   A. 配位原子的数目　　　　　　　B. 配合物外界离子的数目
   C. 配体的数目　　　　　　　　　D. 配离子的电荷数

4. 实验测得$[Co(NH_3)_6]^{3+}$配离子的磁矩为零,由此可知Co^{3+}采取的杂化轨道类型为(　　)
   A. d^2sp^3　　　B. sp^3d^2　　　C. dsp^2　　　D. sp^3

5. 与不同配体相结合时,下列金属离子既能生成内轨型配合物又能生成外轨型配合物的是(　　)
   A. Cu(Ⅰ)　　　B. Ag(Ⅰ)　　　C. Fe(Ⅱ)　　　D. Zn(Ⅱ)

6. 要使Fe(Ⅲ)的八面体形配合物为高自旋的,则分裂能Δ_o和电子成对能P所应满足的条件是(　　)
   A. $\Delta_o < P$　　B. $\Delta_o = P$　　C. $\Delta_o > P$　　D. 可以是任何值

7. 下列分子或离子能做螯合剂的是(　　)
   A. CH_3NH_2　　B. CH_3COO^-　　C. $H_2NCH_2NH_2$　　D. $H_2NCH_2CH_2NH_2$

8. 下列哪种情况最有利于沉淀溶解?(　　)
   A. K_s大,K_{sp}小　　B. K_s小,K_{sp}大　　C. K_s大,K_{sp}大　　D. K_s小,K_{sp}小

9. 金属离子Co^{3+}与$[Co(CN)_6]^{3-}$配离子相比,氧化能力的相对大小是(　　)
   A. 二者相同　　　　　　　　　　B. $Co^{3+} > [Co(CN)_6]^{3-}$
   C. $Co^{3+} < [Co(CN)_6]^{3-}$　　D. 无法确定

10. 血红素是一种螯合物,该螯合物的中心原子是(　　)
    A. Co^{2+}　　B. Co^{3+}　　C. Fe^{2+}　　D. Fe^{3+}

三、判断题

1. 配合物由配离子和外界离子两部分组成。(　　)
2. 配合物$[CoCl_2(NH_3)_2(en)]Cl$中,中心原子Co^{3+}的配位数为5。(　　)
3. 配离子的电荷数等于中心原子的电荷数。(　　)
4. 配离子的不同空间构型是中心原子以不同类型的杂化轨道与配体配合所致的。(　　)
5. 按照价键理论,$[CrCl_6]^{3-}$为外轨型配离子,而$[Cr(CN)_6]^{3-}$为内轨型配离子。(　　)
6. 同一中心原子与不同配体形成的相同类型的配合物,低自旋配合物比高自旋配合物稳定。(　　)
7. Zn^{2+}的价层电子组态为$3d^{10}$,不能产生d-d跃迁,所以锌氨配离子是无色的。(　　)
8. 在八面体场中,配体场强越大,中心原子d轨道的分裂能大,越易形成高自旋配合物。(　　)
9. 多齿配体与中心原子所形成的螯合环越大,螯合物不一定越稳定。(　　)
10. 当配合物的中心原子和几何构型都相同时,强场配合物比相应的弱场配合物稳定。(　　)

四、计算题

1. 对于Co^{3+}的两种弱场配合物$[CoF_6]^{3-}$和$[CoCl_6]^{3-}$,晶体场稳定化能都是CFSE = $-0.4\Delta_o$,能否说二者稳定性相同?为什么?

2. 第四周期某过渡金属离子水合离子的磁矩为 $4.90\ \mu_B$,滴加 NaOH 后先形成白色沉淀,然后在放置过程中变成褐色,试分析该金属离子可能是哪种离子?

3. 已知 $K_s([Zn(OH)_4]^{2-}) = 3.0 \times 10^{15}$, $K_s([Zn(NH_3)_4]^{2+}) = 2.9 \times 10^9$, $K_b(NH_3 \cdot H_2O) = 1.8 \times 10^{-5}$。

(1) 判断反应 $[Zn(NH_3)_4]^{2+} + 4OH^- \rightleftharpoons [Zn(OH)_4]^{2-} + 4NH_3$ 进行的趋势。

(2) 当溶液中 NH_3 的浓度为 $1.0\ mol \cdot L^{-1}$ 时,Zn^{2+} 主要以哪种配离子形式存在?

4. 向 NH_3 和 NH_4Cl 的浓度均为 $0.20\ mol \cdot L^{-1}$ 缓冲溶液中加入等体积的 $0.020\ mol \cdot L^{-1}$ $[Cu(NH_3)_4]Cl_2$ 溶液,是否有 $Cu(OH)_2$ 沉淀生成?已知:$K_b(NH_3 \cdot H_2O) = 1.8 \times 10^{-5}$,$K_s([Cu(NH_3)_4]^{2+}) = 2.1 \times 10^{13}$, $K_{sp}(Cu(OH)_2) = 2.2 \times 10^{-20}$。

5. 已知 25℃ 时下列半反应的标准电极电势,计算 $[Ag(CN)_2]^-$ 配离子的稳定常数 K_s。

(1) $Ag^+ + e \rightleftharpoons Ag(s)$ $\varphi^\ominus = 0.80\ V$

(2) $[Ag(CN)_2]^- + e \rightleftharpoons Ag(s) + 2CN^-$ $\varphi^\ominus = -0.31\ V$

* *

自测题答案

一、填空题

1. 二(草酸根)·乙二胺合钴(Ⅲ)酸钾,Co^{3+},$C_2O_4^{2-}$ 和 en,O 和 N,6
2. 孤对电子,价层空轨道
3. sp^3,dsp^2,正四面体,平面正方形,外,顺,内,抗/反
4. d-d
5. 弱,强,高,$d_\varepsilon^3 d_\gamma^2$,低,$d_\varepsilon^5 d_\gamma^0$
6. $[Co(NO_2)_6]^{3-}$
7. 螯合环的大小,螯合环的数目,五,六
8. 外界机制,内界机制,内界

二、选择题

1. C 2. D 3. A 4. A 5. C 6. A 7. D 8. C 9. B 10. C

三、判断题

1. × 2. × 3. × 4. √ 5. × 6. √ 7. √ 8. × 9. √ 10. √

四、计算和问答题

1. 解答:不能。虽然这两种配合物的 CFSE 都是 $-0.4\Delta_o$,但是它们的配体不同,所以分裂能 Δ_o 的数值也不同,因此,配合物 CFSE 的数值实际上并不一致。

2. 解答:将磁矩 $4.90\ \mu_B$ 代入磁矩公式:$\mu = \sqrt{n(n+2)}\ \mu_B$,计算得单电子数 n 为 4。说明该离子 3d 电子数可能为 4(无此离子)或 6(Fe^{2+} 或 Co^{3+})。根据与 NaOH 反应的情况,判断该金属离子是 Fe^{2+}:

$$Fe^{2+} + 2OH^- \rightleftharpoons Fe(OH)_2$$
$$4Fe(OH)_2 + 2H_2O + O_2 \rightleftharpoons 4Fe(OH)_3$$

3. 解答:(1) 反应正向进行的趋势大; (2) 在 $1.0\ mol \cdot L^{-1}$ NH_3 溶液中,Zn^{2+} 主要以 $[Zn(NH_3)_4]^{2+}$ 配离子的形式存在。

4. 解答:无 $Cu(OH)_2$ 沉淀生成。

5. 解答:5.6×10^{18}

元素周期表

IUPAC 2003

氧化态（单质的氧化态为0，未列入；常见的为红色）

以 $^{12}C=12$ 为基准的相对原子质量（注◆的是半衰期最长同位素的相对原子质量）

示例	说明
95	原子序数
Am	元素符号（红色的为放射性元素）
镅▲	元素名称（注▲的为人造元素）
$5f^{7}7s^{2}$	价层电子构型
243.06◆	相对原子质量
+2 +3 +4 +5 +6	氧化态

s区元素　p区元素　d区元素　ds区元素　f区元素　稀有气体

周期＼族	1 ⅠA	2 ⅡA	3 ⅢB	4 ⅣB	5 ⅤB	6 ⅥB	7 ⅦB	8 ⅧB	9 ⅧB	10 ⅧB	11 ⅠB	12 ⅡB	13 ⅢA	14 ⅣA	15 ⅤA	16 ⅥA	17 ⅦA	18 ⅧA	电子层
1	−1 +1 1 H 氢 $1s^{1}$ 1.00794(7)																	2 He 氦 $1s^{2}$ 4.002602(2)	K
2	+1 3 Li 锂 $2s^{1}$ 6.941(2)	+2 4 Be 铍 $2s^{2}$ 9.012182(3)											+3 5 B 硼 $2s^{2}2p^{1}$ 10.811(7)	−4 +2 +4 6 C 碳 $2s^{2}2p^{2}$ 12.0107(8)	−3 −2 −1 +1 +2 +3 +4 +5 7 N 氮 $2s^{2}2p^{3}$ 14.0067(2)	−2 −1 8 O 氧 $2s^{2}2p^{4}$ 15.9994(3)	−1 9 F 氟 $2s^{2}2p^{5}$ 18.9984032(5)	10 Ne 氖 $2s^{2}2p^{6}$ 20.1797(6)	L K
3	+1 11 Na 钠 $3s^{1}$ 22.989770(2)	+2 12 Mg 镁 $3s^{2}$ 24.3050(6)											+3 13 Al 铝 $3s^{2}3p^{1}$ 26.981538(2)	−4 +2 +4 14 Si 硅 $3s^{2}3p^{2}$ 28.0855(3)	−3 −2 +1 +3 +5 15 P 磷 $3s^{2}3p^{3}$ 30.973761(2)	−2 +2 +4 +6 16 S 硫 $3s^{2}3p^{4}$ 32.065(5)	−1 +1 +3 +5 +7 17 Cl 氯 $3s^{2}3p^{5}$ 35.453(2)	18 Ar 氩 $3s^{2}3p^{6}$ 39.948(1)	M L K
4	+1 19 K 钾 $4s^{1}$ 39.0983(1)	+2 20 Ca 钙 $4s^{2}$ 40.078(4)	+3 21 Sc 钪 $3d^{1}4s^{2}$ 44.955910(8)	−1 0 +2 +3 +4 22 Ti 钛 $3d^{2}4s^{2}$ 47.867(1)	0 ±1 +2 +3 +4 +5 23 V 钒 $3d^{3}4s^{2}$ 50.9415	−3 0 ±1 ±2 +3 +4 +5 +6 24 Cr 铬 $3d^{5}4s^{1}$ 51.9961(6)	−2 0 ±1 +2 ±3 +4 +5 +6 +7 25 Mn 锰 $3d^{5}4s^{2}$ 54.938049(9)	−2 0 ±1 +2 +3 +4 +5 +6 26 Fe 铁 $3d^{6}4s^{2}$ 55.845(2)	0 ±1 +2 +3 +4 +5 27 Co 钴 $3d^{7}4s^{2}$ 58.933200(9)	0 ±1 +2 +3 +4 28 Ni 镍 $3d^{8}4s^{2}$ 58.6934(2)	+1 +2 +3 +4 29 Cu 铜 $3d^{10}4s^{1}$ 63.546(3)	+1 +2 30 Zn 锌 $3d^{10}4s^{2}$ 65.409(4)	+1 +3 31 Ga 镓 $4s^{2}4p^{1}$ 69.723(1)	+2 +4 32 Ge 锗 $4s^{2}4p^{2}$ 72.64(1)	−3 +3 +5 33 As 砷 $4s^{2}4p^{3}$ 74.92160(2)	−2 +2 +4 +6 34 Se 硒 $4s^{2}4p^{4}$ 78.96(3)	−1 +1 +3 +5 +7 35 Br 溴 $4s^{2}4p^{5}$ 79.904(1)	+2 +4 36 Kr 氪 $4s^{2}4p^{6}$ 83.798(2)	N M L K
5	+1 37 Rb 铷 $5s^{1}$ 85.4678(3)	+2 38 Sr 锶 $5s^{2}$ 87.62(1)	+3 39 Y 钇 $4d^{1}5s^{2}$ 88.90585(2)	+1 +2 +3 +4 40 Zr 锆 $4d^{2}5s^{2}$ 91.224(2)	0 ±1 +2 +3 +4 +5 41 Nb 铌 $4d^{4}5s^{1}$ 92.90638(2)	0 ±1 ±2 +3 +4 +5 +6 42 Mo 钼 $4d^{5}5s^{1}$ 95.94(2)	0 ±1 +2 +3 +4 +5 +6 +7 43 Tc 锝▲ $4d^{5}5s^{2}$ 97.907◆	0 +1 ±2 +3 +4 +5 +6 +7 +8 44 Ru 钌 $4d^{7}5s^{1}$ 101.07(2)	0 ±1 +2 +3 +4 +5 +6 45 Rh 铑 $4d^{8}5s^{1}$ 102.90550(2)	0 +1 +2 +3 +4 46 Pd 钯 $4d^{10}$ 106.42(1)	+1 +2 +3 47 Ag 银 $4d^{10}5s^{1}$ 107.8682(2)	+1 +2 48 Cd 镉 $4d^{10}5s^{2}$ 112.411(8)	+1 +3 49 In 铟 $5s^{2}5p^{1}$ 114.818(3)	+2 +4 50 Sn 锡 $5s^{2}5p^{2}$ 118.710(7)	−3 +3 +5 51 Sb 锑 $5s^{2}5p^{3}$ 121.760(1)	−2 +2 +4 +6 52 Te 碲 $5s^{2}5p^{4}$ 127.60(3)	−1 +1 +3 +5 +7 53 I 碘 $5s^{2}5p^{5}$ 126.90447(3)	+2 +4 +6 +8 54 Xe 氙 $5s^{2}5p^{6}$ 131.293(6)	O N M L K
6	+1 55 Cs 铯 $6s^{1}$ 132.90545(2)	+2 56 Ba 钡 $6s^{2}$ 137.327(7)	57~71 La~Lu 镧系	+1 +2 +3 +4 72 Hf 铪 $5d^{2}6s^{2}$ 178.49(2)	0 ±1 +2 +3 +4 +5 73 Ta 钽 $5d^{3}6s^{2}$ 180.9479(1)	0 ±1 ±2 +3 +4 +5 +6 74 W 钨 $5d^{4}6s^{2}$ 183.84(1)	0 ±1 +2 +3 +4 +5 +6 +7 75 Re 铼 $5d^{5}6s^{2}$ 186.207(1)	0 +1 +2 +3 +4 +5 +6 +7 +8 76 Os 锇 $5d^{6}6s^{2}$ 190.23(3)	0 ±1 +2 +3 +4 +5 +6 77 Ir 铱 $5d^{7}6s^{2}$ 192.217(3)	0 +2 +3 +4 +5 +6 78 Pt 铂 $5d^{9}6s^{1}$ 195.078(2)	+1 +2 +3 +5 79 Au 金 $5d^{10}6s^{1}$ 196.96655(2)	+1 +2 +3 80 Hg 汞 $5d^{10}6s^{2}$ 200.59(2)	+1 +3 81 Tl 铊 $6s^{2}6p^{1}$ 204.3833(2)	+2 +4 82 Pb 铅 $6s^{2}6p^{2}$ 207.2(1)	−3 +3 +5 83 Bi 铋 $6s^{2}6p^{3}$ 208.98038(2)	−2 +2 +3 +4 +6 84 Po 钋 $6s^{2}6p^{4}$ 208.98◆	±1 +3 +5 +7 85 At 砹 $6s^{2}6p^{5}$ 209.99◆	+2 86 Rn 氡 $6s^{2}6p^{6}$ 222.02◆	P O N M L K
7	+1 87 Fr 钫▲ $7s^{1}$ 223.02◆	+2 88 Ra 镭 $7s^{2}$ 226.03◆	89~103 Ac~Lr 锕系	104 Rf 𬬻▲ $6d^{2}7s^{2}$ 261.11◆	105 Db 𬭊▲ $6d^{3}7s^{2}$ 262.11◆	106 Sg 𬭳▲ $6d^{4}7s^{2}$ 263.12◆	107 Bh 𬭛▲ $6d^{5}7s^{2}$ 264.12◆	108 Hs 𬭶▲ $6d^{6}7s^{2}$ 265.13◆	109 Mt 鿏▲ $6d^{7}7s^{2}$ 266.13	110 Ds 𫟼▲ (269)	111 Uuu▲ (272)◆	112 Uub▲ (277)◆		114 Uuq▲ (289)◆		116 Uuh▲ (289)◆			Q P O N M L K

★ 镧系	+3 57 La★ 镧 $5d^{1}6s^{2}$ 138.9055(2)	+2 +3 +4 58 Ce 铈 $4f^{1}5d^{1}6s^{2}$ 140.116(1)	+3 +4 59 Pr 镨 $4f^{3}6s^{2}$ 140.90765(2)	+2 +3 +4 60 Nd 钕 $4f^{4}6s^{2}$ 144.24(3)	+3 61 Pm 钷▲ $4f^{5}6s^{2}$ 144.91◆	+2 +3 62 Sm 钐 $4f^{6}6s^{2}$ 150.36(3)	+2 +3 63 Eu 铕 $4f^{7}6s^{2}$ 151.964(1)	+3 64 Gd 钆 $4f^{7}5d^{1}6s^{2}$ 157.25(3)	+3 +4 65 Tb 铽 $4f^{9}6s^{2}$ 158.92534(2)	+3 +4 66 Dy 镝 $4f^{10}6s^{2}$ 162.500(1)	+3 67 Ho 钬 $4f^{11}6s^{2}$ 164.93032(2)	+3 68 Er 铒 $4f^{12}6s^{2}$ 167.259(3)	+2 +3 69 Tm 铥 $4f^{13}6s^{2}$ 168.93421(2)	+2 +3 70 Yb 镱 $4f^{14}6s^{2}$ 173.04(3)	+3 71 Lu 镥 $4f^{14}5d^{1}6s^{2}$ 174.967(1)
★ 锕系	+3 89 Ac★ 锕 $6d^{1}7s^{2}$ 227.03◆	+3 +4 90 Th 钍 $6d^{2}7s^{2}$ 232.0381(1)	+3 +4 +5 91 Pa 镤 $5f^{2}6d^{1}7s^{2}$ 231.03588(2)	+2 +3 +4 +5 +6 92 U 铀 $5f^{3}6d^{1}7s^{2}$ 238.02891(3)	+3 +4 +5 +6 +7 93 Np 镎 $5f^{4}6d^{1}7s^{2}$ 237.05◆	+3 +4 +5 +6 +7 94 Pu 钚 $5f^{6}7s^{2}$ 244.06◆	+2 +3 +4 +5 +6 95 Am 镅▲ $5f^{7}7s^{2}$ 243.06◆	+3 +4 96 Cm 锔▲ $5f^{7}6d^{1}7s^{2}$ 247.07◆	+3 +4 97 Bk 锫▲ $5f^{9}7s^{2}$ 247.07◆	+2 +3 +4 98 Cf 锎▲ $5f^{10}7s^{2}$ 251.08◆	+2 +3 99 Es 锿▲ $5f^{11}7s^{2}$ 252.08◆	+2 +3 100 Fm 镄▲ $5f^{12}7s^{2}$ 257.10◆	+2 +3 101 Md 钔▲ $5f^{13}7s^{2}$ 258.10◆	+2 +3 102 No 锘▲ $5f^{14}7s^{2}$ 259.10◆	+3 103 Lr 铹▲ $5f^{14}6d^{1}7s^{2}$ 260.11◆